本书由国家"973"项目"全球气候变化对气候灾害的影响及区域适应"第四课题"华北农业和社会经济对气候灾害的适应能力研究"（编号：2012CB955904）资助

华北地区气候灾害对能源和交通的影响与适应评估

付加锋　刘小敏　郑林昌　居　辉　主编

中国环境出版社·北京

图书在版编目（CIP）数据

华北地区气候灾害对能源和交通的影响与适应评估/
付加锋等主编. —北京：中国环境出版社，2017.5
ISBN 978-7-5111-3015-0

Ⅰ．①华⋯ Ⅱ．①付⋯ Ⅲ．①气象灾害—影响—能
源工业—研究—华北地区②气象灾害—影响—交通运输
业—研究—华北地区 Ⅳ．①P429②F426.2③F512.72

中国版本图书馆 CIP 数据核字（2016）第 314109 号

出 版 人	王新程
责任编辑	董蓓蓓
责任校对	尹　芳
封面设计	岳　帅

出版发行　**中国环境出版社**
　　　　　（100062　北京市东城区广渠门内大街 16 号）
　　　　　网　　　址：http://www.cesp.com.cn
　　　　　电子邮箱：bjgl@cesp.com.cn
　　　　　联系电话：010-67112765（编辑管理部）
　　　　　　　　　　010-67113412（教材图书出版中心）
　　　　　发行热线：010-67125803，010-67113405（传真）
印　　刷　北京中科印刷有限公司
经　　销　各地新华书店
版　　次　2017 年 5 月第 1 版
印　　次　2017 年 5 月第 1 次印刷
开　　本　787×1092　1/16
印　　张　13.75
字　　数　290 千字
定　　价　45.00 元

编写委员会

主　编：付加锋　刘小敏　郑林昌　居　辉

参编人员：（按姓氏拼音排序）

刘　倩　刘　鹏　刘　晓　孔珊珊

马占云　高庆先　要　维　许　霜

前　言

  为减少气候灾害对能源和交通行业带来的严重经济损失，提高能源和交通行业对气候灾害的适应性，本书以华北地区为例探讨了气候灾害对能源和交通行业的影响机理、经济损失，以及气候灾害的适应能力。气候灾害损失分析的目的在于为未来寻找合适的、相应的灾害适应性措施以降低灾害可能带来的损失。据此，本书通过敏感性分析、风险评估和适应能力评估，定量揭示了不同气候灾害类型对华北地区不同区域的能源和交通行业的影响程度、风险大小、适应措施效果，为决策者提供参考和依据。

目　录

第一章

气候变化与气候灾害的关联性

气候变化已成为 21 世纪全球环境问题的首要热门话题，由于人类对气候变化研究的知识局限性和科学技术发展的不确定性，气候变化可能产生的影响以及人类对其影响应采取何种减缓、适应行动仍在讨论之中。本章浅析了国内外气候变化所产生的影响，重点讨论了气候变化所引起的气候灾害及其影响程度，并在此基础上探讨气候变化与气候灾害的关联性，以便进一步揭示气候变化与气候灾害关联性的定量模型。

第一节　关联性分析

近百年来，地球气候正经历一次以全球变暖为主要特征的显著变化。这种全球性的气候变暖是由自然的气候波动和人类活动引起的。各国对气候变化的成因、影响、分布等的研究正在进一步深入中。本章主要浅析全球气候变化的影响以及由此引发的气候灾难。由于气候变化是全方位、区域性和多层次的，它可能产生不同程度、不同种类的气候灾害，给气候敏感地区的社会经济、人类生存、生态系统造成无法挽回的损失。

一、气候变化的影响

在仅有的知识体系和研究基础上，各国对于气候变化可能带来的影响进行了充分的探讨，其中以政府间气候变化专门委员会（IPCC）的评估最具权威性和影响力，在假设不同气候条件下，通过电脑模拟模型，IPCC 的评估报告对 2100 年气候变化的预测得出如下一些结论：

- 全球地表平均温度将上升 1.1～6.4℃；
- 海平面将上升 18～59 cm；
- 海洋酸性增加；
- 高温、强降雨等极端天气将持续增加；
- 高纬度地区，降雨增加的可能性明显提高，而在亚热带地区，降雨将减少；

● 热带台风出现的频率将增加,并极有可能伴随更强的风速、大量降雨和热带海平面气温上升。

除此之外,气候变化对农业、水资源、生态系统、社会经济、公众健康等也会产生明显的影响。

（一）气候变化对农业的影响

首先,气候变暖背景下我国的年平均气温上升、活动积温增加,从而使得霜期缩短、作物的主要发育期提前、生育期缩短、春季土壤解冻期提前、冻结期推迟,因此作物复种指数提高,多熟制向北、向高海拔推进,中晚熟品种种植面积不断扩大。赵俊芳等（2010）研究表明：气候变暖使我国年平均气温上升、积温增加、生长期延长,从而导致种植区成片北移,例如冬小麦的安全种植北界将由目前的长城一线北移到沈阳—张家口—包头—乌鲁木齐一线。

其次,气候变化主要通过气温、降雨、CO_2浓度以及极端天气等影响农业部门中粮食作物的生产。经研究,中高纬度的地区起初受益于气候变化,粮食产量将有所提高,但长期来看,气候变化对这些地区仍然会产生负面影响。一些低纬度地区,尤其是热带地区和季风性气候地区,由于受到气温升高和降雨增加而带来的旱涝灾害等的影响,粮食作物产量将会受到威胁,从而进一步影响这些地区所在人口的生计,使得更多的人面临粮食短缺甚至饥饿的风险,大规模的人口流动也很可能因此而发生。气候变化对国内作物产量有较大的影响,其中,小麦、玉米和水稻最高产量变化幅度为-21%～55%,大豆为-44%～80%,棉花为13%～93%,其变化幅度随不同的气候情景和地点而不同;如果不采取适应措施,到2030年,国内种植业产量在总体上因全球变暖可能会减少5%～10%,其中小麦、水稻和玉米三大作物均以减产为主;2050年后受到的冲击会更大。此外,CO_2含量对作物产量将产生不同的影响。随着CO_2含量增加,作物产量呈增加趋势,但CO_2含量增加对不同类型作物产量的影响有明显差异,C3类作物增长率明显大于C4类作物。

最后,在气候变化的大背景下,农业成本会提高,这主要基于以下三个原因：第一,异常气候出现的概率将大大增加,尤其是极端天气现象的增多,以及区域气候灾害、荒漠化、沙尘暴的加剧,势必将导致世界粮食生产的不稳定,从而提高农业成本。第二,气候变暖后,农药的施用量将增大。随着气候变暖,作物生长季延长,昆虫在春、夏、秋三季繁衍的代数将增加,而冬温较高也有利于幼虫安全越冬,温度高还为各种杂草的生长提供了优越的条件,因此,气候变暖将会加剧病虫害的流行和杂草蔓延。第三,气候变暖还影响了整个水循环过程,使蒸发相应加大,改变了降水分布格局和降水量,加剧了水资源的不稳定性和供需矛盾,使农业灌溉成本提高,进行土壤改良和水土保持的费用增大。

（二）气候变化对水资源的影响

水系统是地球物理系统的一个重要组成部分，它与气候变化相互影响、相互作用。水循环是联系大气水、地表水、地下水和生态水的纽带，其变化深刻影响着全球水资源系统和生态环境系统的结构和演变，影响着人类社会的发展和生产活动。气候变化将改变全球水文循环的现状，引起水资源在时空上的重新分配，并对降水、蒸发、径流、土壤湿度等造成直接影响。气候变化对水资源的影响主要表现在以下三个方面：

第一，加速或减缓水气的循环，改变降水的强度和历时，变更径流的大小，扩大洪灾、旱灾的强度与频率，以及诱发其他自然灾害等。王国庆等（2000）利用水文模型对径流变化进行研究，得出的结论表明，径流量随降水的增加而增大，随气温的升高而减小；径流量对降水变化的响应较对气温变化的响应更为显著；气温对径流的影响随降水的增加而更加显著，随降水减少而更不明显。

第二，影响对水资源有关项目的规划与管理，这包括降雨和径流的变化以及由此产生的海平面上升、土地利用、人口迁移、水资源的供求和水利发电变化等。IPCC 评估报告称，至 2100 年，预计平均海平面上升 18～59 cm，咸水的侵袭将影响沿海地区的淡水供应，将对居民饮用水质量产生影响。另外，海平面升高将影响土壤盐碱化增高，对农业、城市规划的用水用地甚至对整个生态系统都会造成负面影响。

第三，加速水分蒸发，改变土壤水分的含量及渗透率，并因此影响农业、森林、草地等生态系统的稳定性及其生产量等。蒸发是水循环中的重要组成部分，它和降水、径流一起决定着一个地区的水量平衡。降水量变化不大的情况下，气温升高将直接造成蒸发量加大，间接影响区域水量平衡。受干旱影响的地区范围将逐步扩大，更多更强的降雨量也将加大洪涝灾害发生的风险，至 21 世纪中期，中纬度地区、干旱热带地区以及主要以山川融雪作为水供给渠道的诸多地区将面临水资源供应明显下降的趋势。现阶段，依靠山川融雪获得水资源的人口占到世界人口的 1/6 以上。

（三）气候变化对生态系统的影响

地球上丰富多样的植物、动物和微生物是陆地圈的主要组成部分，是目前全球气候变化研究的核心对象。气候变化是威胁生物多样性的一个主要因素，预计到 21 世纪中期，变化的温度和降雨格局将成为生物多样性丧失的主要驱动力。气候变化会引起物种种群数量下降，某些关键种有可能因此丧失而引起次生灭绝，由于物种在迁移速度方面的差异，气候变化会中断物种间的相互作用。气候变暖造成物种灭绝的研究报道已有很多，比如西双版纳的傣族"龙山"在过去的 30 年中有 55 种物种灭绝。我国北部的森林也同样有逐渐斑块化的趋势，特别是红松林破碎化最为严重。

气候变化导致的气温升高会影响一些海洋生物的生理学过程和海水流体物理过程；温度每上升 1℃，生化反应速率将提高 1 倍，海洋生物的生理速率和物理耐受限度将受到影响。此外，气候变化将导致海水酸度提高，海水中 CO_2 的分压与海水 pH 直接相关，CO_2 分压升高，pH 下降，这对一些海洋生物和生态系统构成了严重威胁。据推测，到 2100 年，海水 pH 可能下降 0.3～0.5。同样，气候变化引起的海平面上升也将威胁到沿海海洋生物栖息地和生态系统，对海洋生物多样性产生负面影响。

最新的研究表明，生物有机体一方面被动受气候变化的影响，另一方面又通过物种的进化、自身的可塑性和改变分布区域等途径不断提高对逆境的适应性。为适应变化了的气候条件，它们可以通过向新的气候适宜的栖息地迁移或者适应本地的气候条件得以生存和繁殖，比如气候变暖后物种分布范围向高纬度或高海拔方向迁移。

（四）气候变化对社会经济的影响

气候变化不仅仅对人们的生活和环境产生影响，在全球一体化的今天，气候变化对经济发展的影响也越来越大。气候变化已成为全球经济议题，甚至成为大国竞相博弈道德制高点的国际舞台。

首先，气候变化将带来昂贵的经济成本。现阶段许多国家通过工业发展带动经济发展，而工业发展排放的温室气体是导致气候变化的主要成因，限制温室气体的排放在一定程度上必然有损经济收益，因此，各国在限制温室气体排放的政策领域进行了各种成本收益评估以及对气候变化不确定性的估计，目前仍然没有统一的可供各国效仿的有效政策。以欧盟和美国带头的碳交易、碳税等政策等正在试行中。其次，气候变化的影响具有区域性特点，气候变暖可能给一些地区带来发展机遇，给另一些地区带来灭顶之灾。同时，不同国家、地区或经济部门的减排成本不同，也带来利益的不均衡。

因此，国际社会普遍关注气候变化所带来的经济损益，对此进行经济评估，例如直接财产损失（防御性支出、耕地减少等）、生态系统损失（湿地减少、物种灭绝等）、基础产业部门损失（农业、林业、渔业等）、其他产业部门损失（能源、水、建筑、交通、旅游等）、人类福利损失（人类舒适性、疾病增加、空气污染、迁移等）和灾害风险（洪水、干旱、飓风等）等。但是由于目前知识的局限性和气候变化带来的各种不确定性（不同代际的人类福利损失、贴现率、气候灾害风险等），使得经济损益的估量仍然处于进一步完善补充中。

（五）气候变化对公众健康的影响

首先，气候变化将导致更频繁的高温热浪天气。世界卫生组织曾预计，到 2020 年全球死于酷热的人数将增加 1 倍。儿童、老年人、体弱者及呼吸系统、心脑血管疾病等慢性病患者则是受极端高温影响的高危人群。持续的高温热浪天气会导致一些虫媒传染病，如流行疟疾、登革热等。

其次，气候变化将导致极端气候事件发生的频率和强度大大增加，且有着巨大的不确定性，不仅对公共卫生基础设施造成极大的破坏，而且将直接导致人群的伤残率和各类疾病的发病率增加。例如，干旱和洪水被证实与汉坦病毒肺综合征、肺球孢子菌病等的暴发有关，并会导致营养不良以及加重食源性、水源性传播疾病的风险；洪涝灾害可引起某些虫媒病以及水传播疾病，如霍乱、伤寒、甲型肝炎等的暴发和流行；暴风雪将增加心肌梗死的发病率等。

再次，气候变暖会改变降雨量、风速、湿度等气象条件，影响大气污染物浓度，加剧空气污染。例如，气候变暖可增加人群呼吸疾病的发病率，且使空气中的某些有害物质如真菌孢子、花粉和大气颗粒物的浓度增加，造成人群过敏性疾病发病率升高。另外，许多研究表明，地面温度的上升将会产生地表臭氧，这样的臭氧将导致肺部功能紊乱、失调，从而引起哮喘、慢性肺部疾病等。

最后，气候变化通过影响农业生产，从而引发食品安全问题，造成人群营养不良。非洲、亚洲等人口众多的发展中国家将因气候变化的冲击，粮食安全形势恶化，而欧美等富裕的农业发达国家受冲击较小，这些将加剧全球粮食生产和消费的不稳定。此外，粮食的质量也将受到损害。大气中二氧化碳含量的增高，对食物的营养含量有负面作用。比如会导致大米成分中直链淀粉增多，使大米质地更加坚硬，而且大米中的铁、锌等对人类健康有重要意义的成分将降低，蛋白质含量减少。

（六）气候变化对不同地区的影响

首先，由于气候变化的区域性影响，不同地区承受的影响及程度也不尽相同。世界银行发布的《2010 年世界发展报告：发展与气候变化》称，1/6 的高收入国家排放了 2/3 的温室气体，但发展中国家不得不承受因气候变化引起的损失的 75%～80%。总体来说，最不发达国家（以非洲国家为主，例如肯尼亚，尼泊尔，卢旺达等）所受气候变化威胁程度最高，风险最大。这一方面是由于其经济发展水平低下，资金不足导致其基础设施建设无法抵御气候变化可能带来的气候灾害，贫困、饥荒以及不完善的政府公共服务使得人民没有应对气候灾害的措施。另一方面是由于不发达国家主要依靠气候敏感产业供给人口和发展经济，如农业，而气候变化极可能造成水资源的短缺和粮食安全危机。

其次，亚洲主要以发展中国家为主，因此，其经济发展、工业化、城市化进程面临着日益短缺的资源，而这些资源的供给也会受到气候变化的影响。亚洲各国 21 世纪中期面临的主要问题就是淡水资源短缺，喜马拉雅地区的冰川融化对水资源影响的不确定性将增加；沿海地区，尤其是人口众多的三角洲地区，面临海平面上升及洪水频发等灾害的风险将大大提升。

最后，气候变化将会给小岛屿国家（如斐济、马尔代夫）带来种种灾难性的后果：如干旱和洪水的发生频率和严重程度增加；基础设施损坏；土地损失、土地盐化，危及农业发展和食物保障；沿海财富的损失；细菌传播疾病和水传播疾病增加等。更为重要的是，小岛屿国家在海平面不断上升的过程中将面临岛屿被淹没的可能。

二、气候灾害及其影响程度

许多专家学者认为，由于气候变化导致的极端天气发生次数的增加，气候灾害发生的可能性也将大大提高。经美国可再生能源发展中心统计（图 1-1），1900—2009 年全球气候灾害的数量明显呈上升趋势，尤其是在过去的二三十年间。地球温度上升导致喜马拉雅等高山的冰川消融、对淡水资源形成长期隐患；海平面上升，人口密集的沿海地区面临咸潮破坏，甚至淹没之灾；冻土溶化，日益威胁当地居民生计和道路工程设施；热浪、干旱、暴雨、台风等极端天气、气候灾害等越来越频繁，导致当地居民生命财产损失加剧；粮食减产，千百万人面临饥饿威胁；每年，全球因气候变化导致腹泻、疟疾、营养不良多发而死亡的人数高达 15 万，主要发生在非洲及其他发展中国家。2020 年，这个数字预期会增加一倍；珊瑚礁、红树林、极地、高山生态系统、热带雨林、草原、湿地等自然生态系统受到严重威胁，生物多样性遭受损害。

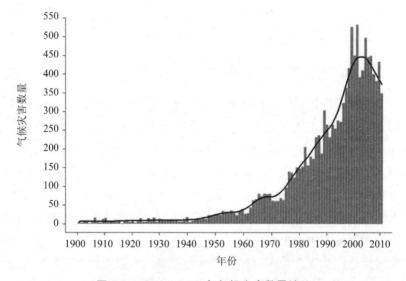

图 1-1　1900—2009 年气候灾害数量统计

资料来源：EM-DAT：The OFDA/CRED International Database-www.emdat.be。

IPCC 利用已观测到的历史数据得出初步结论，认为气候变化确实导致了气候灾害的增加。1991—2005 年，近 3.5 亿人口受到气候灾害的影响，死亡人数达到 96 万，造成的经济损失约为 12 万亿美元。其中贫穷落后国家及一些小国，由于自身抵御灾害能力较差，其遭受的损失相对更大。例如，2004 年拉丁美洲的格林纳达国在遭受伊万飓风后，经济损失是其 GDP 的 2.5 倍。无论气候变化的影响规模大小，贫困人群将受害最深。贫穷国家因没有足够的能力解决海平面上升、疾病传播及农作物减产所带来的问题，气候变化的负面影响将比发达国家更为严重。持续升温若不加以阻止，数千年后，格陵兰冰盖会全部消失，全球海平面将随之上升 7 m。

气候变化对我国的影响也是巨大的，过去 10 年，我国干旱受灾面积平均增加 10%，粮食生产受旱灾影响年均损失 250 亿 kg 以上；台风、暴雨引发的洪涝、地质灾害影响加剧，受山洪地质灾害威胁的区域约占我国陆地面积的一半，2008—2010 年全国 62% 的城市发生过城市内涝。中国气象局在《2011 年中国气候公报》新闻发布会上指出，2011 年我国气候总体上呈现暖干的特征，全国平均年降水量 556.8 mm，为 60 年来最少。全国年平均气温是 9.3℃，比常年偏高了 0.5℃，是 1997 年以来连续第 15 个暖年；冬季气温偏低，春、夏、秋三季持续偏高。此外，我国因气象灾害造成的经济损失达到了 3 030 亿元，比常年明显偏多，死亡人数 1 049 人，死亡人数比常年偏少。

因此，气候灾害的防御和管理引起了世界各国的关注，各国政府、气候变化专家学者、政策决策者等都在努力探讨及发掘积极有效的措施来应对气候灾害，以便增强其对气候变化的适应能力。

三、气候变化与气候灾害的关联性

联合国国际减灾战略（UNISDR）（2008）在其关于气候灾害风险管理的报告中指出，气候灾害的产生主要取决于两个因素：一是自然灾害，如极端天气的发生等；二是人类对自然灾害的抵御和适应过于薄弱，其中包括社会经济发展水平、生态系统的恶化、水资源与粮食资源短缺等。IPCC（2012）在《极端天气与气候灾害风险管理》报告中同样提出，气候灾害主要是由自然灾害本身、环境因素和人为因素综合导致的，其影响因素包括人为原因引起的气候变化、自然气候本身的变化性、社会经济发展水平、抗灾程度和灾害易损性。其中，抗灾程度是指人民生活水平现状、环境服务与环境资源、基础设施建设、R&D 以及经济、社会、文化领域中易受气候变化影响的各种资产及财富。灾害易损性是指由于该地区应对气候灾害而产生的损害。例如，热带台风由于登陆地点不同，其造成的影响也会有明显差别。同时，中国气候变化领域专家吴国雄院士指出，要将大气圈、岩石圈、水圈、生物圈、冰雪圈之间的相互作用和反馈机制与气候灾害联系起来，使其能更好地做出气候灾害的早期预测。

因此，根据上述所有相关因素，在建立气候变化与气候灾害关联性模型时，应考虑以下影响变量（图 1-2、图 1-3）：第一组变量主要影响气候变化及极端天气，例如温度、降雨量、风速及强度、冰川融化速率、温室气体排放量等，第二组变量用于解释某一地区对气候灾害的抗灾程度，例如经济发展水平、基础设施建设和环境服务与资源利用水平、R&D、现有科学技术等；第三组变量体现某一地区气候灾害易损性，例如自然灾害强度、自然环境因素（如是否沿海等）等。通过建立回归模型便可粗略估计气候灾害与气候变化的关联程度。

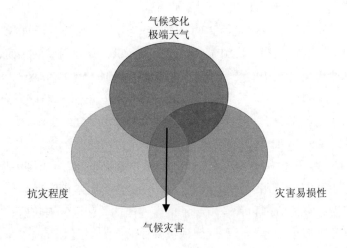

图 1-2　气候变化与气候灾害的关联性

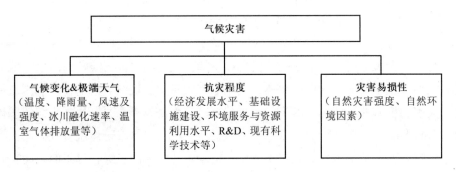

图 1-3　气候变化与气候灾害关联性模型参考变量

　　具体来说，第一组变量可以通过历年的观测数据获得，第二组变量中，经济发展水平可以用 GDP 以及人均 GDP 衡量，基础设施建设、环境服务、R&D 可以通过国家的物力、财力、人力的投入量来衡量。在考察基础设施建设时，除了可以统计财政预算，还可通过调查问卷的方式访问当地居民对基础设施建设的使用及评价。环境服务属于非市场商品，因此可以考虑用环境服务所占有的人力和资金支持来衡量一国重视环境服务的程度。R&D 对于抗灾能力起着至关重要的作用，它不仅能为气候变化领域的专家和决策者提供更科学、更准确的知识及资料，也可以为减缓适应气候变化提供前沿的科学技术，影响着科技的革新与进步。因此，一国对于 R&D 的资金投入必不可少。此外，R&D 的变量中，还可以考虑实际的有效出产率，即研究人员的研究成果是否应用于现实生活中以及这些成果创造出的价值。R&D 研究成果创造出的价值可以仅限于农业、水资源、能源等受气候变化影响较大的部门，统一用其经济收益来衡量。第三组变量中，自然灾害强度可以通过测量、统计的数据获得，例如近几年酷暑天气造成的人员伤亡、干旱等造成的损失等。由于气候变化带来的灾害具有区域性，所以一个具体区域的自然环境至关重要。通过在回归模型中设置虚拟变量来体现自然环境这一变量，例如，此地区是否沿海、是否有人口密集的三角洲、是否发生过气候灾害等。

在全球气候变暖的背景下，关注与推进气候灾害风险管理已成为保障人类社会生存和发展的必然需要。因此，预测气候灾害并提早进行应对和防御已成为气候变化领域重要的课题。由于气候变化知识体系和研究成果的局限性，我们应加大科研投入、充分给予政策和资金支持，以便为先进技术的进一步发展提供保障。在现阶段气候灾害的预测体系并不完善的情况下，各国应广泛合作，提升应对气候变化的适应能力，充分利用现代科学技术加强防灾减灾的工作，提高对极端天气事件的预测预警水平。

第二节　华北地区气候灾害时空演变格局

由于华北地区处在东部季风气候区，受温带季风影响，降水多集中在夏季，多暴雨且季节变化大、降水变化率明显，容易发生洪涝灾害；另外由于春季雨带位于南方，华北地区降水相对较少、多大风、蒸发量大、地表径流少以及工农业和生活用水需求量大，容易形成春旱；受内蒙古高原影响，华北地区易受冷空气侵袭形成寒潮（附录Ⅰ）。

20 世纪 70 年代以来，华北地区年平均气温由 5.6℃上升到 7.5℃，升温速率为 0.48℃/10a，约是全球年平均气温增速的 3 倍，在全球变暖的背景推动下，加之经济发展需求的能源消费产生的温室气体增加，这种叠加作用使地区升温更为明显。区域内受不同行政区自然条件和经济社会发展阶段的影响，因而华北地区年平均气温指标呈现出相对不均衡的空间分布特征（图 1-4）。

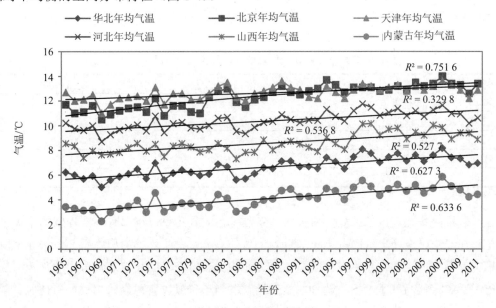

图 1-4　华北地区各省年均气温

华北地区因独特的地理位置，易受各类气候灾害影响，统计 1991—2011 年华北地区干旱、洪涝、冰雪和低温不同程度的灾害次数（图 1-5）发现，中度灾害次数相比轻度灾害次数和重度灾害次数多，从时间趋势上看，三种不同程度的灾害次数都处于波动变化状况，其中 2001 年左右波动幅度明显变大。

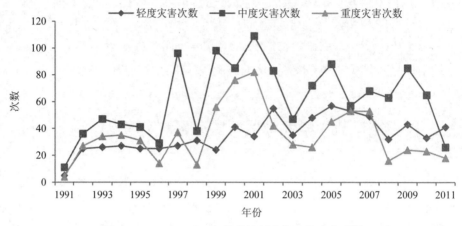

图 1-5 1991—2011 年华北地区分程度的灾害次数

经过统计计算（表 1-1），2004—2010 年各类气候灾害造成的直接经济损失达 1 956.4 亿元，大风冰雹雷电造成的直接经济损失为 429.6 亿元，占总损失的 22%；雪灾和低温造成的直接经济损失为 296.3 亿元，占总损失的 15.1%；暴雨洪涝灾害造成的直接经济损失为 226.9 亿元，占总经济损失的 11.6%；干旱造成的直接经济损失最大，为 1 003.6 亿元，占总经济损失的 51.3%。其中 2009 年灾害损失最为严重，直接经济损失总量达 474.3 亿元。

表 1-1 2004—2010 年华北地区各种灾害直接经济损失及比重

灾害	直接经济损失/亿元	比重/%
大风冰雹雷电	429.6	22
雪灾和低温	296.3	15.1
暴雨洪涝	226.9	11.6
干旱	1 003.6	51.3
总计	1 956.4	100

干旱是华北地区的首要气候灾害，整个华北地区几乎每年都有不同程度的旱灾发生，尤其在春季，季降水量仅占年降水量的 11% 左右，且发生连旱的概率很高。华北地区干旱灾害发生的主要特点为发生的概率高、面积大、持续时间长以及危害十分严重。2009 年干旱灾害最为严重，损失约 301.1 亿元，占当年气候灾害总经济损失的 63.5%。除干旱之外，华北地区受大风冰雹灾害影响也较为严重，仅 2004—2010 年的七年中，除 2005

年，其余年份大风冰雹灾害直接经济损失都超过 50 亿元，受损最严重的 2009 年，直接损失达 100.3 亿元，占当年气候灾害总损失的 21.2%（图 1-6）。

华北地区受洪涝灾害影响主要集中在夏季，并且存在年际差别。华北地区相比于东北地区、长江中游、东南沿海这些主要洪水灾害区域，受灾程度和灾害造成的直接经济损失不是特别严重。2004—2010 年，暴雨洪涝灾害最为严重的是 2007 年，直接经济损失达 65.2 亿元，占当年气候灾害总经济损失的 18.1%（图 1-6）。

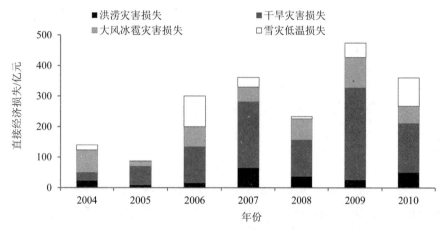

图 1-6 2004—2010 年华北地区各类气候灾害直接经济损失

第二章

能源行业对气候灾害的敏感性

第一节　气候灾害对能源系统影响机理

　　全球气候变化、极端天气事件频发，使得能源系统应对气候灾害时表现出了脆弱性，但随着经济社会的发展，能源系统随着各环节运作的完善，表现出了对气候灾害的适应性，经济—能源—气候系统相互作用、相互影响，是互相依赖的有机整体（图 2-1）。

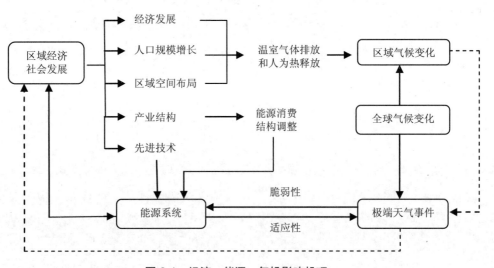

图 2-1　经济—能源—气候影响机理

　　随着经济社会对能源的依存程度越来越高，强度较大的极端天气事件对能源系统造成致命打击，进而影响整个经济系统的正常运行发展。由于各地区处于不同的经济社会发展阶段，人口密集程度、经济活动活跃程度都不尽相同，导致能源消费总量存在差距，能源对气候的适应程度不同。

气候因子通过多种途径影响矿产能源的生产、转换、最终使用传递的过程（图 2-2、图 2-3、图 2-4）。现有研究表明，在全球气候变暖趋势下的极端气候事件对能源系统的作用是显著的，但是对影响能源种类、作用机制和作用途径还未达成一致意见。气候灾害能源系统的影响表现在：①开发环节影响，包括对技术人员工作效率的影响、对勘探设备的影响和对正在建设的能源基础设施的影响。②生产环节影响，包括极端天气破坏能源生产基础设施，能源安全生产受到威胁；不利的天气条件，冲击发电过程中的水资源可用性；在极端高温和极端低温天气时，影响从事能源生产的工作人员的工作效率。③运输环节影响，包括降水量过大和严重的雪灾会造成铁路断线，往往不能保障急缺能源的正常供给；暴雨、冰雪不利于公路运输安全，路段损毁使公路运输不能顺利进行，但公路运输路途短、总量相对较小，对能源系统的冲击效用不大；港口和航道不能正常运营，船舶本身极有可能发生能源泄漏等严重后果；洪水以及风暴灾害引发的塌方也会破坏作为能源运输载体的管道设备，严重时可能发生管道损坏事故。④能源消费环节影响，包括极端温度使能源需求短时间内骤增，能源系统生产供应压力增加；自然资源对干旱和极端高温的敏感性反映会影响能源需求；极端天气对能源系统的生产、运输环节造成不良影响，进而使正常的能源消费无法顺利进行。

能源系统运行产生的温室气体影响了气候环境，而气候环境改变带来了地区平均气温升高、降水分布调整等一系列气候变化，而这恶化加剧了气候灾害的发生，而能源系统表现出脆弱性的同时，通过调整能源供应结构、升级能源基础设施等方式适应气候因子的冲击（图 2-5）。

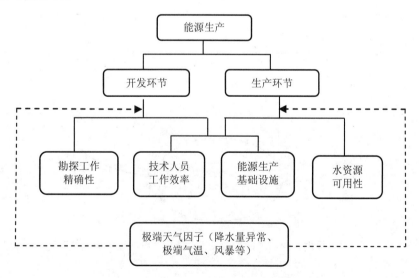

图 2-2　极端天气对能源生产影响结构图

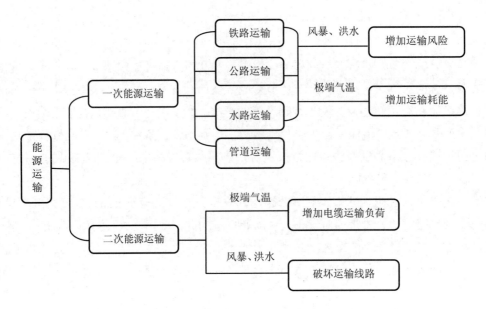

图 2-3 极端天气对能源运输影响结构图

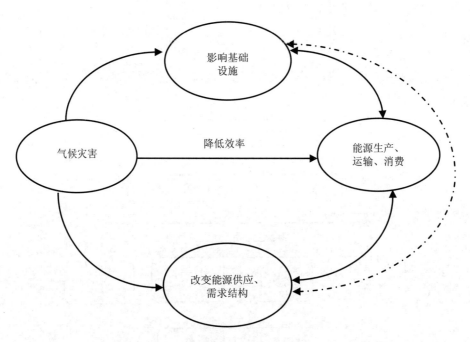

图 2-4 极端天气引发的气候灾害对能源系统的直接影响关联图

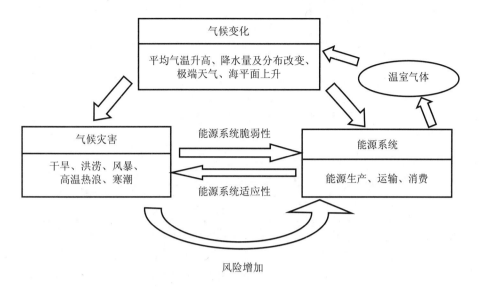

图 2-5　气候灾害对能源系统的影响关联图

第二节　华北地区气候灾害和能源的基本态势

一、华北地区能源行业的基本态势

在我国产业结构调整、能源消费需求增加的大背景下，区域经济得到了跨越式的发展，伴随着京津冀一体化的推进，华北地区作为我国重要的工业和能源基地，为全国经济快速发展做出了巨大贡献。能源消耗作为支撑经济社会发展的动力，在满足社会生产生活基本需求的同时，也需为经济高速发展提供能源保障，能源需求总量因经济社会的发展急速增加，华北地区逐步演变成为能源消费地区（图 2-6）。2010 年我国能源消费总量 307 987 万 t 标准煤，而华北地区就占了 1/4，达 76 993.66 万 t 标准煤（图 2-7），其中煤炭消费约占地区能源消费总量的 70%。能源消费结构也因产业结构的调整而发生变动，可再生新能源越来越多地应用到社会生产生活中。城市化速率加快、空间形态的改变和人为热排放带来的诸如热岛效应的负作用，使得能源需求将会伴随着城市化进程的推进而逐年增加。

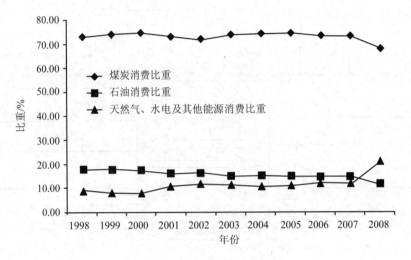

图 2-6　华北地区能源消费比重

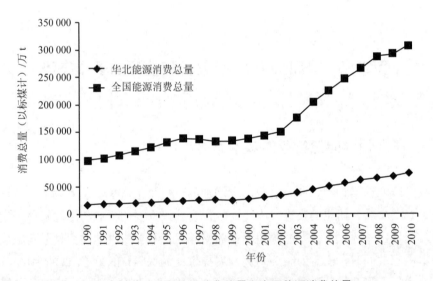

图 2-7　华北地区能源消费总量和全国能源消费总量

二、华北气候灾害与能源消费的关系

华北地区 1991—2011 年能源生产总量与气候灾害次数趋势图显示（图 2-8），能源生产总量与气候灾害发生次数呈现一定程度的反方向变动趋势。2000 年和 2001 年能源生产总量处于 20 年内的最低水平，而这两年总灾害次数分别是 202 次和 225 次，为 20 年最高值。

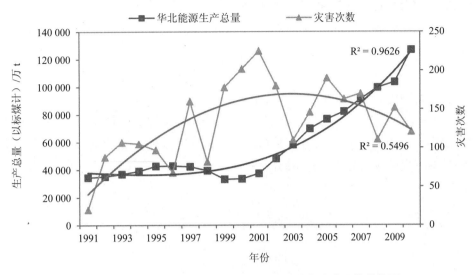

图 2-8　1991—2011 年华北地区能源生产总量与灾害次数趋势图

第三节　华北地区能源行业对气候灾害的敏感性分析

一、模型与数据

（一）模型设计

1. 引入气象条件要素变量的 C-D 生产函数

C-D 生产函数是一种多因素分析法，可用于开展生产过程中要素投入对产出贡献大小的经济分析。经典的 C-D 生产函数形式为 $Q = AL^{\alpha}K^{1-\alpha}$，其中，$Q$ 代表产量，L 代表劳动投入量，K 代表资本投入量，A 是常数且 $A>0$，α 是劳动力产出的弹性系数且 $0<\alpha<1$。在开展气象条件变化产生的经济影响分析时，应用 C-D 生产函数，在模型中引入气象要素变量取暖度日 HDD、降温度日 CDD、降水距平百分率 P。

早在 20 世纪 50 年代初，Thom 就首次用度日法研究了美国能源消费与温度的关系。近几年，通过众多学者的研究，度日指标已发展成为一个能够反映取暖和降温所需能源的时间温度指数，度日分析法作为研究温度和能源关系的基本方法，广泛运用于气候变化和能源行业研究应用领域。HDD 为一年中某天日平均温度低于 18℃ 的度数乘以 1 的累加值，公式为

$$HDD = \sum_{i=1}^{n}(18-T_i)\times 1$$

T_i 为日平均气温小于 18℃的当天温度。

CDD 为一年中某天日平均温度高于 26℃的度数乘以 1 的累加值，公式为

$$CDD = \sum_{i=1}^{n}(T_i - 26) \times 1$$

T_i 为日平均气温大于 26℃的当天温度。

P 表示降水距平百分率，即某一时段降水与同期平均状态的偏离程度，反映的是降水量的年际波动情况，P 值存在负数情况，为了方便做对数化处理，在原 P 值的基础上加 50，不改变原数列对降水波动的反映。

有

$$Q = Ae^{\gamma t}L^{\alpha}K^{\beta}HDD^{\sigma}CDD^{\chi}P^{\varphi} \tag{2-1}$$

$$A(t) = Ae^{rt} \quad (t=1,\ 2,\ 3,\ \cdots)$$

式中，γ 为未知参数，t 为时间系数，α、β、σ、χ、φ 分别表示劳动 L、资本 K、取暖度日 HDD、降温度日 CDD、降水距平百分率 P 对能源行业产出 Q 相应于解释变量变化的敏感性系数。将模型两边取自然对数线性化，得到

$$\ln Q = \ln A + rt + \alpha \ln L + \beta \ln K + \sigma \ln HDD + \chi \ln CDD + \varphi \ln P \tag{2-2}$$

从经济学分析的角度，上式中 α、β、σ、χ、φ 即为能源行业产出 Q 对于相应解释变量变化的弹性系数。如 $\alpha = \dfrac{dQ/Q}{dL/L} = \dfrac{\partial \ln Q}{\partial \ln L}$，即度量了在资本和其他气象因素等变量保持不变的情况下，劳动 $\ln L$ 对因变量 $\ln Q$ 的弹性影响，即当劳动变量发生 1%的变化将引起的能源行业产出变量的百分比变化。

2. 超越对数生产函数模型

通过 C-D 生产函数计算得出的弹性系数均为常数，它度量的仅为能源行业产出 Q 相对于各解释变量变化敏感程度的平均水平，而无法反映这种敏感性的历年变化趋势和特殊年份的敏感程度。为了更好地反映 Q 相对于各解释变量特别是气象要素变量敏感性的历年变化情况，更深入地探讨气象条件对能源行业的影响，本书将进一步拓展 C-D 生产函数，引入超越对数生产函数，以期得到更详细的研究成果。超越对数生产函数模型是一种易估计和包容性很强的变弹性生产函数模型，投入要素只有劳动力和资本的超越对数生产函数原始公式为 $Q = A(t)L^{\alpha}K^{\beta}$。

则相应的超越对数函数为

$$\ln Q_t = \ln A + \beta_L \ln L_t + \beta_K \ln K_t + \beta_{LL} \ln L_t \cdot \ln L_t + \beta_{KK} \ln K_t \cdot \ln K_t + \beta_{LK} \ln L_t \cdot \ln K_t \tag{2-3}$$

引入气候要素变量后公式拓展为

$$\ln Q_t = \ln A + \beta_L \ln L_t + \beta_K \ln K_t + \beta_H \ln \mathrm{HDD}_t + \beta_C \ln \mathrm{CDD}_t + \beta_P \ln P_t + \beta_{LL} \ln L_t \cdot \ln L_t +$$
$$\beta_{KK} \ln K_t \cdot \ln K_t + \beta_{HH} \ln \mathrm{HDD}_t \cdot \ln \mathrm{HDD}_t + \beta_{CC} \ln \mathrm{CDD}_t \cdot \ln \mathrm{CDD}_t + \beta_{PP} \ln P_t \cdot \ln P_t +$$
$$\beta_{LK} \ln L_t \cdot \ln K_t + \beta_{LH} \ln L_t \cdot \ln \mathrm{HDD}_t + \beta_{LC} \ln L_t \cdot \ln \mathrm{CDD}_t + \beta_{LP} \ln L_t \cdot \ln P_t +$$
$$\beta_{KH} \ln K_t \cdot \ln \mathrm{HDD}_t + \beta_{KC} \ln K_t \cdot \ln \mathrm{CDD}_t + \beta_{KP} \ln K_t \cdot \ln P_t + \beta_{HC} \ln \mathrm{HDD}_t \cdot \ln \mathrm{CDD}_t +$$
$$\beta_{HP} \ln \mathrm{HDD}_t \cdot \ln P_t + \beta_{CP} \ln \mathrm{CDD}_t \cdot \ln P_t$$

$$(2\text{-}4)$$

简化后

$$\ln Q_t = \ln(A) + \sum \beta_{ij} \ln(X_{ijt}) + \sum \beta_{X_{ij}X_{ij}} \ln(X_{ijt}) \cdot \ln(X_{ijt}) \qquad (2\text{-}5)$$

由上述公式可以推导出 Q 相对于各解释变量变化的敏感性序列。

产出对降水距平百分率敏感程度：

$$\alpha_{Pt} = \frac{\partial \ln Q_t}{\partial \ln P_t} = \beta_T + 2\beta_{PP} \ln P_t + \beta_{LP} \ln L_t + \beta_{KP} \ln K_t + \beta_{HP} \ln \mathrm{HDD}_t + \beta_{CP} \ln \mathrm{CDD}_t \qquad (2\text{-}6)$$

产出对取暖度日敏感程度：

$$\alpha_{Ht} = \frac{\partial \ln Q_t}{\partial \ln \mathrm{HDD}_t} = \beta_H + 2\beta_{HH} \ln \mathrm{HDD}_t + \beta_{HL} \ln L_t + \beta_{HK} \ln K_t + \beta_{HP} \ln P_t + \beta_{CH} \ln \mathrm{CDD}_t \qquad (2\text{-}7)$$

产出对降温度日敏感程度：

$$\alpha_{Ct} = \frac{\partial \ln Q_t}{\partial \ln \mathrm{CDD}_t} = \beta_C + 2\beta_{CC} \ln \mathrm{CDD}_t + \beta_{CL} \ln L_t + \beta_{CK} \ln K_t + \beta_{CP} \ln P_t + \beta_{CH} \ln \mathrm{HDD}_t \qquad (2\text{-}8)$$

（二）指标数据的选择

本书选择的指标数据主要分为两类，第一类是经济指标，第二类是气象要素指标。经济指标数据主要来自 1986—2011 年的《中国统计年鉴》和《中国工业经济统计年鉴》。鉴于数据的可获得性和可操作性，本书所指的能源行业主要包括煤炭采选业、石油和天然气开采业、电力和热力生产与供应业、石油加工及炼焦业、煤气生产和供应业。行业产值和劳动投入分别为上述四类行业的相关数据加总，资本投入可通过永续盘存法计算得出，计算方法为

$$K_t = K_{t-1}(1-\delta) + I_t$$

式中，K_t —— 当期的资本投入；

　　K_{t-1} —— 前一期的资本投入；

　　I_t —— 当期固定资产投资；

　　δ —— 折旧率，$\delta = 6\%$。

其中第一期的资本投入量计算公式为

$$K_1 = \frac{I_1}{g_{1-24}+\delta}$$

式中，$g_{1-24}=\sqrt[23]{\frac{I_{24}}{I_1}}-1$ 为第一期到第 24 期的投资几何平均增长率。

选取取暖度日、降温度日、降水距平百分率作为影响能源行业产出的气象因素指标。数据来自中国气象局国家基准、基本气象站 1987—2011 年共 78 个气象观测站。用不同气象要素指标描绘华北地区气象条件变化情况。

二、敏感性的静态分析

表 2-1 是不同地区对气象条件敏感性影响的多元回归结果，可以看出华北地区各省的资本投入 K 和劳动力就业人口 L 均与工业产值有显著的相关性。这里着重考虑各气象因子对能源行业的影响。

以北京为例，得到能源行业产出对气象条件敏感性的边际影响方程：

$$Q_t=2.261\,3+1.000\,7K_t+0.314\,0L_t-0.726\,3HDD_t+0.120\,4CDD_t+0.238\,7P_t \qquad (2\text{-}9)$$

由式（2-9）可知，在气象因子中产出对取暖度日的敏感性最强，且为负向影响，取暖度日每增加 1 个百分点，会使产出下降 0.726 3 个百分点，降温度日与降水距平百分率与产出是正向影响，降温度日、降水距平百分率每增加一个百分点会使产出分别增加 0.120 4 个和 0.238 7 个百分点。

表 2-1 华北地区能源行业产出对气象条件的敏感性结果

	常数项	L	K	HDD	CDD	P
北京	2.261 3 (1.267 9)	0.314 0 (1.119 2)	1.000 7 (24.669 2)	−0.726 3 (−0.683 1)	0.120 4 (0.717 4)	0.238 7 (2.518 6)
天津	−1.002 7 (−1.099 6)	0.374 1 (1.465 8)	1.004 9 (18.182 3)	−0.215 4 (−1.164 6)	−0.024 5 (−1.186 7)	0.140 9 (1.552 1)
河北	−13.759 1 (−1.223 2)	0.706 6 (1.324 9)	1.183 5 (17.955 0)	0.958 3 (0.728 3)	−0.105 5 (−0.726 8)	0.154 7 (0.941 3)
山西	−9.467 1 (−1.913 9)	2.165 1 (5.542 1)	0.984 6 (14.513 2)	−0.296 1 (−1.293 9)	−0.002 (−1.363 4)	0.127 1 (0.815 4)
内蒙古	−24.380 9 (−1.163 8)	0.084 7 (1.411 0)	1.080 4 (15.084 8)	2.430 2 (1.008 9)	−0.008 (−1.057 0)	0.208 6 (0.814 5)

注：括号内为 T 值。

五个省市的模型 R-squared 值均大于 0.9，说明模型的拟合效果均理想。但五个省市的多个解释变量 T 值未通过显著性检验，在回归分析中，若自变量之间存在多重共线性会使回归系数的估计不稳定，而事实上降水和温度存在复杂的相关性，可能对模型的显著性产生影响，因此需要剔除解释变量的多重共线性。当前，消除多重共线性的参数改进方法主要有两种，一种是主成分分析，另一种是岭回归。本书选用岭回归进行模型拟合以消除 HDD、CDD 和 P 之间的多重共线性。

对式（2-2）进行岭回归估计，可得北京、天津、河北、山西、内蒙古的岭回归系数 K 分别为 0.35、0.5、0.28、0.25、0.34，修正后的模型标准化系数见表 2-2。

表 2-2　华北地区能源行业产出对气象条件敏感性影响的岭回归修正结果表

	L	K	HDD	CDD	P
北京	0.003 3 （2.059 4）	0.697 8 （12.283 4）	−0.120 7 （−1.968 1）	0.097 9 （1.720 8）	0.039 3 （2.311 6）
天津	0.203 5 （3.862 1）	0.557 8 （10.647 2）	−0.123 1 （−2.427 1）	−0.059 2 （−2.100 2）	0.041 1 （1.761 6）
河北	0.141 4 （1.830 7）	0.480 0 （8.768 3）	0.289 1 （1.805 4）	−0.054 8 （−1.950 8）	0.070 7 （1.722 5）
山西	0.321 2 （8.128）	0.535 3 （13.411 5）	−0.111 6 （−2.796 9）	−0.063 6 （−1.755 3）	0.052 4 （1.608 1）
内蒙古	0.117 1 （2.065 4）	0.421 0 （10.921 9）	0.140 3 （1.714 8）	−0.082 9 （−2.248 7）	0.056 8 （1.814 5）

注：表中系数为标准化系数（beta）。

从五个省市的岭回归结果可以看出：HDD 的敏感程度，北京、天津和山西均为负相关，河北和内蒙古为正相关，五省市取暖度日的敏感性均较强；CDD 的敏感程度，除北京以外，其余省份均为负相关；P 对能源行业的产值均为正相关。

可见，就整个华北地区而言，低温对能源行业的影响程度远大于高温，即冰雪寒潮等反映极端低温水平的要素对能源行业的影响程度远大于高温热浪等反映极端高温水平的要素对能源行业的影响程度。由于化石燃料的开采、运输、加工使用与气象条件的关系，特别是长距离海陆油气运输和输变电路受气候条件及极端气候事件的影响，使得能源基础设施面临较大风险，甚至崩溃。有研究表明，2000 年以来华北地区处于极端低温事件的高群发区域。1987—2010 年极端高温事件对北京能源行业的影响为正，说明北京的极端高温事件使得能源消费（尤其是电力消费）巨增。对华北其他省份的影响为负，但影响程度较小。这与华北地区在 20 世纪 80—90 年代极端高温事件处于下降阶段有关。

三、敏感性的动态分析

静态的敏感程度为各省 24 年的平均水平，它反映的是能源行业产出与持续气候条件变化的相关性，无法体现历年的变化情况，更无法分析特定年份极端天气对能源行业的影响，本书重点旨在分析极端天气对能源行业的影响，因此需利用式（2-4）建立超越对数生产函数模型，以研究敏感性的历年变化及特殊年份的极端天气影响。通过Eviews 软件对华北五省市的相关数据进行计量分析，得出各省的超越对数生产函数系数表（表2-3）。

表2-3　华北地区超越对数生产函数函数系数表

	北京	天津	河北	山西	内蒙古
常数	326.300 3	−568.3	623.154 8	−1 735.48	3 583.409
β_L	287.915 5	−34.997 3	−318.819	−166.56	203.837 5
β_K	4.459 202	−18.215 1	−18.570 6	13.567 68	−21.057 6
β_H	−142.468	163.417 7	21.624 73	477.624 7	−986.217
β_C	6.019 73	−46.905 4	−57.963 9	−0.318 17	108.492
β_P	−72.369 4	76.759 9	58.187 46	49.484 56	108.614 3
β_{LL}	−5.961 23	7.761 406	7.203 966	−2.855 11	1.203 132
β_{KK}	0.134 49	0.303 562	0.300 969	−0.089 18	0.218 323
β_{HH}	12.499 71	−10.694 9	−10.760 4	−32.060 5	66.796 94
β_{CC}	1.229 701	0.335 088	−0.031 46	4.544 264	0.158 772
β_{PP}	−0.342 62	0.378 791	1.593 252	0.311 84	−1.324 57
β_{LK}	−1.352 59	−0.397 09	1.996 427	2.056 882	−1.113 98
β_{KH}	−0.026 36	1.997 467	1.210 971	−2.315 08	2.769 141
β_{LH}	−33.854 8	2.082 856	34.111 12	21.444 91	−26.095 9
β_{LC}	5.030 395	0.132 199	−2.111 32	0.449 95	2.290 79
β_{KC}	−0.248 14	0.138 438	−0.112 68	−0.159 42	−0.378 69
β_{LP}	−0.244 8	−1.064 01	−4.239 63	−0.087 67	3.796 539
β_{KP}	−0.221 52	0.174 79	−0.516 74	−0.242 61	0.046 06
β_{CP}	−1.012 2	1.217 14	1.290 274	−0.197 5	−0.113 77
β_{HC}	−2.904 6	4.831 59	7.812 721	−2.555 73	−13.343 9
β_{HP}	10.198 14	−10.603 5	−6.870 37	−5.889 69	−13.012 9

将表 2-3 的数据带入式（2-6）、式（2-7）、式（2-8），可分别得出华北五省市能源行业产出对取暖度日、降温度日、降水距平百分率变化的历年敏感性系数，由于数据过大，不再以表格形式载入，而将数据化成图形形式，以直观反映能源行业产出对取暖度日、降温度日、降水距平百分率变化敏感性系数的变化趋势和极端值情况。

（一）北京能源行业产出对气象条件敏感性分析

从历年变化来看（图 2-9），北京降水距平百分率的敏感性较为平缓且数值较小，这主要是因为北京能源消费结构以煤炭、石油为主，水资源贫乏，降水量的大小对能源生产没有实质影响。同时降水对能源需求的拉动效应也不明显。

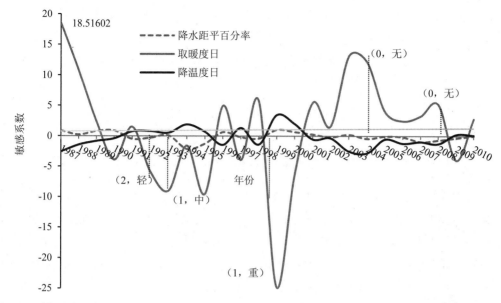

注：（）中的内容表述的是横轴对应年份发生低温冰雪灾害的次数和程度，如（2，轻）表示的是 1992 年发生了 2 次轻度低温冰雪灾害，下图同。

图 2-9 北京能源行业产出对气象条件敏感性分析趋势图

降温度日对能源行业有一定的影响，2000 年之前，降温度日天气对能源行业的影响存在一定的波动，但主要以正向影响为主，而 2000 年之后，降温度日对能源行业大都为负向影响，这主要是因为全球气候变暖，近几年极端高温事件较 20 世纪八九十年代有所上升，使得极端高温事件对能源行业产出的破坏效应加大，削弱了对需求的推动效应。

取暖度日的敏感性折线波动最大。以 2002 年为界，极寒天气对能源行业的影响出现了较大的差异，2002 年之前，极寒天气对能源行业的影响大部分为负，而 2002 年以后则多为正向影响，这与冰雪灾害天气集中在 2002 年之前有关。特别是 1991—1995 年、1998—2000 年两个时段消极影响显著，主要是因为这两个时间区间内北京地区低温冰雪灾害频发，对基础设施和生产活动均造成不良影响，1992 年和 1993 年分别发生 2 次轻度灾害和 1 次中度灾害。据《中国灾害大典·北京卷》的统计，1991—1995 年北京地区发生了 18 次低温冰雪灾害，仅 1995 年，北京地区就发生了 7 次不同程度的低温、寒潮、冰雪灾害，其中 10 月 29 日—11 月 1 日的寒潮大风降温，降温达 12.6℃，日最低气温-2.4℃，瞬时极大风速 24.2 m/s；大风降温造成供电、运输管道等线路故障、室外作业受阻，对电力行业的生产和运输都造成了较大的损失。1998—2000 年发生了 4 次程度不一的低温冻害，尤其是 1998 年的重大冰雪灾害，造成道路覆冰，发生上千起汽车追尾事故，迫使首都多条高速公路关闭，机场关闭 5 小时，致使 200 多次航班延误或备降其他机场，近万名旅客滞留机场。频发的低温冰雪灾害使得极端事件对能源行业的破坏效应增大，超过对需求的推动效应,以致 2002 年以前,能源行业对 HDD 变化的敏感性大多为负向,且上下波动明显,绝对值较大。2002 年以后,北京地区的低温灾害明显减少,气候变化对需求的推动作用超过了极端事件对产出的破坏作用,所以,能源行业对 HDD 变化的敏感度基本为正向,仅 2009 年、2010 年出现了负向的波动,主要是因为这两年发生了两次持续降雪灾害,其中 2009 年,北京市因冰雪灾害造成受灾人口 1.9 万人,直接经济损失达 0.9 亿元。

(二)天津能源行业产出对气象条件敏感性分析

天津的敏感性历年趋势图(图 2-10)显示,降水距平百分率敏感性总体较为平缓,可见,降水波动幅度对能源行业的影响并不明显,这主要是因为天津的能源消费结构以煤炭、石油为主,水资源在能源消费结构中所占的比重几乎可以忽略,降水的波动对能源供给和需求的直接影响不大。但是极端天气(如洪涝、干旱灾害)会对企业生产产生影响,从而间接影响能源需求,如图 2-10 所示,天津在 1993 年、1996 年降水距平百分率分别出现了较为明显的负面影响。1992 年、1993 年,天津出现了连续干旱,两年间全市农田受灾 657 万亩、成灾 250 万亩,干旱严重影响了农作物的播种及生产,造成部分地区大批农作物绝收,粮食严重减产,致使农业及以农业为原材料的相关加工产业生产萎缩或停滞;1996 年,天津部分地区降水量达到历年平均水平的两倍多,连续暴雨导致山洪暴发,部分路基冲空达 2 m,仅蓟县一地作物受灾面积就有 42 万多亩,粮食减产约 5 600 万 kg,受灾企业 45 个,厂房受损 6.3 万 m²,毁坏河道堤防 17 条,毁坏桥、闸、涵 283 座,毁坏机井 1 367 眼、泵站 42 处、民房 45 851 间、通讯路线 5.3 km、电力线路 12 km,暴雨严重影响了正常的生产生活,造成全市总经济损失达 39 035 多万元。

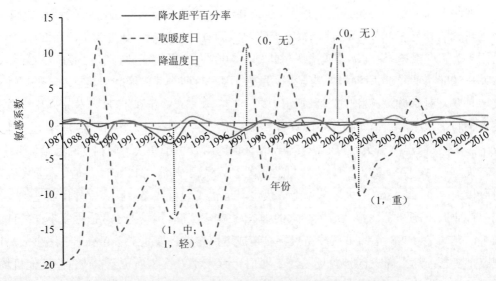

图 2-10 天津能源行业产出对气象条件敏感性分析趋势图

降温度日的敏感性折线波动平缓，且整体数值较小，说明高温灾害对天津的能源行业影响较小，这与天津市高温热浪发生的频率较低、程度较轻有关。

取暖度日对能源行业的影响最为显著，且起伏较大，取暖度日敏感性折线的波动规律与天津低温冰雪天气的分布规律具有一致性。1990—1996 年，取暖度日敏感性的负值较大，据《中国灾害大典·天津卷》，1990—1996 年，天津地区低温冰雪灾害较为集中，7 年间有 5 年发生了较为严重的冰雪寒潮灾害，其中 1993 年寒潮天气频发，2 月、4 月、11 月均发生了严重的寒潮低温灾害，仅 4 月 6 日—9 日汉沽区发生的低温寒潮灾害就造成了直接经济损失 134 万元，间接经济损失 285.5 万元。同理，2003—2004 年，天津出现了严重的冰雪灾害，取暖度日的折线图也在此点出现了极值。1996—2002 年，由于没有出现严重的极寒灾害，在取暖的需求推动下，取暖度日对能源行业的产出形成了正的推力。

（三）河北能源行业产出对气象条件敏感性分析

河北省降水距平百分率的敏感性折线波动较为平缓（图 2-11），除个别年份（1993 年、1994 年、1997 年、1998 年）出现较大波动外，其他年份对能源行业产出的影响并不明显，其中 1993 年、1997 年负向影响显著，主要是因为这两年河北发生了严重的干旱灾害。1993 年，河北省春旱的范围大、旱情重，全省春季受旱面积 346.6 万 hm²，河流干枯、水库蓄水大幅度减少、地下水位持续下降，农业受灾严重，人畜饮水困难，部分企业被迫停产；1997 年，北方大部持续高温少雨，发生严重干旱，夏旱范围之广、持续时间之长、情形之重是历年来极为罕见的，其中河北中南部受灾严重，河川径流量减少近 20%，地下水位下降 0.5～2.5 m，小型水库、坑塘及河道大部分干涸，浅层静水位下降 20 多 m，深层静水位降到 70 多 m，对农业生产形成极大威胁，同时影响人畜饮水，一些企业被迫停产，对社会经济产生了消极影响。

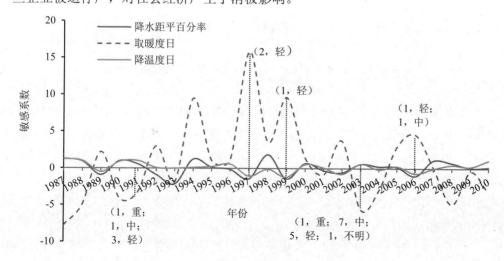

图 2-11　河北能源行业产出对气象条件敏感性分析趋势图

与北京和天津相似，河北也是取暖度日对能源行业的影响最为显著，且起伏较大，而降温度日的影响较小。河北的取暖度日敏感折线变化规律与低温冰雪灾害分布基本吻合。如1990—1991年，河北地区发生了1次重度、1次中度、3次轻度低温冰雪灾害，2003—2004年，河北地区发生了1次重度、7次中度、5次轻度还有1次程度不明的低温冰雪灾害，低温灾害频繁，其中1991年12月下旬，华北平原大部最低气温降至−5～−14℃，河北邢台、邯郸、唐山等地受灾严重，对能源行业产出的破坏力较大，抵消了取暖需求带来的推动力；1994—2000年，低温灾害发生的频率较低，对基础设施和生产活动的破坏力有限，使得取暖度日主要产生的是需求增加的推动力。

（四）山西能源行业产出对气象条件敏感性分析

由图2-12可见，山西降水距平百分率敏感性总体较为平缓，数值较小且大都为正，降水波动幅度对能源行业并未有实质性的影响，这与山西省的能源结构以煤炭、石油等矿物能源为主有关。

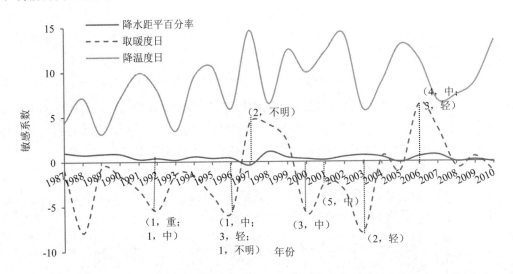

图2-12　山西能源行业产出对气象条件敏感性分析趋势图

与其他省份不同，山西省能源行业对降温度日的敏感性很高，且降温度日对产出的影响均为正，对能源行业产出的推动作用显著，这与高温天气对能源的需求量大有关。山西省作为能源出产大省，其中煤炭作为山西的第一大支柱产业，年出口量占全国的1/2，供应全国28个省（区、市），支撑着4 000多家大中型企业用煤；山西是全国最大的焦炭生产基地，其产量占全国焦炭产量的40%左右，占世界产量的20%左右，占全国出口供货量的90%；山西也是全国火力发电大省，到2005年年底，全省火电装机容量已达到2 320万kW，年发电量1 300亿kW·h左右，其外送电排全国第一。因此山西能源行业对需求的弹性较其他省份会更高，正向的敏感性也就更显著。图2-12中的降温度日敏感性相对低值出现在 1989 年、1993 年、1996 年、1998 年、2003 年，这几年中山西省几乎没有发生危害较大的高温灾害，因此降温度日的敏感性有所减低，而其他年份，山西省均发生了不同程度的高温、干热风灾害。

山西省取暖度日敏感性的变化也基本符合低温冰雪灾害的分布情况，低温冰雪灾害多发期则取暖度日对产出多为负面影响，1987—1996 年是山西省低温冰雪灾害的多发期，近乎每年都会发生较为严重的低温灾害，如图 2-12 所示，其中 1992 年发生了 1 次严重的和 1 次中等程度的低温灾害；1995 年，山西大同、忻州、朔州、太原、晋中、吕梁等地市 48 万 hm^2 粮田遭受冻害、房屋倒塌、交通能源行业损失严重，仅大同市直接经济损失就达 7 亿元以上。反之亦然，1997—1999 年低温灾害发生频率较低，取暖度日对能源行业的产出则为正向影响。但 2006 年、2007 年出现了异常情况，可能是因为山西省是能源产出大省，其能源产出大部分是供给外部地区，受外部因素影响较大。

（五）内蒙古能源行业产出对气象条件敏感性分析

内蒙古降水与降温度日对能源行业的产出影响很小（图 2-13），气候因子对产出的影响主要体现在取暖度日上，主要是因为内蒙古的降水量与极端高温天气较少，内蒙古各气象站点 1954—2011 年的极端最高温度的平均值在 35.1℃左右，且高温持续时间较短，形成灾害的概率低且危害小，而各气象站点 1954—2011 年的极端最低温度的平均值却达到-30℃，且低温程度呈现出越来越严重的趋势，寒潮冰雪天气是内蒙古主要的气象灾害，内蒙古每年平均发生寒潮 3 次以上，其中内蒙古中北部能达 6 次以上。

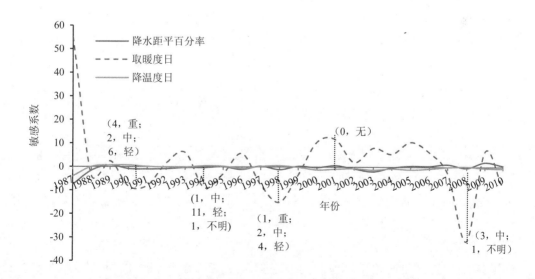

图 2-13 内蒙古能源行业产出对气象条件敏感性分析趋势图

由于内蒙古为寒潮灾害多发区，体现在趋势图中，取暖度日敏感性折线的波动范围较其他省份都要大，达到（-40，60），可见低温冰雪灾害对内蒙古的影响显著，1991—1992 年、1994—1995 年、1997—1999 年、2008 年，取暖度日敏感性的负值较大，低温冰雪灾害较为集中，其中 1994 年，内蒙古乌盟东南部出现大到暴雪，局地出现罕见的积雪，公路交通运输受阻，京包线停运 10 多个小时；赤峰中南部受暴雪影响致 15 人死亡，农田、畜牧业均受到极大的损失；1995 年 9 月上旬到中旬，内蒙古中东部地区连续数日出现强霜冻，给农业、能源和交通都造成了严重的损失，仅乌兰察布市直接经济损失就达 7 亿多元；1998 年 5 月下旬，内蒙古大部分地区气温异常偏低，出现了晚霜冻，其中仅巴盟就有 2 万 hm^2 农田受损，直接经济损失 1 亿多元，对其他地区（如呼和浩特、包头、乌盟、赤峰等）也造成了不同程度的经济损失。2001—2002 年，由于没有出现严重的极寒灾害，在取暖的需求推动下，取暖度日对能源行业的产出形成了正的推力。

四、研究结论

1）从 1987—2010 年的总体情况来看，华北地区降水、温度等气象因素相较于资本和劳动来说对能源行业的影响程度较小，且各省市的影响方向也并不统一，HDD 的敏感程度，北京、天津和山西均为负相关，河北和内蒙古为正相关；CDD 的敏感程度，除北京以外，其余省份均为负相关；P 对能源行业的产值均为正相关。但可以肯定的是，气象因素（降水、温度）会在一定程度上影响华北地区能源行业产出水平。

2）就整个华北地区而言，低温对能源行业的影响程度远大于高温和降水，即冰雪寒潮等反映极端低温水平的要素对能源行业的影响程度远大于高温热浪等反映极端高温水平的要素和洪涝、干旱等反映降水量波动的要素对能源行业的影响程度，这主要取决于华北地区能源消费结构及气象灾害分布情况。以煤炭、石油、天然气等矿物能源为主体的能源利用和消费结构使得降水量对能源行业的影响程度很小；华北地区地处中高纬度地区，是冰雪寒潮等低温灾害的多发区，而极端高温事件的发生率较低，损失也较少。

3）从历年变化的角度来看，华北地区能源行业产出对气候因素变化的敏感性变化情况，与各省市相关气象灾害的分布和损失情况基本吻合，当气象条件变化在社会系统可承受范围之内，即气象灾害发生频率较少的区间，气象因素对能源行业主要是正向影响，HDD、CDD 和 P 的增加会拉动能源需求，推动能源产出的增加；但是，当气象条件变化超出社会系统可承受范围形成灾害，即气象灾害多发时段，气象因素对能源行业的影响主要是负向的，会对能源的生产、运输、消费各个环节产生破坏效应，最终会对能源行业的产出产生消极影响。

第四节　能源行业应对气候灾害的建议

（1）能源开采和项目施工时加强气候环境的可行性论证

进行气候可行性论证是避免建设开发项目决策失误、预防气象灾害的一项重大举措。华北地区各级气象部门要依据相关规定，依法开展对大型煤矿和天然气开采、火电站建设项目等进行气候可行性论证，避免和减少重要设施遭受气象灾害和气候变化的影响，或对城市气候资源造成破坏而导致局部地区气象环境恶化，确保项目建设与生态、环境保护相协调。

（2）促进能源运输方式的多元化

华北地区是西电东送、西煤东运的重要通道，既有煤炭、天然气等资源丰富的能源生产和供给大省，如山西、内蒙古，又有北京等能源消费量庞大而资源贫乏的地区，能源在省际间的运输量大。公路运输和铁路运输对气象条件的依赖性比较大，气象灾害会对其产生较大的影响。促进能源运输方式的多元化，提高管道、高架线等运输方式所占的比重，有利于减少能源在运输途中的经济损失。

（3）促进能源消费结构的低碳化

华北地区的能源消费量巨大且结构较为单一，其中煤炭消费约占地区能源消费总量的70%。煤炭属于矿物能源，其利用过程中二氧化碳等有害气体排放量较高，对环境影响较大，近年来华北地区雾霾天气频繁，空气质量不佳，对人们的生活水平的提高产生了不利影响。一方面，应调整煤炭、石油、天然气的使用比例，适当减少煤炭在能源消费总量中的比重；另一方面，应加大对清洁能源的开发和推广力度，减少污染物的排放，加强对环境的保护，从源头上减少华北地区气象灾害发生的次数和程度，进而减少灾害对能源行业所造成的经济损失。

（4）加强灾害防治的针对性

据前文的研究结果，冰雪寒潮等反映极端低温水平的要素对能源行业的影响程度远大于高温热浪等反映极端高温水平的要素和洪涝、干旱等反映降水量波动的要素对能源行业的影响程度。因此在保障能源安全和正常供应时，应重点监控低温冰雪灾害，在持续低温天气时或严重寒流来袭前，应做好预警和防范机制，同时，加强能源相关设施（运输管道、高压线路、交通设施等）的抗低温能力，尽可能地降低灾害损失。

（5）提高气象灾害性天气预报预警能力

加强灾害性天气的监测预报预警能力，建立健全新能源气象服务体系，及时为新能源企业提供暴雨、冰雹、大风、沙尘暴等灾害性天气的预报预警信息，做好气候背景、气候资源条件、灾害性天气影响分析等气象服务，防御和减轻气象灾害的影响。

（6）建立完善的防灾减灾体系

建立完善的法律体系、组织体制、预警机制及信息传递通道，同时，加强与其他相关部门的联系与合作。能源行业是经济社会运行的动力和纽带，确保能源安全和正常供应，是防灾减灾工作的重要一环。根据前文的研究结果，气象条件变化会影响能源行业的产出水平，特别是形成灾害后，会对能源行业产生显著的消极影响，因此，灾害发生时，要重点保障能源安全和正常供应。

第三章
交通行业对气候灾害的敏感性分析

第一节　气候灾害对交通系统影响机理

　　气候的影响体现在交通运输的各个阶段，从线路的勘察设计、施工到投入运行，都需要考虑气候因素。极端最高和最低气温、干旱和暴雨洪涝、冰雪以及大风、雾、沙尘暴等气象气候灾害，对公路、铁路选线、施工、运营阶段，设计航海线路、港口设计和建设，机场选址、飞机运行等都会产生影响，通过影响基础设施和驾驶员心理以及外界环境等，结果轻则造成安全隐患、延误出行和运输，重则引发交通事故。具体影响机理和过程如图 3-1 所示。

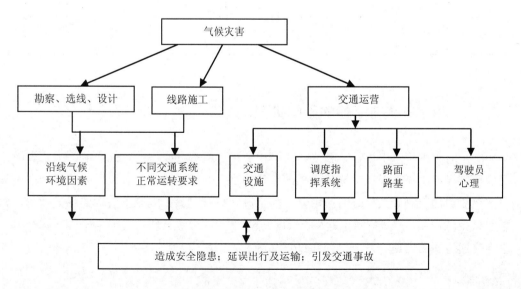

图 3-1　气候灾害对交通运输影响机制示意

一、极端温度灾害对交通的影响机理

单纯的气温变化对交通的影响主要表现在高温和低温条件下，对车辆自身的发动机等部件运行状态的影响、对长时间在车内的司乘人员的身体心理状况的影响以及对行驶道路的影响。影响机理和过程及原因如图 3-2 和表 3-1 所示。

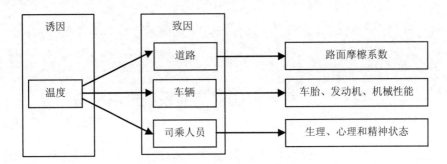

图 3-2 极端温度对交通的影响机理

表 3-1 极端温度对交通的影响过程

极端温度	道路	车辆	司乘人员
极端高温	沥青混凝土路面软化，承载能力下降，路面容易出现车辙、壅包等	高温季节易发生爆胎事故，容易发生汽车自燃事件进而引发交通事故	反应迟钝、易疲劳、急躁，操作失误率增加
极端低温	路面收缩，易产生各类裂缝、引发唧浆等	汽车燃油发黏，难以点燃，车辆抛锚等故障增多	血管收缩，代谢增强，影响驾驶操作，增加误操作引发交通事故的风险

二、干旱灾害对交通的影响机理

干旱对于内陆水上运输、航空、铁路和公路交通都会产生一定的影响，主要表现在交通基础设施的损害以及运输体系的改变等方面。干旱灾害对交通最显著的影响在于其对水运航道的限制。大旱时河流水位不断下降，航道吃紧，限制了航行的船只数量，大型船只无法作业，严重降低了运输效率。若干旱持续导致某些重要河道干涸，则会引发水上交通运输的瘫痪。影响机理和过程如图 3-3 和表 3-2 所示。

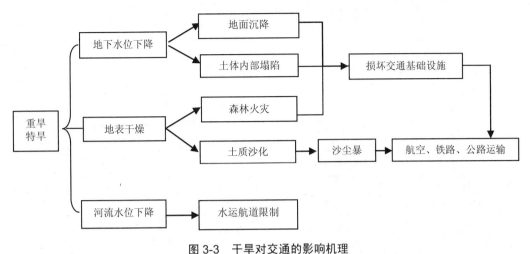

图 3-3　干旱对交通的影响机理

表 3-2　干旱对交通的影响过程

在建公路	建成公路	航空运输	航道运输	基础设施
难以保证路基的压实度，与含水率有关	水分流失导致路基开裂下沉，路面受损；沥青路面的损坏与降水量、交通流量载重量以及行车速度有关	水分流失，跑道损坏	水位下降，航道吃紧，大型船只无法航行作业	野外火灾发生率增加，威胁交通基础设施

三、暴雨洪涝灾害对交通的影响机理

暴雨洪涝灾害对于交通状况的影响主要是由于持续性的降雨以及一定的孕灾条件（地形、河网水系）就可以诱发洪涝灾害，冲毁、淹没路基、路面、桥梁、涵洞，形成泥石流、山体滑坡等使交通中断。在降雨过程中，小到中雨量级可改变路面摩擦系数，在路面有浮土的情况下，微量降雨与路面浮尘混合，使路面盖上一层湿土，此时路面摩擦系数很小，而且此时司机主观警惕也较为松懈，是降水初期交通事故偏多的主要原因。而大到暴雨量级的降雨主要是会降低能见度，降雨雨强在时空上骤变的同时能见度也随之发生骤变，前方能见度的骤变影响了驾驶人员的距离判断，车辆间明显的车速差异增加了事故发生的概率。影响机理过程如图 3-4 所示。

四、冰雪灾害对交通的影响机理

冰雪灾害主要对道路交通、铁路交通、航空交通、水上交通造成影响。由于冰雪引起能见度降低、摩擦系数降低，造成安全隐患、延误出行，以及交通事故等。具体影响机理和过程如图 3-5 所示。

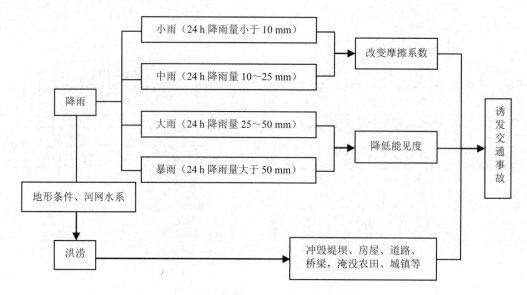

图 3-4 暴雨洪涝灾害对交通的影响机理

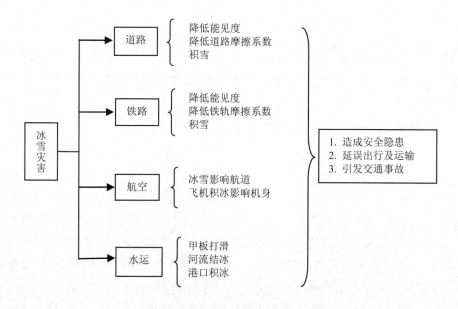

图 3-5 冰雪灾害对交通的影响机理

第二节 华北地区气候灾害和交通的基本态势

一、华北地区交通概况

华北地区已初步形成以海港、空港、铁路、公路、管道为骨架的综合交通体系，成为联系南北方、沟通东西部的综合交通枢纽，为华北的进一步发展奠定了坚实基础。交通运输作为经济社会发展的重要基础产业和拉动力量，始终发挥着举足轻重和不可替代的作用。华北地区以科学发展观统领综合交通发展全局，深化改革，加大投入，大力推进现代综合交通体系建设，铁路、公路、港口、民航等运输方式得到全面发展。截至 2010 年年底，华北地区道路长度 35 613 km，道路总面积 67 981 万 m^2，桥梁 4 641 座，立交桥 913 座（表 3-3）。京津冀地区经济比较发达，高速公路的建设和发展速度也比较快，同时高速公路为这些地区带来的经济效益也十分显著。华北地区经济的快速发展使得铁路建设加快，其建设规模之大、标准之高，是中国铁路发展史上从未有过的。而作为国际性运输方式的海洋运输和航空运输，华北地区也保持了非常迅猛的发展势头。在海运事业方面，港口吞吐量和集装箱吞吐量均保持快速增长，发展势头良好。在航空运输方面，随着我国民航从小到大进行的快速发展，华北地区也紧跟脚步，提高其民航服务能力，具备了先进的安全理念和水平较为雄厚的物质技术基础及基本完善的管理体制机制，行业发展站在了新的起点，并为长远可持续发展奠定了重要基础，在运输总周转量、旅客运输量和货邮运输量上都有了非常大的增长。

表 3-3　华北地区道路交通情况

地区名称	道路长度/km	道路面积/万 m^2	桥梁数/座	立交桥数/座	截至 2010 年高速公路里程数/km
北京	6 355	9 395	1 855	411	903
天津	5 439	9 159	530	77	1 100
河北	11 639	26 639	1 455	243	4 756
山西	5 733	10 312	482	93	4 010
内蒙古	6 447	12 476	319	89	2 183
总计	35 613	67 981	4 641	913	12 952

二、华北气候灾害对交通系统的影响

由于华北地区交通事故经济财产损失数据时间序列缺失，没有获得更长时间序列的数据，使得气候灾害和交通之间的关系趋势不明显。从图 3-6 来看，交通损失与气候灾害发生的次数之间存在相反趋势，这可能存在两种情况，一是时间序列短，趋势分析和相关性分析数据不足，结果不明显；二是交通事故发生的原因复杂，与驾驶员的违法和违规行为关系密切，导致经济财产损失与气候灾害关系不明确。因此，对于与交通行业关系密切的重大气候灾害发生年份的交通事故发生和经济财产损失情况还需要进行深入分析。

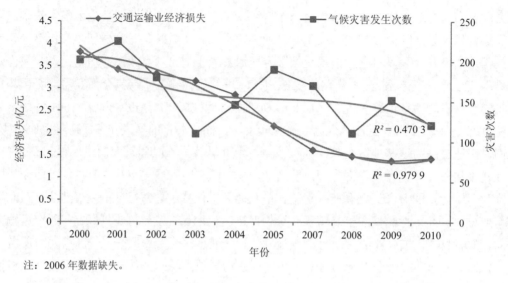

注：2006 年数据缺失。

图 3-6 2000—2010 年华北地区交通运输业经济损失与灾害次数趋势图

第三节 华北地区交通行业对气候灾害的敏感性分析

一、模型与数据

（一）模型设计

1. 引入气象条件要素变量的 C-D 生产函数

C-D 生产函数是一种多因素分析法，可用于开展生产过程中要素投入对产出贡献大小的经济分析。经典的 C-D 生产函数形式为 $Q = AL^\alpha K^{1-\alpha}$，其中，$Q$ 代表产量，L 代表劳动投入量，K 代表资本投入量，A 是常数且 $A>0$，α 是劳动力产出的弹性系数且 $0<\alpha<1$。在开展气象条件变化产生的经济影响分析时，本书拓展应用了 C-D 生产函数，在模型中引入气象要素变量取暖度日 HDD、降温度日 CDD、降水距平百分率 P。

则有

$$Q = Ae^{\gamma t} L^\alpha K^\beta \mathrm{HDD}^\sigma \mathrm{CDD}^\chi P^\varphi \tag{3-1}$$

$$A(t) = Ae^{rt} \quad (t=1, 2, 3, \cdots)$$

式中，α、β、σ、χ、φ 分别表示劳动 L、资本 K、取暖度日 HDD、降温度日 CDD、

降水距平百分率 P 对能源行业产出 Q 相应于解释变量变化的敏感性系数。将模型两边取自然对数线性化，得到

$$\ln Q = \ln A + rt + \alpha \ln L + \beta \ln K + \sigma \ln \mathrm{HDD} + \chi \ln \mathrm{CDD} + \varphi \ln P \qquad (3\text{-}2)$$

从经济学分析的角度，上式中 α、β、σ、χ、φ 即为能源行业产出 Q 对于相应解释变量变化的弹性系数。如 $\alpha = \dfrac{\mathrm{d}Q/Q}{\mathrm{d}L/L} = \dfrac{\partial \ln Q}{\partial \ln L}$，即度量了在资本和其他气象因素等变量保持不变的情况下，劳动 $\ln L$ 对因变量 $\ln Q$ 的弹性影响，即当劳动变量发生 1% 的变化将引起的能源行业产出变量的百分比变化。

2. 超越对数生产函数模型

通过 C-D 生产函数计算得出的弹性系数均为常数，它度量的仅为交通行业产出 Q 相对于各解释变量变化敏感程度的平均水平，而无法反映这种敏感性的历年变化趋势和特殊年份的敏感程度。为了更好地反映 Q 相对于各解释变量特别是气象要素变量敏感性的历年变化情况，更深入地探讨气象条件对交通行业的影响，进一步拓展 C-D 生产函数，引入超越对数生产函数，以期得到更详细的研究成果。超越对数生产函数模型是一种易估计和包容性很强的变弹性生产函数模型，投入要素只有劳动力和资本的超越对数生产函数原始公式为 $Q = A(t) L^{\alpha} K^{\beta}$。

则相应的超越对数函数为

$$\ln Q_t = \ln A + \beta_L \ln L_t + \beta_K \ln K_t + \beta_{LL} \ln L_t \cdot \ln L_t + \beta_{KK} \ln K_t \cdot \ln K_t + \beta_{LK} \ln L_t \cdot \ln K_t \qquad (3\text{-}3)$$

引入气候要素变量后公式拓展为

$$\begin{aligned}
\ln Q_t = {} & \ln A + \beta_L \ln L_t + \beta_K \ln K_t + \beta_H \ln \mathrm{HDD}_t + \beta_C \ln \mathrm{CDD}_t + \beta_P \ln P_t + \beta_{LL} \ln L_t \cdot \ln L_t + \\
& \beta_{KK} \ln K_t \cdot \ln K_t + \beta_{HH} \ln \mathrm{HDD}_t \cdot \ln \mathrm{HDD}_t + \beta_{CC} \ln \mathrm{CDD}_t \cdot \ln \mathrm{CDD}_t + \beta_{PP} \ln P_t \cdot \ln P_t + \\
& \beta_{LK} \ln L_t \cdot \ln K_t + \beta_{LH} \ln L_t \cdot \ln \mathrm{HDD}_t + \beta_{LC} \ln L_t \cdot \ln \mathrm{CDD}_t + \beta_{LP} \ln L_t \cdot \ln P_t + \\
& \beta_{KH} \ln K_t \cdot \ln \mathrm{HDD}_t + \beta_{KC} \ln K_t \cdot \ln \mathrm{CDD}_t + \beta_{KP} \ln K_t \cdot \ln P_t + \beta_{HC} \ln \mathrm{HDD}_t \cdot \ln \mathrm{CDD}_t + \\
& \beta_{HP} \ln \mathrm{HDD}_t \cdot \ln P_t + \beta_{CP} \ln \mathrm{CDD}_t \cdot \ln P_t
\end{aligned}$$

$$(3\text{-}4)$$

简化后

$$\ln Q_t = \ln(A) + \sum \beta_{ij} \ln(X_{ijt}) + \sum \beta_{X_{ij}X_{ij}} \ln(X_{ijt}) \cdot \ln(X_{ijt}) \qquad (3\text{-}5)$$

由上述公式可以推导出 Q 相对于各解释变量变化的敏感性序列。

交通行业产出对降水距平百分率敏感程度

$$\alpha_{Pt} = \frac{\partial \ln Q_t}{\partial \ln P_t} = \beta_T + 2\beta_{PP} \ln P_t + \beta_{LP} \ln L_t + \beta_{KP} \ln K_t + \beta_{HP} \ln \mathrm{HDD}_t + \beta_{CP} \ln \mathrm{CDD}_t \qquad (3\text{-}6)$$

交通行业产出对取暖度日敏感程度

$$\alpha_{Ht} = \frac{\partial \ln Q_t}{\partial \ln \mathrm{HDD}_t} = \beta_H + 2\beta_{HH}\ln \mathrm{HDD}_t + \beta_{HL}\ln L_t + \beta_{HK}\ln K_t + \beta_{HP}\ln P_t + \beta_{CH}\ln \mathrm{CDD}_t \quad (3\text{-}7)$$

交通行业产出对降温度日敏感程度

$$\alpha_{Ct} = \frac{\partial \ln Q_t}{\partial \ln \mathrm{CDD}_t} = \beta_C + 2\beta_{CC}\ln \mathrm{CDD}_t + \beta_{CL}\ln L_t + \beta_{CK}\ln K_t + \beta_{CP}\ln P_t + \beta_{CH}\ln \mathrm{HDD}_t \quad (3\text{-}8)$$

（二）指标数据的选择

本书选择的指标数据主要分为两类，第一类是经济指标，第二类是气象要素指标。经济指标数据主要来自 1986—2011 年的《中国统计年鉴》和《中国工业经济统计年鉴》。鉴于数据的可获得性和可操作性，本书所指的交通行业产值为交通运输、仓储和邮政业的产值，资本投入可通过永续盘存法计算得出，计算方法为

$$K_t = K_{t-1}(1-\delta) + I_t$$

式中，K_t —— 当期的资本投入；

K_{t-1} —— 前一期的资本投入；

I_t —— 当期固定资产投资；

δ —— 折旧率，δ=6%。

其中第一期的资本投入量计算公式为

$$K_1 = \frac{I_1}{g_{1-24} + \delta}$$

式中，$g_{1-24} = \sqrt[23]{\frac{I_{24}}{I_1}} - 1$ 为第一期到第 24 期的投资几何平均增长率。

选取取暖度日、降温度日、降水距平百分率作为影响交通行业产出的气象因素指标。数据来自中国气象局国家基准、基本气象站 1987—2011 年共 78 个气象观测站。用不同气象要素指标描绘华北地区气象条件变化情况。

二、敏感性静态分析

表 3-4 为 2004—2010 年华北地区交通灾害直接经济损失与气候灾害 Pearson 相关检验结果。由表 3-4 可见，华北地区交通灾害的次数和直接经济损失与洪涝、冰雹、低温、干旱等气象灾害的发生次数有较强的关联度。总的来说，冰雹、低温等反应极端低温水平的气象灾害发生次数与交通灾害次数和直接经济损失的关联度较其他气象灾害更强，相关系数分别达到 0.643 和 0.640，高出总气象灾害次数关联系数近 0.2 个百分点。基于这一结论，可以认为当与持续低温相关的冰雹低温灾害出现时，发生交通灾害的次数以

及交通灾害直接经济损失都较高。

表 3-4 2004—2010 年华北地区交通灾害直接经济损失与气候灾害 Pearson 相关检验

灾害	洪涝灾害次数	冰雹灾害次数	低温灾害次数	干旱灾害次数	总气象灾害次数
交通灾害次数	0.012	0.643	0.643	0.321	0.479
交通灾害直接经济损失	0.050	0.640	0.640	0.319	0.479

表 3-5 是不同地区对气象条件敏感性影响的多元回归结果，可以看出华北地区各省的资本投入 K 和劳动力投入 L 均与交通行业产出有显著的相关性。这里着重考虑各气象因子对交通行业的影响。

表 3-5 华北地区交通行业产出对气象条件的敏感性结果

	常数项	L	K	HDD	CDD	P
北京	−4.826 9 (−0.906 2)	−0.199 4 (−1.506 8)	0.815 4 (13.788 4)	0.682 2 (0.999 6)	0.043 1 (0.390 5)	−0.051 9 (−0.874 4)
天津	−2.490 7 (−0.327 8)	0.093 2 (2.289 0)	0.780 1 (9.532 2)	0.425 5 (1.441 8)	−0.107 7 (−1.093 3)	−0.077 9 (−1.154 5)
河北	2.330 4 (0.279 5)	−0.049 4 (−1.088 9)	0.734 2 (11.737 0)	−0.062 2 (−1.063 1)	−0.076 4 (−0.647 1)	−0.013 2 (−0.118 9)
山西	−2.982 9 (−1.430 8)	0.931 4 (1.209 7)	0.914 0 (22.779 0)	−0.068 5 (−1.073 0)	0.022 3 (−1.166 8)	−0.052 2 (−0.410 5)
内蒙古	−0.307 3 (−2.749 9)	0.305 5 (1.781 1)	0.990 4 (9.865 3)	−0.307 3 (−2.749 9)	−0.032 2 (−0.367 1)	0.110 1 (0.669 5)

注：括号内的为 T 值。

以北京为例，得到交通行业产出对气象条件敏感性的边际影响方程：

$$Q = -4.826\ 9 + 0.682\ 2\text{HDD} + 0.043\ 1\text{CDD} - 0.051\ 9P - 0.199\ 4L + 0.815\ 4K$$
$$\quad\ (-0.906\ 2)\qquad (0.999\ 6)\qquad\quad (0.390\ 5)\qquad\quad (-0.874\ 4)\quad\ (-1.506\ 8)\quad\ (13.788\ 4)$$

$$\overline{R}^2 = 0.98$$

通过静态分析可得，气候要素中交通行业对取暖度日的敏感性最高，且为正向影响。取暖度日每增加 1 个百分点，会使产出上升 0.682 2 个百分点。降温度日对产出也是正向影响，即降温度日每增加 1 个百分点会使产出增加 0.043 1 个百分点。这一结论与华北地区交通灾害发生次数与交通灾害直接经济损失与气候灾害的 Pearson 相关分析的结论相悖。降水距平百分率对产出是负向影响，即降水距平百分率每增加 1 个百分点会使产出减少 0.051 9 个百分点。

虽然五个省市的模型 *R*-squared 值均大于 0.9，说明模型的拟合效果均理想。但五省市的多个解释变量 *T* 值未通过显著性检验，在回归分析中，若自变量之间存在多重共线性会使回归系数的估计不稳定，而事实上降水和温度存在复杂的相关性，可能对模型的显著性产生影响，因此需要剔除解释变量的多重共线性。当前，消除多重共线性的参数改进方法主要有两种，一种是主成分分析，另一种是岭回归。本书选用岭回归进行模型拟合以消除 HDD、CDD 和 *P* 之间的多重共线性。

由于多元线性回归存在诸多问题，各投入要素的弹性系数没有通过显著性检验，因此对原始静态模型进行岭回归分析。其中北京、天津、河北、山西、内蒙古的岭回归系数 *K* 分别为 0.2、0.26、0.22、0.32、0.42，并对原始数据进行均值为 0、方差为 1 的标准化处理，修正后的模型标准化系数见表3-6。

表3-6　华北地区交通行业产出对气象条件敏感性影响的岭回归修正结果

	L	*K*	HDD	CDD	*P*
北京	0.252 3 (5.585 7)	0.566 5 (12.481 4)	0.030 1 (1.657 2)	0.099 4 (2.066 6)	−0.068 7 (−1.469 9)
天津	0.320 7 (7.175 8)	0.544 9 (12.165 1)	0.034 6 (1.721 6)	−0.003 1 (−2.184 5)	−0.021 8 (−1.452 9)
河北	0.323 4 (8.373 9)	0.561 7 (13.881 3)	−0.022 6 (−2.515 0)	−0.009 2 (−2.0.34)	0.008 6 (2.195 7)
山西	0.056 8 (2.049 3)	0.635 8 (11.788 4)	−0.105 2 (−1.946 0)	0.112 0 (2.100 6)	0.025 8 (1.494 0)
内蒙古	0.307 4 (8.965 2)	0.447 8 (11.807 8)	−0.068 5 (1.913 7)	0.089 3 (1.936 2)	−0.006 0 (−2.133 2)

注：表中系数为标准化系数（beta）。

从五个省市的岭回归结果可以看出：经过岭回归之后产出对气候要素的敏感程度都相对较小，其中，HDD 的敏感度，河北、山西和内蒙古均为负相关，北京和天津为正相关，五省市取暖度日的敏感性相对其他气象因素整体较强；CDD 的敏感程度，北京、山西和内蒙古为正相关，天津、河北为负相关；*P* 对交通行业的产出河北、山西为正相关，其余省份为负相关。

可见，在各项气象要素中，温度对交通行业的影响程度远大于降水，即高温、暴雪、冻害等反映极端温度水平的要素对交通行业的影响程度远大于洪涝、干旱等反映极端降水水平的要素对交通行业的影响程度。这一结果与华北地区交通灾害发生次数与交通灾害直接经济损失与气候灾害的 Pearson 相关分析的结论相吻合，表3-4 的相关性分析也得出相似结论，即华北地区交通灾害的次数和直接经济损失与冰雹、低温灾害的发生次数的关联度要明显大于与洪涝、干旱灾害的关联度，而取暖度日与降温度日的敏感性差异并不明显。就华北五省市而言，山西省是对气象要素反映最为敏感的地区，尤其是对

HDD 和 CDD 的敏感性更为显著，这主要是因为山西省是我国主要的能源大省，交通产出中能源外送占比较大，而能源行业的市场需求与温度有密切相关性。

三、敏感性动态分析

静态的敏感程度为各省 24 年的平均水平，它反映的是交通行业产出与持续气候条件变化的相关性，无法体现历年的变化情况，更无法分析特定年份极端天气对交通行业的影响，由于简单多元回归以及岭回归结论的缺陷，对加入气候要素的 C-D 生产函数进行改善，各生产投入要素存在相互替代关联，因而对其进行超越对数生产函数的回归分析，以研究敏感性的历年变化及特殊年份的极端天气影响。通过 Eviews 软件对华北五省市的相关数据进行计量分析，得出各省的超越对数生产函数系数表（表 3-7）。

表 3-7 华北地区超越对数生产函数系数

	北京	天津	河北	山西	内蒙古
常数	−467.694 2	1 636.566	−971.620 8	550.643 6	4 665.62
β_H	149.799 8	−406.561 4	231.534 6	−97.294 95	−1 037.157
β_C	−39.684 8	−25.369 2	−28.881 58	−6.396 277	30.111 24
β_P	−18.827 62	−6.068 039	41.434 07	6.058 352	−72.424 56
β_L	16.316 55	63.978 98	−37.003 36	−107.583 3	−214.582 9
β_K	−8.441 168	−8.393 228	20.151 81	5.584 920	38.962 53
β_{HH}	−11.567 15	25.434 05	−11.696 76	7.390 453	57.195 54
β_{CC}	0.238 02	0.141 075	0.968 683	0.058 421	−0.013 582
β_{PP}	0.100 389	0.072 703	2.442 962	0.310 937	−0.149 407
β_{LC}	2.116 864	4.188 261	22.218 48	20.993 94	5.437 111
β_{KK}	0.425 459	−0.106 389	0.175 97	−0.110 326	0.167 595
β_{HC}	4.920 005	2.865 322	4.025 653	−0.782 124	−3.507 992
β_{HP}	2.472 418	0.647 511	−9.090 267	−0.901 524	8.691 137
β_{HL}	−1.518 946	−10.356 11	−6.667 811	−4.296 387	25.323 89
β_{KH}	1.176 57	1.533 106	−1.352 353	−0.564 170	−3.937 44
β_{PC}	−0.258 121	0.159 2	1.219 925	0.534 338	0.533 465
β_{CL}	0.046 977	0.450 261	−9.192 543	3.101 584	−2.868 762
β_{CK}	−0.057 289	0.002 002	0.919 494	0.067 958	0.773 143
β_{PL}	−0.681 97	0.236 21	3.192 04	−0.833 357	−0.350 761
β_{PK}	0.278 283	−0.129 987	−0.452 086	−0.029 896	−0.248 008
β_{LK}	−2.200 403	−0.545 016	−4.002 285	0.393 783	−3.048 777

利用产出对取暖度日、降温度日、降水距平百分率的敏感程度公式，分别得到华北五省市交通行业产出对取暖度日、降温度日、降水距平百分率的敏感程度的时间序列曲线。

虽然静态分析中，取暖度日与降温度日对交通行业的历年平均影响差别不大，但从华北五省市的气象条件敏感性分析趋势图可见，动态的敏感性有显著差别，交通行业产出对 HDD 的敏感性波动较大，而对 CDD 则波动较小。降水距平百分率对华北地区各省市的影响很小。

（一）北京交通行业产出对气象条件敏感性分析

从历年变化来看（图 3-7），北京地区降水距平百分率的敏感性较为平缓且数值较小，原因主要有两个方面，一是北京地区的交通结构以铁路、公路、航运为主，水运在整个交通体系中占比很少，几乎可以忽略；二是华北地区降水量较小，属于水资源缺乏地区，发生暴雨和洪涝灾害的频率相对较低，对交通行业的经济损失影响也较小。而降温度日的敏感性折线波动也较为平缓，且整体数值较小，可见，高温灾害对北京的交通行业影响较小，主要是因为北京市高温热浪成灾率低，且程度较轻。

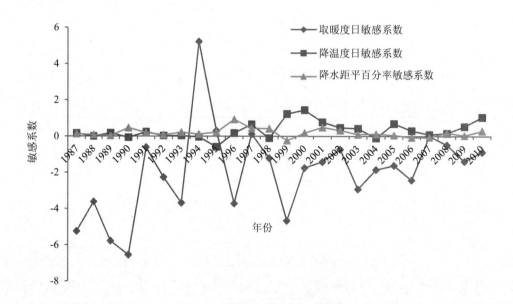

图 3-7 北京交通行业产出对气象条件敏感性分析趋势图

取暖度日的敏感性折线波动最大，除 1994 年、1995 年外均为负向影响，北京作为消费性城市，交通运输多为满足居民日常生活和企业正常生产，具有相对刚性，因温度差异而带来的市场需求变动较小。取暖度日所反映的低温气象因素对北京的影响主要体现在大雪、冰雹、低温寒潮等灾害对交通行业的破坏作用。据《中国灾害大典·北京卷》统计，1993 年 11 月 4 日，北京降大雪，京石高速公路关闭，民航机场十几个航班停飞，3 天不能正常运行，仅朝阳、海淀、丰台交通事故一天就发生 74 起。1997—2000 年，北京地区发生了 5 次低温冰雪灾害，仅 2000 年，北京地区就发生了 3 次不同程度的低温、寒潮、冰雪灾害，其中仅 1 月 4 日 15 时至 20 时，二环、三环路就发生多起交通事故。京石、八达岭高速公路、108 国道、109 国道、110 国道先后封锁。首都机场 1 月 5 日取消航班 25 个，170 多个延误。1998 年的重大冰雪灾害，造成道路覆冰，发生上千起汽车追尾事故，迫使首都多条高速公路关闭，机场关闭 5 小时，致使 200 多次航班延误或备降其他机场，近万名旅客滞留机场。1994—1995 年，低温冰雪灾害的发生频率相对较低，取暖度日的敏感性系数折线呈现出正向影响。

（二）天津交通行业产出对气象条件敏感性分析

天津交通行业对降温度日变化的敏感性折线波动平缓，且整体数值较小，说明高温灾害对天津的交通行业影响较小，这与天津市高温热浪发生的频率较低、程度较轻有关（图 3-8）。

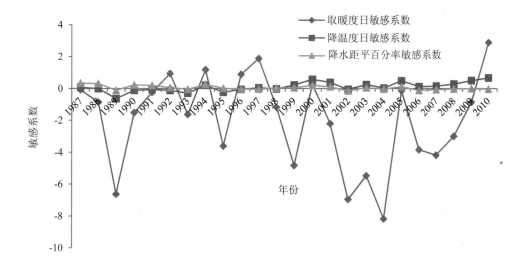

图 3-8　天津交通行业产出对气象条件敏感性分析趋势图

天津的敏感性历年折线图显示，取暖度日对交通行业的影响最为显著，且起伏较大，与北京相似，取暖度日对交通行业主要是负向影响，且取暖度日敏感性折线的波动规律与天津低温冰雪天气的分布规律具有一致性。2001—2006 年，取暖度日敏感性的负值较大，据《中国灾害大典·天津卷》记录，1989—1991 年、1993 年、1995 年，天津地区低温冰雪灾害较为集中，几乎每年都发生较为严重的冰雪寒潮灾害，其中 1993 年寒潮天气频发，2 月、4 月、11 月均发生了严重的寒潮低温灾害，仅 4 月 6 日—9 日汉沽区发生的低温寒潮灾害就造成了直接经济损失 134 万元，间接经济损失 285.5 万元。同理，2001—2004 年、2006—2009 年，天津出现了严重的冰雪灾害，取暖度日的折线图也在此点出现了极值。1992 年、1994 年、1997 年、2010 年，由于没有出现严重的极寒灾害，取暖度日对交通行业的产出形成了正的推力。

（三）河北交通行业产出对气象条件敏感性分析

河北省的降水量距平百分率的敏感性折线有较为明显的波动（图 3-9），1993 年、1997 年、1999 年、2002 年、2006 年均出现了负向的波动，其中 1993 年、1997 年、1999 年的负向影响显著，主要是因为这两年河北发生了严重的洪涝灾害。1993 年 7 月到 8 月上旬，河北省发生了严重的洪涝灾害，宣化县 7 月 2 日 1 小时 20 分钟降水量 160 mm，3—7 日乾安县 3 次遭到暴雨袭击，8 月上旬，河北南部、北部先后出现一次强降雨，由于降雨集中、强度大，造成山洪暴发、江河泛滥、道路大面积积水、部分路段冲毁，严重影响交通。1999 年 8 月中旬河北部分地区发生大到暴雨，石家庄的平山、井陉、元氏等地遭特大暴雨袭击，局部地区降雨强度大，雨量集中，造成山洪暴发、江河水位暴涨、局部引发泥石流灾害、路面冲毁、航班延误。

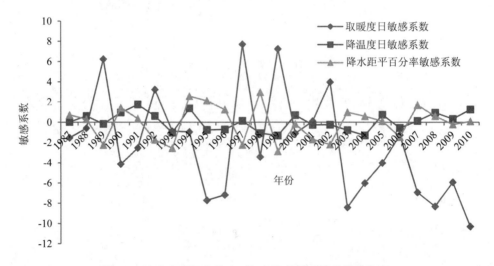

图 3-9　河北交通行业产出对气象条件敏感性分析趋势图

与北京和天津相似，河北也是取暖度日对交通行业的影响最为显著，且起伏较大，而降温度日的影响较小。河北的取暖度日敏感折线变化规律与低温冰雪灾害分布基本吻合。如 1990—1991 年，河北地区发生了 2 次重度、4 次中度、3 次轻度低温冰雪灾害，2003—2004 年，河北地区发生了 1 次重度、7 次中度、5 次轻度，还有 1 次程度不明的低温冰雪灾害，低温灾害频繁，其中 1991 年 12 月下旬，华北平原大部最低气温降至 −5～−14℃，河北邢台、邯郸、唐山等地受灾严重，由于低温冻害造成道路结冰，交通事故频发，给交通行业造成了严重的经济损失；1997—2002 年，低温灾害发生的频率较低，对基础设施和生产活动的破坏力有限，使得取暖度日主要产生的是需求增加的推动力。

（四）山西交通行业产出对气象条件敏感性分析

与其他省份相同，图 3-10 中，山西省交通行业产出对取暖度日的敏感性折线波动幅度最大，但与其他地区有明显的差别的是，取暖度日敏感性系数折线呈现出向右下方倾斜的趋势，可见，山西省交通行业产值对取暖度日的敏感性随着时间的推移，有逐渐减弱的趋势。

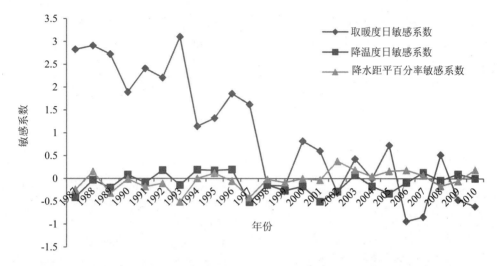

图 3-10　山西交通行业产出对气象条件敏感性分析趋势图

一方面，山西省是我国主要的能源大省，其中煤炭作为山西省的第一大支柱产业，年出口量占全国的 1/2，供应全国 28 个省（区、市），支撑着 4 000 多家大中型企业用煤；山西省是全国最大的焦炭生产基地，其产量占全国焦炭产量的 40% 左右，占世界产量的 20% 左右，占全国出口供货量的 90%。由此可见，能源外送是山西省交通运输的一个重要领域。而能源的市场需求与温度有很强的关联性，持续低温会加大市场的能源需求量，从而加大山西省的能源运力，推动交通行业产值的增加，因此，交通行业产值对取暖度日的敏感性大都为正向影响。

另一方面，山西省一直致力于改变长期以来陆路交通的单一运能方式，特别是近几年，运能方式有了较大的转变。首先，山西省正在由运煤向煤电并运的方式转变，据专家介绍，山西省 2007 年、2008 年、2009 年输煤、输电比例分别为 26∶1、23∶1 和 16∶1，输电比重正在逐年提高，管道运输和高架电线等运能方式对传统交通运输的替代作用正在逐年提升。其次，传统交通运输也在进行自我转变，大秦线作为山西省专业煤运铁路，近年来也在进行运力改革，将实现以煤炭为主的运输服务向综合物流供应商转变，旅客运输成为其新的利润增长点。可见，山西省的交通行业受能源运输的影响正在经历一个逐渐减弱的过程，因此取暖度日对交通行业的影响也呈现出逐年减弱的趋势，特别是近几年出现了正负波动的情况。

（五）内蒙古交通行业产出对气象条件敏感性分析

内蒙古降水与降温度日对能源行业的产出影响很小（图3-11），气候因子对产出的影响主要体现在取暖度日上，这主要是因为内蒙古的降水量与极端高温天气较少，内蒙古各气象站点1954—2011年的极端最高温度的平均值为35.1℃左右，且高温持续时间较短，形成灾害的概率低且危害小，而各气象站点1954—2011年的极端最低温度的平均值却达到−30℃，且低温程度呈现出越来越严重的趋势，寒潮冰雪天气是内蒙古主要的气象灾害，内蒙古每年平均发生寒潮3次以上，其中内蒙古中北部能达6次以上。

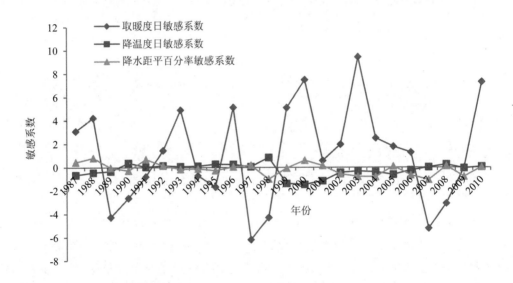

图3-11　内蒙古交通行业产出对气象条件敏感性分析趋势图

由于内蒙古为寒潮灾害多发区，体现在趋势图中，取暖度日敏感性折线的波动范围较北京、天津和山西都要大，达到（−8，12），可见低温冰雪灾害对内蒙古的影响显著，1989—1991年、1994—1995年、1997—1999年、2008年，取暖度日敏感性的负值较大，低温冰雪灾害较为集中，其中1994年，内蒙古乌盟东南部出现大到暴雪，局地出现罕见的积雪，公路交通运输受阻，京包线停运10多个小时；1998年5月下旬，内蒙古大部分地区气温异常偏低，出现了晚霜冻，其中仅巴盟就有2万hm^{2}农田受损，道路交通受阻，直接经济损失1亿多元；对其他地区（如呼和浩特、包头、乌盟、赤峰等）也造成了不同程度的经济损失。由于严重的低温灾害发生频率较低，而能源运输所占比重较大，因而其他年份，取暖度日均为正向影响。

四、研究结论

1）1987—2010 年，华北地区降水、温度等气象因素相较于资本和劳动来说对交通行业的影响程度较小，且各省市的影响方向也并不统一。HDD 的敏感度，河北、山西和内蒙古均为负相关，北京和天津为正相关，五省市取暖度日的敏感性相对其他气象因素整体较强；CDD 的敏感程度，北京、山西和内蒙古为正相关，天津、河北为负相关；P 对交通行业的产出河北、山西为正相关，其余省份为负相关。

2）就静态分析而言，华北地区温度变化对交通行业的影响程度远大于降水变化，即冰雪寒潮、高温热浪等反映极端温度水平的要素对交通行业的影响程度远大于洪涝、干旱等反映降水量波动的要素对交通行业的影响程度，高温灾害与低温灾害的影响程度差距不大。但从动态敏感分析可知，冰雪寒潮等反映极端低温水平的要素对交通行业的影响程度却明显大于高温热浪等反映极端高温水平的要素对交通行业的影响程度，这与华北地区交通结构及气象灾害分布情况有关。

3）从历年变化的角度来看，华北地区交通行业产出对气候因素的敏感性变化情况，一方面与各省市相关气象灾害的分布和损失情况相吻合，当气象条件变化在社会系统可承受范围之内，即气象灾害发生频率较少时，气象因素对能源行业主要是正向影响；但是，当气象条件变化超出社会系统可承受范围形成灾害，即气象灾害多发时，气象因素对能源行业的影响主要是负向的；另一方面与各省市内对生活、生产物资的供求地位有关，北京、天津作为生活、生产物资的消费方即需求方，气候条件变化特别是气象灾害对交通部门的产出大都为负向影响，而山西、内蒙古作为生活、生产物资特别是能源的供给方，气候条件变化对交通部门的影响整体而言是正向影响，但当气象条件过大的突发变化形成灾害时，还是会对交通部门产生消极影响。

第四节　交通行业应对气候灾害的建议

一、技术措施

应对气候变化对交通运输产生的影响，政府和相关部门在交通运输的规划、设计、建造、运行以及维护等方面应充分考虑气候变化带来的影响。从技术的层次来讲，应对气候变化要针对不同的交通运输系统，提出不同的对策（表 3-8）。主要解决实际交通运输过程中出现的问题，制定符合实际情况且具有可操作性的应急预案，根据天气情况启动相应的应急措施。各地区应根据自身恶劣气候发生的特点，建立灾害性天气预防管理系统，包括信息采集与发布的方法和内容及管理对策的分析与评价。在综合分析各种影响因素的基础上，提出决策优化的管理思路。同时，需要建立快速有效的反应体系，进行灾后的救援工作、医疗卫生工作、灾民的安置等。

表 3-8　不同交通系统防御异常对策

灾害类型	公路	铁路	水路	航空
雪灾、冰冻	施工时要设立预防、防护、控制主程，在重点季节、重点路段应增购除雪防滑设备	施工时要设立预防、防护、控制主程，在重点季节、重点路段应增购除雪防滑设备	根据灾情及时调整航线	加强除雪防滑设施建设，及时清除不良隐患，直至改变起飞、降落点
低温	加强设备低温防护	加强设备低温防护	根据灾情及时调整航线	根据积冰区域选择最佳航线
高温	增加降温措施，提供警示			
暴雨洪水	疏通道路两旁排水系统，检修设备	对重点路段检查加固，根据降水强度和路况，制定列车限速和扣车标准	根据天气预报及时调整航线	加强防雷设施
雾灾、沙尘暴、大风	改进交通标志，提供信息警报，根据灾情，采取限流、停运等措施	改进交通标志，加强通信功能，提供信息警报，当出现大于安全风速的大风时，列车应停驶待避	加强导航通信设施建设，及时排除航路标志故障，根据天气状况，随时调整航线	加强导航通信能力，当机场云高和能见度达不到最低气象条件时，要关闭机场

二、政策和管理措施

应对气候变化对交通运输产生的影响，不仅要从技术层次采取措施，还要从政策和管理层次采取措施。一方面，减少交通运输对气候变化带来的影响；另一方面，需要应对气候变化对交通运输产生的影响，具体如下：

1）应对气候变化对交通运输产生的影响，首先，在国家法规层面上，应尽快出台有关气象灾害应对及防御法规。在法规中纳入灾害性天气气候事件发生时各部门协作机制等内容，对各有关部门在协作应对工作中的职责和分工给予明确，以法规形式统筹协调各级政府和部门应对气象灾害事件行动等，从而建立部门间的灾害应急响应联动、信息通报共享联动、灾害预报会商联动的长效机制。

2）应对气候变化，交通运输部门在制定中长期计划过程中，要制定切实有效的方案和措施以增强运输系统的安全性，提高系统的管理和运作效率，同时要加强运输系统的综合性和一体化，使得人的出行和货物的运输更加方便和灵活。有条件的地区，可以采取不同运输方式相结合，启动城市交通与城郊交通、城市交通与路网交通等一体化客运枢纽建设，配套建设大型公共停车场等设施等。

3）应对气候变化对交通运输设施的影响，交通部门要树立"早期预防，防治结合"的协作应对意识。在全球气候变化背景下与过去相比，未来各类灾害性天气气候事件更加频发，各类交通工程的规划、设计、建设、运营管理的各个环节必须考虑各类灾害性天气气候事件可能带来的不利影响。考虑工程所在地灾害性天气气候事件发生的频率和强度，合理设计交通设施的防御气象灾害标准，并对重要的交通工程进行气象灾害的专项评估和论证，从而达到规避和减轻灾害性天气气候事件带来的危害。

4）强化指挥，科学调度，按照我国现行的管理方式，各种交通运输方式是分属不同部门管理的，各管理部门的执行力局限在本系统内。这种管理方式，最大的弊端就是相互之间缺乏有效的衔接协调与沟通。因此，各交通行业管理部门要建立信息共享、协调配合的长效机制，并打破过去封闭的管理模式，实现信息互通、资源共享、协调配合、高效联动的综合防灾减灾机制。一旦灾害性天气气候事件发生，铁道、公路、水运、航空、管道、城市轨道、城市道路等管理部门在政府的统一指挥下，积极行动、协同配合、提高效率，做好防御和应对工作，做好各部门之间的协调工作。

5）根据气候变化的特点及可能产生的天气灾害，适时开展有针对性的交通安全宣传，提高"人"对恶劣天气的认识，减少相关人员的失误，提高人们的交通安全意识和自我调节意识。每到灾害性天气出现的季节，相关部门应提前进行宣传和引导，以此引起"人"对恶劣气候的关注和重视。

第四章

气候灾害对电网系统和交通行业的风险评估

气象条件不仅对电网安全造成一定影响，还会影响交通系统的安全运行。在全球气候变暖的背景下，极端天气事件频发，气象灾害对电网和交通安全运行的影响愈加明显，由气象灾害导致的电网和交通事故给国家经济带来严重损失，也极大地影响了人民群众的生活。

第一节　评估方法

根据《中国气象灾害大典》《气象灾害年鉴》等的灾情记录，以地市为单位整理出华北地区 1950—2010 年气象灾情记录事件（附录 II），在此基础上根据风险评估模型分析气候灾害对电网和交通系统的影响。

引入气象灾害风险指数概念，作为气象灾害风险评价指标。该指标有助于抵御和减轻气象灾害造成的损失，分别对能源和交通气象灾害进行风险影响评价。计算公式如下：

$$K_I = \sum_{i=1}^{M} \frac{D}{N} H_M \qquad (4\text{-}1)$$

式中，K_I —— 气象灾害风险指数；

D —— 各地区不同级别气象灾害年数；

N —— 各地区气象灾害总年数；

H_M —— 各级别气象灾年的频数；

M —— 气象灾害分级数。

第二节　气候灾害对电网系统的风险评估

一、北京

（一）灾害统计分析

（1）电网气象灾害统计分析

1952—2011 年的 60 年中，气象灾害造成北京电网安全事故 85 起。大风、暴雨、雷电等气象灾害导致的电网安全事故百分率见图 4-1。其中，大风灾害造成电力系统安全事故 57 起，占所有气象灾害的 59%，在气象灾害中排第一；暴雨引发的灾害 11 起，占灾害总比例的 13%，位居第二；雷电气象灾害排第三，所占比率为 9%。大风、暴雨、雷电气象灾害占整个气象灾害的 81%，成为影响电力系统安全事故的主要气象灾害。另外，冰雹、低温冰冻与雪灾、雾与雾凇、泥石流等灾害对电网安全也造成一定的影响，但所占比例只有 19%。

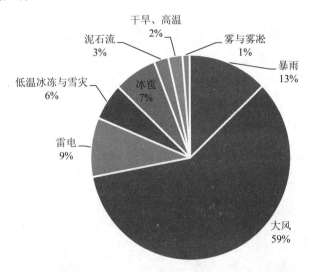

图 4-1　北京市气象灾害致电网事故百分率

相对于华北其他地区，北京市及其下属区县面积相对较小，虽然自然地理环境也存在一定差异，但对其境内区县气候灾害空间差异性影响并不大。表 4-1 是电网气象灾害事故在全市范围内分布情况，由表可见暴雨、大风、雷电等主要气象灾害在全市空间分布比较均匀，所有区县所占比例均在 8%～10%。

表 4-1　1952—2011 年北京市电网主要气象灾害事故频数

	门头沟区	房山区	昌平区	怀柔区	石景山区	大兴区	通州区	顺义区	平谷区	密云县	延庆县	合计
暴雨	6	6	7	6	5	5	5	6	8	6	5	65
大风	14	17	13	18	14	18	17	15	20	17	16	179
雷电	3	3	3	3	3	3	3	4	4	3	3	35
雪冻雨雾闪	4	6	4	6	4	4	4	4	4	7	4	51
合计	27	32	27	33	26	30	29	29	36	33	28	330
百分比	8.18%	9.70%	8.18%	10.00%	7.88%	9.09%	8.79%	8.79%	10.91%	10.00%	8.48%	100%

注：《中国气象灾害大典》《中国气象灾害年鉴》有关市区记录多以"北京市"出现，故不做市区统计。

从各灾种频数看：北京地区大风灾害在各区县都占首位，尤其是雷雨大风是造成电网安全事故的主要灾害。平谷区暴雨灾害发生次数最多，为 8 起，其次是昌平区为 7 起，这与两个区县自然地理环境有着密切的关系，其他区县暴雨灾害发生的次数都为 5 起或 6 起，分布相对均匀。雷电灾害的分布也相当均匀，除顺义区和平谷区为 4 起外，其他区县均为 3 起。雪、冻雨、雾闪灾害发生也分布相对均匀，除密云县、房山区、怀柔区分别发生 7 起、6 起、6 起外，其他区县均发生 4 起。

（2）电网设施损坏统计分析

气象灾害对北京市电网设施的破坏性影响作用也很明显（图 4-2）。其中输电线杆倒杆、断杆、电线断线、变电器烧毁是气象灾害造成的最主要电网事故，高压线遭雷击熔断、供电设备损坏、开关电表遭雷击烧毁也是普遍存在的气象灾害现象。

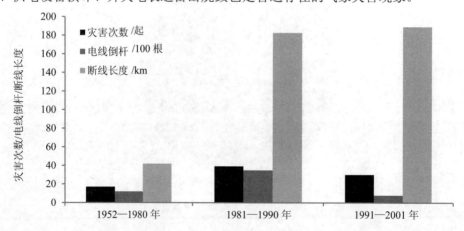

图 4-2　北京市气象灾害造成电网设施损坏及灾情次数统计

根据气象灾害造成电网设施损坏及年代灾害次数的统计情况看，20 世纪 80 年代北京市气候灾害对电网设施造成严重影响的次数最多，所造成的经济损失也最为严重。有统计的 60 年间，由气象灾害造成电力系统输电线路电线杆被大风刮倒、刮断、洪水冲倒、折断的累计有 5 463 根。在气象灾害造成电线倒杆的分类统计中，79.8%是由大风灾害所致，特别是强对流天气也有可能造成输电铁塔被大风刮倒。60 年间发生大风致输电铁塔倒塔事故两起，其瞬时风力都在 9 级以上。大风强对流天气造成电力系统直接经济损失超过 1 亿元。可见，大风灾害对电力系统造成的损失是极其严重的。

暴雨灾害造成电网设施损坏主要有：输电线杆被暴雨冲倒、电线杆被抻断、变电器进水毁坏以及严重的经济损失。其中 1991 年 6 月 10 日，北京市大部分地区遭到特大暴雨袭击，冲毁供电线路 100 km，10 多个乡镇电力中断。

雷电灾害对电力系统的影响主要表现在：变电器遭雷击烧毁、供电设备遭雷击损坏、输电开关被烧、高压线被雷击熔断、电线遭雷击着火等。在所有的雷电灾害中，变电器遭雷击是发生最频繁的气象灾害。1999 年 8 月 17 日，北京市平谷区雷电击断 10 kW 高压配电线路，造成数家市级单位停电停产，直接经济损失超过 10 万元。

（二）气象灾害风险评价

（1）电网气象灾害年份界定

为客观合理地评价气象灾害对电网安全的影响，首先需要确定不同程度灾害发生的频率。本书规定：每年出现因气象灾害造成电网安全事故 1 起及以上的年份为电网气象灾害年，年灾害次数越多，灾害程度越重。表 4-2 给出了 1952—2011 年北京市各区县电网气象灾害频数对应的灾年数，全部灾年的频数在 1～6 起的范围内，灾害程度在 3 起以下的灾年数占总灾年数 92.5%，随着灾害程度的增加，灾年数呈减少趋势。

表 4-2　北京市电网气象灾害频数对应的灾年数　　　　　　单位：a

年发生次数/次	中值	市区	昌平区	顺义区	平谷区	通州区	大兴区	房山区	门头沟区	延庆县	怀柔区	密云县
1～3	2	17	16	15	18	17	17	19	16	17	20	14
4～6	5	1	1	1	3	1	1	1	1	1	1	3

（2）气象灾害频率

按照表 4-2 的统计，计算了北京市年平均电网气象灾害频率及其发生的年频数，其关系式为 $y = 126.82\mathrm{e}^{-0.862x}$，式中，$y$ 为灾害频率，x 为气象灾害发生灾年频数，相关系数 $R^2=0.961\,2$，通过信度 0.02 的显著相关检验（图 4-3）。由图 4-3 可知，全市范围内年平均出现 1 起气象灾害造成电网安全事故的频率相当高，达到 64%，相当于不到每 1.6 年就有一个地区电网遭受气象灾害。随着电网年气象灾害次数的增加，灾害发生频率明显降低，年气象灾害次数达到 3 起时，平均每 10 年出现一次，年气象灾害次数达到 5

起以上的，平均100年才出现一次。据统计，历史年出现5次以上灾害的，只有顺义区、大兴区、房山区和密云县。

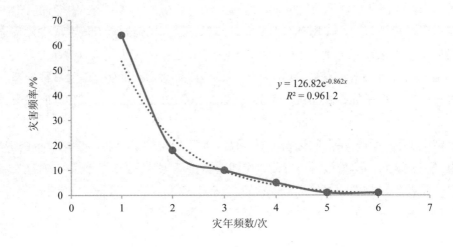

$$y = 126.82e^{-0.862x}$$
$$R^2 = 0.961\,2$$

图 4-3　北京市各地市电网气象灾害事故频率

（3）气象灾害风险指数

根据对北京市60年来暴雨、大风、雷电造成电网灾害频数的统计，发现气象灾害频数最多达6次/a。为此根据气象灾害频率及对应灾害出现的年数（表4-2），依据式（4-1），其中H为表中每一组的中值，M为表组数，N为灾害年数，计算的北京市各地区电网气象灾害风险指数如表4-3所示。

表 4-3　北京市气象灾害风险评价指数

区县	市区	昌平区	顺义区	平谷区	通州区	大兴区	房山区	门头沟区	延庆县	怀柔区	密云县
风险指数	2.17	2.18	2.19	2.43	2.17	2.17	2.15	2.18	2.17	2.14	2.53

由表4-3可知：北京市范围内电网气象灾害风险最大的是密云县，气象灾害风险最低的是怀柔区。根据气象灾害风险指数，将北京市气象灾害致电网安全事故风险划分为三个等级。则处于高风险区的是密云县、平谷区；气象灾害中等风险区包括北京市区、昌平区、顺义区、通州区、大兴区、门头沟区和延庆县；房山区和怀柔区处于气象灾害低风险区。气象灾害高风险区的密云县和平谷区处于北京市东北部，属燕山山地与华北平原交接地，可见地形的影响造成的局地灾害性天气相对较多，因此气象灾害风险相应也大。房山区处于北京西南部，为最内陆地区，且西部和北部是山地，丘陵地形占全区总面积2/3，受极端天气影响最小，属于气象灾害低等风险区域。其气象灾害风险评价结果与电网灾害事故统计、气象灾害相对多发区域相一致。

（三）结论

北京市受其地形地貌以及自然环境的影响，自然灾害频发，容易对区域电力设施产生破坏。根据 1952—2011 年北京市气象灾害对电力设施损坏灾情记录的统计，以及对气象灾害风险的评价，初步得出以下结论：

1）大风、暴雨、雪冻雨害是造成北京市电网安全事故的最主要气象灾害。三种灾害之和占总气象灾害的 89.6%，另外，雷击、雾闪对北京电力系统有一定的影响，只是出现频次较少。

2）北京市电网气象灾害事故以 20 世纪 80 年代最为突出。气象灾害对电力设施和电网安全的影响，主要以输电线电杆断杆、倒杆、输电线断线、供电设备、变电器遭雷击烧毁等灾害为主。气象灾害造成的电力系统损坏是相互联系的，无论哪种灾害都将带来大面积停电和严重的经济损失。

3）通过电网气象灾害风险评价，高风险区主要集中在燕山南麓受地形影响的强对流多发区域。随着气象灾害次数的增加，灾害频率明显降低，年出现 1 起气象灾害电网安全事故平均为 5.62 a/次，年出现 5 起以上气象灾害电网安全事故平均为 3.75 a/次。应在此基础上，提出防灾减灾、趋利避害的措施建议。

二、天津

（一）灾害统计分析

（1）电网气象灾害统计分析

统计结果显示，1959—2011 年的 53 年中，天津市发生的气象灾害造成电网安全事故有 83 起。其中，大风灾害造成电力系统安全事故 57 起，占到所有气象灾害的 69%，在气象灾害中排第一；暴雨引发的灾害 10 起，占灾害总比例的 12%，位居第二；冰雹气象灾害排序第三，所占比率为 11%。大风、暴雨、冰雹气象灾害占整个气象灾害的 92%，成为影响电力系统安全事故的主要气象灾害。另外，雷电、酷热、海冰等灾害对电网安全也造成一定的影响，但所占比例只有 8%（图 4-4）。

虽然天津市各区县地理环境相差不大①，但区域面积差异较大，故区域气象灾害发生概率也会有所差异。根据整理的数据，暴雨、大风、雷电等主要气象灾害在全市空间分布不均匀，其中，市区、塘沽区、蓟州区电网气象灾害相对较多，所占比率都在 12% 以上，蓟州区最高达 16.34%，东丽区电网气象灾害所占比例不足 5%（表 4-4）。

---

① 天津市发生多次行政区划调整，尽管本书最大限度使前后区域一致，但仍存在不对应地方，下同。

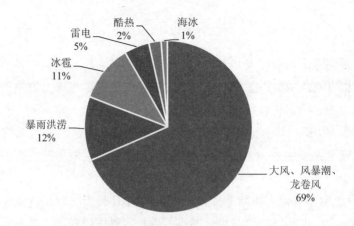

图 4-4　天津市气象灾害致电网事故百分率

表 4-4　1959—2011 年天津市电网气象灾害事故频数

	市区	宝坻区	北辰区	滨海新区	蓟州区	静海区	津南区	宁河区	西青区	武清区	东丽区
大风	14	9	8	19	18	9	7	6	7	8	6
暴雨	3	1	0	2	5	1	0	0	0	0	0
冰雹	1	1	0	4	1	0	0	0	0	2	0
雷电	1	1	2	2	1	2	1	1	1	1	1
海冰	0	0	0	1	0	0	0	0	0	0	0
合计	19	12	9	28	25	12	8	7	8	11	7
百分率	12.93%	8.16%	6.12%	19.05%	17.01%	8.16%	5.44%	4.76%	5.44%	7.48%	4.76%

　　从各灾种频数看，影响电力设施的不同气象灾害在空间上有不同表现。大风灾害在各区县都占首位，暴雨、大风是造成电网安全事故主要灾害。蓟州区暴雨灾害发生次数最多，为 5 起，其次是市区为 3 起，其他区县均为 1~2 起。雷电灾害的分布相当均匀，除北辰区、滨海新区和静海县为 2 起，其他区县均为 1 起。冰雹、海冰灾害发生较少。

　　（2）电网设施损坏统计分析

　　气象灾害对电网设施具有破坏性影响。据统计，输电线杆倒杆、断杆、电线断线、变电器烧毁是气象灾害造成的最主要电网事故（图 4-5）。高压线遭雷击熔断、供电设备损坏、开关电表遭雷击烧毁也是普遍存在的气象灾害。53 年来，由气象灾害造成电力系统输电线路电线杆被大风刮倒、刮断、洪水冲倒、折断的累计有 4 991 根。在气象灾害造成电线杆倒杆的分类统计中，98.1% 是由大风灾害所致。特别强的对流天气也有可能造成输电铁塔被大风刮倒。53 年间发生大风致输电铁塔倒塔事故 5 起，其瞬时风力都在 9 级以上。例如，1992 年 7 月 21 日，天津市武清县[①]发生龙卷风灾害，22 根输电线折断，

────────────

① 现武清区。

部分高压线杆被刮倒，50 万 V 的"房北线"和 4 座铁塔倒伏，全线停止运行。大风强对流天气造成电力系统直接经济损失超过 1 亿元。可见，大风灾害对电力系统造成的损失是极其严重的。暴雨灾害造成电网设施损坏主要有：输电线杆被暴雨冲倒、电线杆被抻断、变电器进水毁坏以及严重的经济损失。其中 1996 年 8 月天津蓟县[①]遭受连续特大暴雨袭击，冲毁电力线路 12 km。雷电灾害对电力系统的影响主要表现在：变电器遭雷击烧毁、供电设备遭雷击损坏、输电开关被烧、高压线被雷击熔断、电线遭雷击着火等。在所有的雷电灾害中，变电器遭雷击是最频繁的气象灾害。1992 年 8 月 29 日，天津市铁路南仓区[②]10 kV 高压电力架空线杆上的避雷器遭击爆炸。

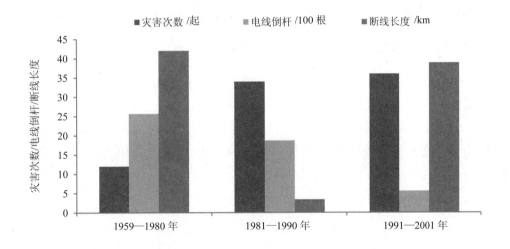

图 4-5　天津市气象灾害造成电网设施损坏及灾情次数统计

（二）气象灾害风险评价

（1）电网气象灾害年份界定

为客观合理地评价气象灾害对电网安全的影响，首先需要确定不同程度灾害发生的频率。本书规定：每年出现因气象灾害造成电网安全事故 1 起及以上的年份为电网气象灾害年，年灾害次数越多，灾害程度越重。表 4-5 给出了天津市各地区 1959—2011 年电网气象灾害频数对应的灾年数，全部灾年的频数在 1～6 起的范围内，灾害程度在 3 起以下的灾年数占总灾年数 93.43%，随着灾害程度的增加，灾年数呈减少趋势。

---

① 现蓟州区。
② 现北辰区。

表 4-5   天津市电网气象灾害频数对应的灾年数   单位：a

频数	市区	宝坻区	北辰区	滨海新区	蓟州区	静海区	津南区	宁河区	西青区	武清区	东丽区
1	6	4	4	7	4	2	2	1	2	3	1
2	2	1	1	4	4	2	1	1	1	2	1
3	3	1	1	3	1	1	1	1	1	1	1
4	1	0	0	0	2	1	0	0	0	0	0
5	0	0	0	1	0	0	0	0	0	0	0
合计	12	6	6	15	11	6	4	3	4	6	3

（2）气象灾害频率

按照表 4-5 的统计，计算了天津市年平均电网气象灾害频率及其发生的年频数，其关系式为：$y = 154.63\mathrm{e}^{-0.877x}$，式中，$y$ 为灾害频率，x 为气象灾害发生灾年频数，相关系数 $R^2 = 0.929\,8$，通过信度 0.02 的显著相关检验（图 4-6）。由图 4-6 可知，全市范围内年平均出现 1 起气象灾害造成电网安全事故的频率相当高，达到 47.37%，相当于每 2.11 年就有一个地区电网遭受气象灾害。随着电网年气象灾害次数的增加，灾害发生频率明显降低，年气象灾害次数达到 3 起时，平均每 5.1 年出现一次，年气象灾害次数达到 4 起以上的，平均每 19 年出现一次。据统计，历史上只有市区、静海区和蓟州区出现过。

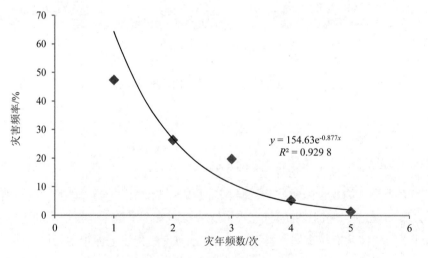

图 4-6   天津市各地市电网气象灾害事故概率

（3）气象灾害风险指数

根据对天津市 53 年来暴雨、大风、雷电造成电网灾害频数的统计，发现气象灾害频数最多达 5 次/a。为此根据气象灾害频数及对应灾害出现的年数（表 4-5），依据式（4-1），其中 H 为表中每一组的中值，M 为表中组数，N 为灾害年数，计算的天津市各地区电网气象灾害风险指数如表 4-6 所示。

表 4-6　天津市气象灾害风险评价指数

地区	市区	宝坻区	北辰区	滨海新区	蓟州区	静海区	津南区	宁河区	西青区	武清区	东丽区
风险指数	0.43	0.17	0.17	0.55	0.43	0.25	0.13	0.11	0.13	0.19	0.11

由表 4-6 可知，天津市范围内电网气象灾害风险最大的是滨海新区，其次是市区和蓟州区。根据气象灾害风险指数，可以将天津市气象灾害致电网安全事故风险划分为三个等级。处于高风险区的是滨海新区、市区和蓟州区；气象灾害中等风险区包括静海区；天津其他各区县处于气象灾害低风险区。气象灾害高风险区的蓟州区处于天津市北部属燕山山地与华北平原交接地；可见地形影响造成的局地灾害性天气相对较多，因此气象灾害风险相应也大。天津大多数地区属于华北平原，受极端天气影响最小，气象灾害风险属于低等风险区域。其气象灾害风险评价结果与电网灾害事故统计、气象灾害相对多发区域相一致。

（三）结论

天津市受其地形地貌影响，自然灾害频发。根据 1959—2011 年天津市气象灾害对电力设施损坏灾情记录的统计，以及对气象灾害风险的评价，初步得出以下结论：

1）大风、暴雨、冰雹灾害是造成天津市电网安全事故的最主要气象灾害。三种灾害之和占总气象灾害的 92%，另外，雷电、酷热、海冰对天津电力系统有一定的影响，只是出现频次较少。

2）天津市电网气象灾害事故以 20 世纪 90 年代最为突出。气象灾害对电力设施和电网安全的影响，主要以输电线电杆断杆、倒杆、输电线断线、供电设备、变电器遭雷击烧毁等灾害为主。气象灾害造成的电力系统损坏是相互联系的，无论哪种灾害都将带来大面积停电和严重的经济损失。

3）通过电网气象灾害风险评价，高风险区主要集中在燕山南麓受地形影响的强对流多发区域。随着气象灾害次数的增加，灾害频率明显降低，53 年间出现 1 起气象灾害电网安全事平均为 5.75 a/次，年出现 5 起以上气象灾害电网安全事故平均为 3.91 a/次。应在此基础上提出防灾减灾、趋利避害的措施建议。

三、河北

（一）灾害统计分析

（1）气象灾害统计分析

1949—2000 年，河北省气象灾害造成电网系统事故共计 343 起，干旱、暴雨洪涝、冰雹等气象灾害对电网系统事故的影响较大（图 4-7）。干旱灾害造成电网系统安全事故

95 起，占到所有气象灾害的 28%，在气象灾害中排第一；暴雨及暴雨引发的洪涝灾害 92 起，占灾害总比例的 27%，位居第二；冰雹气象灾害排序第三，所占比率 26%；大风灾害排第四，所占比率为 12%。干旱、暴雨洪涝、冰雹、大风气象灾害占整个气象灾害的 92.4%，成为影响电网系统安全事故的主要气象灾害。此外，高温、低温、风暴潮、泥石流等灾害也对能源行业造成了一定影响，但比例相对较小，占比只有 7%。

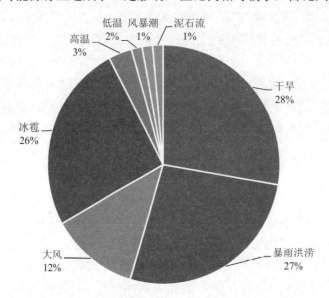

图 4-7　河北省气象灾害致电网系统事故百分率

从气象灾害地区分布来看，地区电网气象灾害事故发生与自然环境、辖区面积有关。虽然表 4-7 中呈现出，干旱、暴雨洪涝、冰雹、大风等主要气象灾害在全省的空间分布较为平均，但有些气象灾害在重点地区发生次数较多。自然地理环境较恶劣、辖区面积较大的保定、唐山、沧州、邢台地区，其电网气象灾害相对较多，所占比例均超过 10%，其中保定所占比例最高达 11.4%。石家庄电网气象灾害占比 9.3%，其他地市灾害所占比重为 7.6%~8.5%。

从灾种的频数来看，主要气象灾害在各市的分布也不平衡。干旱、暴雨洪涝、冰雹灾害发生的比重较大，分别各在 4 个地市中占首位。以冰雹灾害为例，保定市冰雹灾害发生次数最多，为 14 起，在全市各灾害事故中排名第一，其次是邢台市发生冰雹灾害 12 起、邯郸 9 起、廊坊 8 起，分别在该市灾害中发生的次数最多。干旱灾害在各市的分布相对均衡，除石家庄、邢台发生了 11 起外，其他地市基本都发生了 8~9 起灾害。大风灾害的分布最不均匀，沧州地区发生次数最多，为 11 起，而承德和廊坊仅发生 1 起。高温灾害发生次数较少，全省各市均只发生过 1 起。低温、风暴潮、泥石流灾害仅在个别地市发生过 1 起或 2 起，其他地区均未发生。

表 4-7 1949—2000 年河北省电网气象灾害事故频数

	石家庄	承德	张家口	秦皇岛	唐山	廊坊	保定	沧州	衡水	邢台	邯郸	合计
干旱	11	8	9	8	8	8	8	8	8	11	8	95
暴雨洪涝	9	9	6	6	14	8	10	6	9	8	7	92
大风	4	1	3	2	4	1	6	11	2	4	4	42
冰雹	6	5	6	7	6	8	14	8	7	12	9	88
高温	1	1	1	1	1	1	1	1	1	1	1	11
低温	0	2	2	0	1	0	0	0	0	0	0	5
风暴潮	0	0	0	2	1	0	0	2	0	0	0	5
泥石流	1	1	0	1	2	0	0	0	0	0	0	5
合计	32	27	27	27	37	26	39	36	27	36	29	343
百分率/%	9.3	7.9	7.9	7.9	10.8	7.6	11.4	10.5	7.9	10.5	8.5	100

（2）设施损坏统计分析

气象灾害对电网系统设施具有破坏性的影响。统计结果表明，最主要的电网系统事故包括输电线杆倒杆、断杆、损坏电线、毁坏变压器、停电等，而水库干涸、蓄水减少、损坏机电井、冲毁水电站、造成经济损失等也是普遍存在的灾害影响。统计结果显示（图4-8），20 世纪 90 年代河北省气象灾害次数最多，破坏性最强，造成的经济损失最为严重。气象灾害造成电网系统输电线路电线杆被大风刮倒、刮断、被暴雨洪涝冲毁的累积51 130 根。在气象灾害造成电线杆倒杆的统计中，44.36%由冰雹灾害所致、34.81%由大风所致。据不完全统计，气象灾害造成河北省能源行业的经济损失高达 10.68 亿元，其中 5.51 亿元都是由冰雹灾害造成的，可见冰雹灾害对电网系统的破坏性之大。

干旱灾害造成的主要破坏包括发电站停电、水库塘坝干涸以及水库蓄水减少。如1994 年干旱造成大中型水库蓄水下降至 12 亿 m³，石家庄市 98 座小型水库无水。

暴雨洪涝灾害对电网系统的影响主要表现在折倒电杆，毁坏电线，损坏机电井，损坏水库、堤防、护岸、水闸、渠道、渡槽等，暴雨洪涝灾害的发生也会造成严重的经济损失。1996 年受 8 号台风影响，河北省全省范围出现暴雨洪涝灾害，致使水利设施损失严重：损坏大型水库 1 座、中型水库 5 座、小型水库 114 座、堤防 1 607 km、护岸 1 500处、水闸 1 373 座、渠道 1 370 km、渡槽 164 座、桥涵 2 832 座，机电井 7.8 万眼、机电泵站 803 座、小水电站 33 座；电网 11 台发电机相继停运，4 个 110 kV 变电站停电，35 kV线路倒杆 159 根，21 条 75 km 线路受损，21 座千伏变电站停电，10 kV 线路倒杆 2 307根，配电变压器损失 1 502 台。

高温灾害对电力设施的影响也很明显。如 1997 年全省发生的高温灾害导致石家庄市电业局从北京急调 20 万 kW·h 的电力指标，全省灌溉用电负荷达 130 万 kW，用柴油3.06 亿 kg。此外，低温、风暴潮、泥石流气象灾害也会造成折断电杆、电话线，损坏线路，造成经济损失等不同程度的影响。

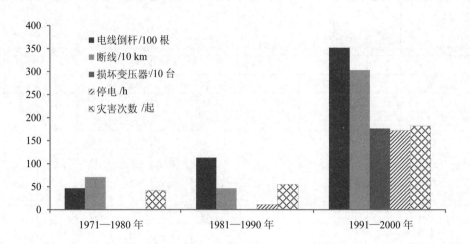

图 4-8　河北省气象灾害造成电网系统设施损坏及灾情次数统计

（二）气象灾害风险评价

为了合理客观地评价气象灾害对电网系统的影响，应首先确定不同程度的灾害发生频数。本文规定：每年出现因气象灾害造成电网事故 1 起及以上的年份为电网气象灾害年，年发生的灾害次数越多，代表灾害程度越严重。统计结果显示（表 4-8），河北省大多数地市的灾年频数为 1～2 起，灾害在 2 起以下的灾年数占总灾年数的 88%。同时，随着灾害程度的增加，灾年数逐步减少。

表 4-8　河北省气象灾害频数对应的灾年数　　　　　单位：a

灾年频数/起	1	2	3	4	5	合计
石家庄	13	5	3	0	0	21
承　德	12	2	1	2	0	17
张家口	12	3	1	0	1	17
秦皇岛	13	4	2	0	0	19
唐山	13	4	1	2	1	21
廊坊	13	3	1	1	0	18
保定	14	6	0	0	2	22
沧州	16	6	1	0	1	24
衡水	15	4	0	1	0	20
邢台	11	5	2	1	1	20
邯郸	15	3	1	0	1	20
合计	147	45	13	7	7	219
频率/%	67	21	6	3	3	100

（1）气象灾害频率

根据表 4-8 的统计，我们得到河北省年均电网气象灾害频率与其发生的年频数，由此建立回归模型，计算出二者的关系如图 4-9 所示。其关系式为：$y = 113.93 e^{-0.856\,4x}$，其中，$y$ 为灾害频率，x 为气象灾害发生灾年频数。样本可决系数 R^2=0.910，拟合程度较为显著，回归方程通过 0.05 水平下的相关显著性检验。由图 4-9 可见，河北省范围内平均出现 1 起气象灾害造成的电网安全事故频率高达 67%，所占比例很高。随着电网年气象灾害频数的增加，灾害发生频率明显降低，年气象灾害次数达到 5 起的只占到 3%。

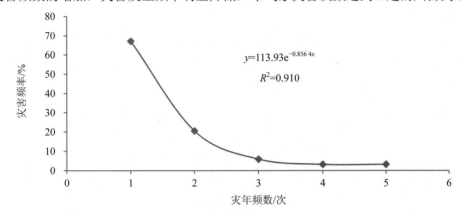

图 4-9 河北省各地市电网气象灾害事故频率

（2）气象灾害风险指数

根据对河北省 52 年来干旱、暴雨洪涝、冰雹、大风等气象灾害造成的电网事故频率的统计，发现气象灾害频次最少的只有 1 次/a，最多的达到 5 次/a。根据式（4-1），由表 4-8 中气象灾害频数及对应灾害出现的年数数据，其中 H 为中频数，M 为中组数，N 为灾害年数，计算出河北省各地市电网气象灾害风险指数见表 4-9。

表 4-9 河北省电网气象灾害风险评价指数

地市	石家庄	承德	张家口	秦皇岛	唐山	廊坊	保定	沧州	衡水	邢台	邯郸
风险指数	0.62	0.52	0.50	0.52	0.71	0.50	0.70	0.69	0.52	0.69	0.56

由表 4-9 可知，河北省电网气象灾害风险最高的是唐山，气象灾害风险最低的是张家口和廊坊。根据气象灾害风险指数，可以将河北省各地市的灾害风险程度大致分为三个等级。其中处于高风险区的是唐山和保定，沧州、邢台、邯郸、石家庄位于中等风险区，承德、张家口、秦皇岛、廊坊、衡水、邯郸属于风险水平较低的地区。

由此看出河北省的气象灾害风险具有明显的区域性，风险程度较高的唐山位于燕山南麓，保定、石家庄位于太行山东麓，气象灾害中等风险区的邢台、邯郸地处太行山中南段，气象灾害受地形的影响。沧州沿海区域受大风影响，多发生大风电网事故，气象灾害处于中等风险水平。气象灾害评价结果与电网安全灾害事故统计以及气象灾害多发区域相一致。

根据 1949—2000 年河北省气象灾害对电力设立损坏灾情记录的统计，以及对气象灾害风险的评价，初步得到以下结论：

1）干旱、冰雹、暴雨洪涝和大风是造成河北省电网安全事故的最主要气象灾害，4种灾害占总气象灾害的 93%，高温、低温、风暴潮和泥石流对河北省电网系统也有影响，但出现频率相对要小。

2）20 世纪 90 年代河北省电网气象灾害事故最多，气象灾害对电力设施和电网安全的影响，以输电线电杆断杆、倒杆、损坏电线，破坏变压器、停电等为主，同时水库干涸、蓄水减少等对电网安全也有重要影响。

3）通过电网气象灾害风险评价，高风险区主要集中在唐山地区，张家口和廊坊地区风险相对较小。随着气象灾害次数的增加，灾害频率明显降低，52 年间出现 1 起气象灾害电网安全事故平均为 5.52 a/次，年出现 5 起以上气象灾害电网安全事故平均为 3.65 a/次。

四、山西

（一）灾害统计分析

（1）电网气象灾害统计分析

1950—2000 年，气象灾害造成山西省电网安全事故 435 起。暴雨、冰雹、大风等气象灾害致电网安全事故百分率见图 4-10。其中，暴雨及暴雨引发的洪水灾害 205 起，占灾害总比例的 47.1%，位居第一；冰雹气象灾害 93 起，所占比率为 21.4%，排第二；大风灾害造成电力系统安全事故 76 起，占到所有气象灾害的 17.5%，在气象灾害中排第三。暴雨、冰雹、大风气象灾害占整个气象灾害的 86%，成为影响电力系统安全事故的主要气象灾害。另外，雷电、连阴雨、雾淞雨淞、雪灾等灾害对电网安全也造成一定的影响，但所占比例只有 14%。

表 4-10 是电网气象灾害事故在全省范围内的分布情况。可见，暴雨、冰雹、大风等主要气象害在全省空间分布极不均匀，其中，运城、长治、晋中、晋城、临汾地区电网气象灾害相对较多，所占比率都在 10% 以上，运城最高达 22.5%，朔州、太原、吕梁电网气象灾害所占比例不足 5%，其他地市为 5.1%～8.5%。

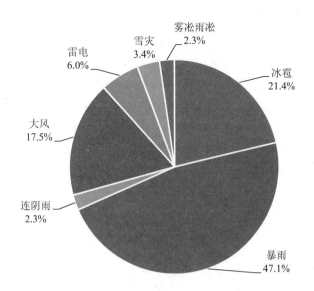

图 4-10　山西省气象灾害致电网事故百分率

表 4-10　1950—2000 年山西省电网气象灾害事故频数

	太原	大同	阳泉	长治	晋城	朔州	晋中	运城	忻州	临汾	吕梁	合计
暴雨	6	13	24	28	32	3	26	22	20	18	13	205
连阴雨	2	1	0	0	0	2	0	2	0	2	1	10
冰雹	4	5	3	19	9	2	22	17	3	9	0	93
大风	6	3	5	4	3	1	3	38	1	8	4	76
雷电	0	0	5	1	3	1	0	12	0	3	1	26
雪灾	0	0	0	2	0	3	0	3	1	4	2	15
雾凇雨凇	0	0	0	3	1	0	0	4	2	0	0	10
合计	18	22	37	57	48	12	51	98	27	44	21	435
比重/%	4.1	5.1	8.5	13.1	11.1	2.8	11.7	22.5	6.2	10.1	4.8	100

　　从各灾种频数看：除运城外，暴雨灾害在各地市均占首位，尤其是暴雨大风是造成电网安全事故的主要灾害。运城大风灾害发生次数最多，为 38 起，其次是临汾为 8 起，朔州和忻州大风灾害事故最少，只有 1 起。冰雹灾害的分布也极不均匀，其中晋中、长治和运城较多，分别为 22 起、19 起和 17 起，吕梁没有冰雹灾害事故记录，朔州、忻州、阳泉只有 2～3 起。雪灾、雷电、连阴雨、雾凇雨凇灾害发生次数较少，除运城、临汾较多外，其他地市总体表现都不明显。

　　（2）电网设施损坏统计分析

　　气象灾害对电网设施具有破坏性影响。据统计，输电线杆倒杆、断杆、电线断线、变电器烧毁是气象灾害造成的最主要电网事故。

图 4-11 是 1950—2000 年暴雨、冰雹、大风气象灾害造成电网设施损坏及年代灾害次数。从灾害年代变化看，20 世纪 80 年代气象灾害次数最多，而 90 年代所造成的经济损失最为严重。50 多年来由气象灾害造成电力系统输电线路电线杆被大风刮倒、刮断、洪水冲倒、折断的累计有 47 444 根。在气象灾害造成电线杆倒杆的分类统计中，42.1%由暴雨灾害所致。如 1996 年 8 月 2 日—5 日长治市暴雨进而引发洪涝，造成电力设施受损很大，"八一"铁矿、桥上水电站冲走大型设备 50 台，经济损失 802 万元。

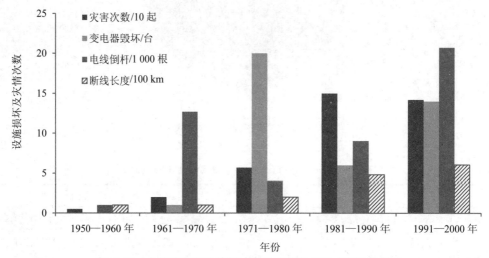

图 4-11　山西省气象灾害造成电网设施损坏及灾情次数统计

大风对电力设施的损害主要有：刮倒、刮断电线杆进而抻断电线，刮倒树木建筑物等砸断电线。如 2000 年 3 月 27 日，晋中市大风，瞬时最大风速 22 m/s，损坏电杆 1 149 根、高压线路 4.341 万 m，造成了巨大的经济损失。

冰雹这种强对流天气一般是伴随大雨和大风出现的，因此对电力设施的损害更加不可小觑。它不仅会打断电线电缆，而且大风和大雨还会破坏电线杆，冲毁电力设施。如 1971 年 6 月 7 日，运城市发生雹灾，冰雹大如拳头，多处高压线被打断，损坏许多电杆。

（二）气象灾害风险评价

（1）电网气象灾害年份界定

为客观合理地评价气象灾害对电网安全的影响，首先需要确定不同程度灾害发生的频率。本书规定：每年出现因气象灾害造成电网安全事故 1 起及以上的年份为电网气象灾害年，年灾害次数越多，灾害程度越重。表 4-11 给出了山西省各地市 1950—2000 年电网气象灾害频数对应的灾年数，多数灾年的频数在 1～6 起的范围内，灾害程度在 6 起以下的灾年数占总灾年数 97%，随着灾害程度的增加，灾年数呈明显减少趋势。

表 4-11　山西省电网气象灾害频数对应的灾年数　　　　　　　单位：a

灾年频数/起	1~3	4~6	7~9	10~12	合计
中值	2	5	8	11	
太原	10	0	0	0	10
大同	14	0	0	0	14
阳泉	19	2	0	0	21
长治	12	5	2	0	19
晋城	20	4	0	0	24
朔州	8	0	0	0	8
晋中	22	1	1	0	24
运城	14	8	2	1	25
忻州	11	2	0	0	13
临汾	18	3	0	0	21
吕梁	15	0	0	0	15
合计	163	25	5	1	194
频率/%	84	13	2	1	100

（2）气象灾害频率

根据表 4-11 统计得到的山西省年均电网气象灾害频率与其发生的年频数,建立回归模型,计算出二者的关系如图 4-12 所示。其关系式为：$y=182.69\mathrm{e}^{-0.505x}$,其中,$y$ 为灾害频率,x 为气象灾害发生灾年频数。样本可决系数 $R^2=0.965\,2$,拟合程度较为显著,回归方程通过 0.05 水平下的相关显著性检验。由图 4-12 可见,山西省范围内平均出现 2 起气象灾害造成的电网安全事故频率高达 84%,所占比例很高。随着电网年气象灾害次数的增加,灾害发生频率明显降低,年气象灾害次数达到 11 起的只占到 1%。

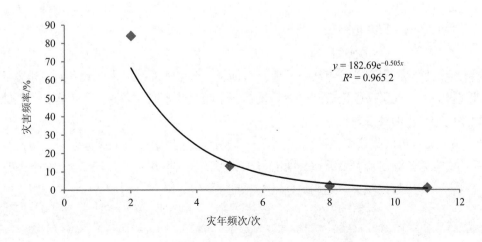

图 4-12　山西省各地区电网气象灾害事故频率

（3）气象灾害风险指数

根据对山西省暴雨、大风、雷电造成电网灾害频率的统计，发现气象灾害频次最少的只有 1 次/a，最多的可达 11 次/a。为此根据气象灾害频数及对应灾害出现的年数（表4-11），依据式（4-1），其中 H 为表中每一组的中值，M 为表中组数，N 为灾害年数，计算的山西省各地市电网气象灾害风险指数如表 4-12 所示。

表 4-12　山西省气象灾害风险评价指数

地市	太原	大同	阳泉	长治	晋城	朔州	晋中	运城	忻州	临汾	吕梁
风险指数	2.00	2.00	2.28	3.42	2.50	2.00	2.38	3.80	2.46	2.42	2.00

由表 4-12 可知，山西省范围内电网气象灾害风险最大的是运城。根据气象灾害风险指数，将山西省气象灾害致电网安全事故风险划分为三个等级。处于高风险区的是运城、长治，气象灾害中等风险区包括晋城、忻州、临汾、晋中、阳泉，太原、大同、朔州、吕梁处于气象灾害低风险区。

气象灾害高风险区的运城处于黄土高原东沿，长治处于太行山南段，气象灾害中等风险区的晋城、忻州、阳泉都处于太行山麓，临汾四周环山、地形复杂，晋中地处黄土高原东部边缘，可见地形影响造成的局地灾害性天气相对较多，因此气象灾害风险相应也大。气象灾害风险评价结果与电网灾害事故统计、气象灾害相对多发区域相一致。

（三）结论

山西省受其特殊地形地貌影响，自然灾害频发。根据 1950—2000 年山西省气象灾害对电力设施损坏灾情记录的统计，以及对气象灾害风险的评价，初步得出以下结论：

1）暴雨、冰雹、大风灾害是造成山西省电网安全事故的最主要气象灾害。三种灾害之和占总气象灾害的 86%，另外，连阴雨、雷电、雪灾、雾淞雨淞对山西电力系统也有一定的影响，只是出现频次较少。

2）山西电网气象灾害事故以 20 世纪 90 年代最为突出。气象灾害对电力设施和电网安全的影响，主要以输电线电杆断杆、倒杆、输电线断线、供电设备、变电器遭冲毁等灾害为主。气象灾害造成的电力系统损坏是相互联系的，无论哪种灾害都将带来大面积停电和严重的经济损失。

3）通过电网气象灾害风险评价，高风险区主要集中在黄土高原东沿、太行山南段受地形影响的强对流多发区域。随着气象灾害次数的增加，灾害频率明显降低。应在此基础上，提出防灾减灾、趋利避害的措施建议。

五、内蒙古

（一）灾害统计分析

（1）电网气象灾害统计分析

1971—2011 年的 41 年间，气象灾害造成了内蒙古电网安全事故 51 起。风灾、水灾、雷击等气象灾害致电网安全事故百分比见图 4-13。其中，大风灾害造成电力系统安全事故 30 起，占到所有气象灾害的 59%，在气象灾害中排第一；暴雨及暴雨引发的洪水灾害 11 起，占灾害总比例的 21%，位居第二；雷电气象灾害排第三，占比 12%。大风、暴雨、雷电气象灾害占整个气象灾害的 92%，成为影响电力系统安全事故的主要气象灾害。另外，雪灾和雹灾对电网也造成一定的影响，比例各占到 4%。

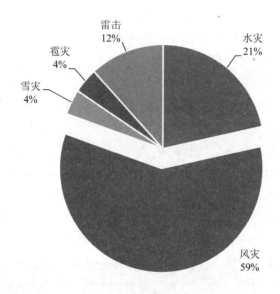

图 4-13　内蒙古自治区气象灾害致电网事故百分率

表 4-13 是电网气象灾害事故在全自治区范围内的分布情况，可以看出气象灾害在全自治区空间分布非常不均匀。其中，鄂尔多斯、赤峰、通辽和乌兰察布气象灾害相对较多，气象灾害所占比例均超过 10%，赤峰地区的比例更是达到了 24%，接近全省自然灾害的 1/4，包头、乌海和兴安盟气象灾害相对较少，所占比例只有 2%，其他地区气象灾害所占比例集中在 4%～8%。

表 4-13　1971—2011 年内蒙古自治区电网气象灾害事故频数

	阿拉善	巴彦淖尔	包头	鄂尔多斯	赤峰	二连浩特	呼和浩特	呼伦贝尔	通辽	乌海	乌兰察布	锡林郭勒	兴安盟	合计
风灾	2	2	0	2	6	2	2	3	4	0	4	2	1	30
水灾	0	2	1	1	2	0	0	1	2	0	2	0	0	11
雷击	0	0	0	2	1	0	0	0	0	1	0	2	0	6
雪灾	0	0	0	0	1	0	0	0	0	0	0	1	0	2
雹灾	0	0	0	0	2	0	0	0	0	0	0	0	0	2
合计	2	4	1	5	12	2	2	4	6	1	7	4	1	51
比重	4%	8%	2%	10%	24%	4%	4%	8%	12%	2%	14%	8%	2%	100%

　　而从灾害发生的频数看，除包头和乌海外，自治区其他地区电网都受到过风灾影响，且除鄂尔多斯外风灾所占比例均超过了 50%。巴彦淖尔、赤峰、通辽、乌兰察布水灾对电力设施也有影响，这些地区水灾都发生了两次。雷击灾害对电网设施的影响主要集中在鄂尔多斯和锡林郭勒两地，雹灾对电网设施的影响只在赤峰发生过，而雪灾对电网设施的影响只出现在过赤峰和乌兰察布。

　　（2）电网设施损坏统计分析

　　气象灾害对电网设施具有破坏性影响。据统计，输电线杆倒杆、断杆、电线断线、变电器烧毁是气象灾害造成的最主要电网事故。高压线遭雷击熔断、供电设备损坏、开关电表遭雷击烧毁也是普遍存在的气象灾害。

　　图 4-14 是 1971—2011 年大风、暴雨、雷电等气象灾害造成电网设施损坏及灾情次数统计。从灾害年代变化看，20 世纪 80 年代对自治区电力设施发生破坏的气象灾害次数最多，造成的经济损失也最严重。41 年间电力系统输电线路电线杆被大风刮倒、刮断、洪水冲倒、折断的累计有 1 708 根，其中由大风灾害所致的电线杆倒杆所占比例超过 95%。强对流天气还有可能造成高压输电铁塔倒塌，41 年间共有超过 15 座输电铁塔倒塌。如 1986 年 3 月 4 日，赤峰市出现大风、暴雨等强对流天气，最大风力达到 11 级。受大风影响，高压输电塔倒塌 5 座，输电线路断杆 48 根，倒杆 171 根，58 条配电线路断线 341 处，直接经济损失 41 万元，少供电 283 万 kW·h，损失 710 万元。

　　暴雨对电网设施的损坏主要包括输电线杆被暴雨冲倒、电线杆被押断、变电器进水毁坏以及严重的经济损失。如 1985 年 7 月 13 日—17 日，赤峰市降水量超过 100 mm，致使阿鲁科尔沁旗天山镇镇内积水，造成停电，经济损失 1 733.6 万元。并冲毁高压线路 15 km、变压器 11 台。

　　雷电灾害对电力系统的影响主要表现在：变电器遭雷击烧毁、供电设备遭雷击损坏、输电开关被烧、高压线被雷击熔断、电线遭雷击着火等。在所有的雷电灾害中，变电器遭雷击是最频繁的气象灾害。如 1998 年 7 月 18 日，锡林郭勒盟遭遇雷雨大风强对流天气，由于雷电击中风电场，击毁 3 台变压器和部分发电设备，造成间接经济损失 20.5 万元。

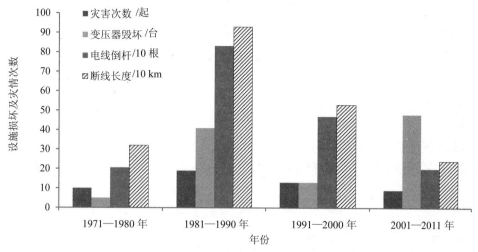

图 4-14　气象灾害造成电网设施损坏及灾情次数统计

（二）气象灾害风险评价

（1）电网气象灾害年份界定

　　为客观合理地评价气象灾害对电网安全的影响，首先需要确定不同程度灾害发生的频率。规定每年出现因气象灾害造成电网安全事故 1 起及以上的年份为电网气象灾害年，年灾害次数越多，灾害程度越重。表 4-14 给出了内蒙古自治区各地市 1971—2011 年电网气象灾害频数对应的灾年数，多数灾年的频数在 1 起，灾年数占总灾年数的 78%，随着灾害程度的增加，灾年数呈减少趋势。

表 4-14　电网气象灾害频数对应的灾年数　　　　　　　　单位：a

灾年频数/起	1	2	3	合计
阿拉善	2	0	0	2
巴彦淖尔	4	0	0	4
包头	1	0	0	1
鄂尔多斯	3	1	0	4
赤峰	7	1	1	9
二连浩特	2	0	0	2
呼和浩特	2	0	0	2
呼伦贝尔	2	1	0	3
通辽	6	0	0	6
乌海	1	0	0	1
乌兰察布	5	1	0	7
锡林郭勒	1	0	1	2
兴安盟	1	0	0	1
合计	38	6	5	49
频率/%	78	12	10	100

（2）气象灾害频率

根据表 4-14 统计结果得到的内蒙古自治区年均电网气象灾害频率与其发生的年频数，建立回归模型，计算出二者的关系如图 4-15 所示。其关系式为：$y=164.38e^{-1.027x}$，其中，y 为灾害频率，x 为气象灾害发生灾年频数。样本可决系数 $R^2=0.816$，拟合程度较为显著，回归方程通过 0.05 水平下的相关显著性检验。内蒙古自治区全区范围内平均出现 1 起气象灾害造成的能源安全事故频率高达 78%，所占比例很高。随着能源年气象灾害次数的增加，灾害发生频率明显降低，年气象灾害次数达到 3 起的只占到 10%。

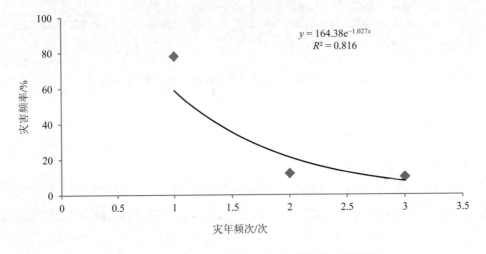

图 4-15　内蒙古自治区各地区电网气象灾害事故频率

（3）气象灾害风险指数

根据对内蒙古 41 年来暴雨、大风、雷电造成电网灾害频率的统计，发现气象灾害频次为 1～3 次/a。为此根据气象灾害频数及对应灾害出现的年份（表 4-14），依据上式，其中 H 为表中每一组的频数，M 为表中组数，N 为灾害年数，计算的内蒙古各地市电网气象灾害风险指数如表 4-15 所示。

表 4-15　内蒙古自治区气象灾害风险评价指数

地市	阿拉善	巴彦淖尔	包头	鄂尔多斯	赤峰	二连浩特	呼和浩特	呼伦贝尔	通辽	乌海	乌兰察布	锡林郭勒	兴安盟
风险指数	1	1	1	1.25	1.33	1	1	1.33	1	1	1.16	1.33	1

内蒙古地区发生电网气象灾害的整体风险不大，但锡林郭勒、赤峰和呼伦贝尔发生灾害的风险在内蒙古地区最大，其次是鄂尔多斯和乌兰察布发生灾害的风险较高，包头、乌海、兴安盟等地发生灾害的风险最小。气象灾害风险最高的赤峰市，位于燕山北麓，

蒙冀辽交汇处，人口为内蒙古最多。可见地形影响造成的局地灾害性天气相对较多，人口密度大，电网设施密集，因此气象灾害风险相应也大。气象灾害风险评价结果与电网灾害事故统计、气象灾害相对多发区域相一致。

（三）结论

根据 1971—2011 年内蒙古自治区气象灾害对电力设施损坏灾情记录的统计，以及对气象灾害风险的评价，初步得出以下结论：

1）大风、暴雨、雷电灾害是造成内蒙古自治区电网安全事故的最主要气象灾害。三种灾害之和占总气象灾害的 92%，另外，雪灾和冰雹对电力系统也有一定的影响，只是出现频次较少。

2）内蒙古自治区电网气象灾害事故以 20 世纪 80 年代最为突出。气象灾害对电力设施和电网安全的影响，主要以输电线电杆断杆、倒杆、输电线断线、供电设备、变电器遭雷击烧毁等灾害为主。气象灾害造成的电力系统损坏是相互联系的，无论哪种灾害都将带来大面积停电和严重的经济损失。

3）通过电网气象灾害风险评价，高风险区主要集中在燕山北麓、蒙冀辽交汇处受地形影响的强对流多发区域。随着气象灾害次数的增加，灾害频率明显降低。应在此基础上提出防灾减灾、趋利避害的措施建议。

第三节　气候灾害对交通行业的风险评估

一、北京

气象条件不仅与交通畅通与否有着紧密关系，还会对交通安全造成一定影响。在全球气候变暖的背景下，极端天气事件频发，气象灾害对交通安全运行的影响愈加明显。2004 年 7 月、8 月北京连续发生暴雨事件，其特点是局地性强、降雨强度大。暴雨导致城区部分交通路段交通瘫痪，密云等地山区发生山洪灾害，给人民生命财产带来较大的影响。2008 年 7 月 10 日城区出现多年罕见的局地暴雨，造成莲花池立交桥下、航天桥辅路、复兴桥辅路等路段积水，部分立交桥下积水深达 2 m，城市交通因此堵塞，部分路段交通瘫痪。同年 7 月 22 日和 28 日，密云县不老屯镇和房山区分别出现暴雨，暴雨引发洪涝造成部分交通及通信设施损坏，部分村庄损失严重。气象灾害导致的交通事故给国家经济带来严重损失，极大影响了人民群众的生活。

近年来，北京市气象灾害有增加趋势，尤其突发性气象灾害增加明显，气象灾害对交通的影响也越来越大。开展气象灾害对交通的影响分析，对加强气象灾害防御和风险管理、有效抵御和减轻气象灾害造成的损失有着重要意义①。

（一）灾害统计分析

1950—2000 年，北京市气象灾害造成有统计的交通事故 16 起（图 4-16）。其中暴雨洪涝造成交通行业事故的有 8 起，占到所有气象灾害的 50%；大风与沙尘暴造成交通事故的有 4 起，占到所有气象灾害的 25%；泥石流造成交通行业事故的有 2 起，占到所有气候灾害的 13%。另外低温冻害与雪灾、冰雹等气候灾害各有 1 起，在交通事故中所占比例分别为 6%。

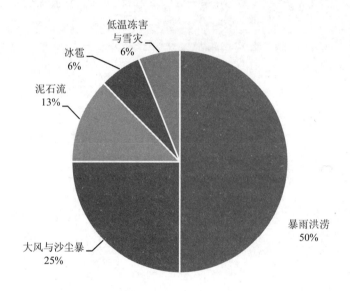

图 4-16　北京市气象灾害致交通事故百分率

从气象灾害对交通影响空间分布来看（表 4-16），北京市气象灾害对交通的影响相对均匀，区县之间没有太大的区别，尤其是暴雨洪涝灾害区县之间的差异并不大，有差异的也仅是泥石流和冰雹气象灾害，泥石流灾害发生与局地地形有关，冰雹也是局部气象灾害。但如果从大的区域分布情况看，气象灾害对交通影响主要发生北京市北部地区，统计结果显示有 60% 以上的气候灾害影响交通事件发生在北部地区，发生在市区气候灾害影响交通的比例只有 7%。

① 统计数据以及处理后的统计数据显示，1950—2000 年北京市各区县发生气象灾害交通影响事件多数是每年发生一次，仅有少部分是一年发生了两次，两次以上的没有，故没有办法和其他地区一样进行气象灾害风险评价。

表 4-16　1950—2000 年北京市交通气象灾害事故频数

	暴雨洪涝	低温冻害与雪灾	泥石流	大风与沙尘暴	冰雹	总计
市区	5	1	1	1	0	8
昌平区	6	2	0	0	0	8
大兴区	6	1	0	0	0	7
房山区	5	1	1	1	0	8
丰台区	5	1	0	0	0	6
怀柔区	5	1	1	0	1	8
门头沟区	5	1	1	0	0	7
密云县	5	1	2	1	0	9
平谷区	6	1	1	1	0	9
石景山区	5	1	0	0	0	6
顺义区	5	1	0	0	0	6
通州区	5	1	0	0	0	6
延庆县	5	1	1	0	0	7
总　计	68	14	8	4	1	95

注：对北京市和北京市大部分地区的统计进行处理后的数据。

（二）交通设施损坏分析

气象灾害对交通具有破坏性影响。据统计，冲毁桥梁，公路、客车晚点，民航机场取消进出航班、交通中断是气象灾害造成的最主要交通事故。

从灾害年代变化看（图 4-17），20 世纪 80 年代气象灾害次数最多。20 世纪 60 年代由气象灾害造成交通系统道路被冲毁累计有 1 783.1 km。在气象灾害造成交通道路被毁的分类统计中，71.4%由暴雨洪涝灾害所致。泥石流也有可能造成交通道路被毁。如 1991 年泥石流冲毁公路 517 km、桥梁 65 座。可见，泥石流灾害对交通系统造成的损失也是十分严重的。暴雨灾害造成的交通损坏主要有冲毁桥梁，公路、客车晚点，民航机场取消进出航班、交通中断以及严重的经济损失。其中 1994 年 7 月 12 日，北京市大部分地区遭到特大暴雨洪涝的袭击，冲毁乡村公路 268 km、桥涵 184 座，京承铁路沿线 10 多处山体滑坡，路基塌陷、桥梁冲毁，造成铁路运行中断 296 h。大风与沙尘暴对交通系统的影响主要表现在交通中断、长途汽车线路停运、铁路客车晚点、民航机场取消进出航班。在所有的低温冻害灾害中，交通中断是最频繁的气象灾害。

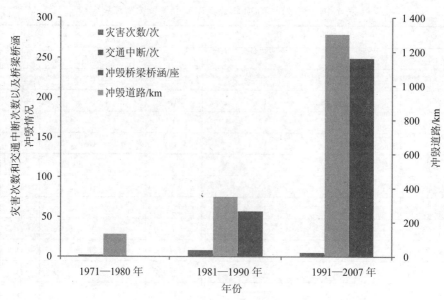

图 4-17　北京市气象灾害造成交通损坏及灾情次数统计

二、天津

天津市地处华北平原东北部，处于北温带，位于中纬度亚欧大陆东岸，主要受季风环流的支配，是东亚季风盛行的地区，属温带季风性气候。临近渤海湾，海洋气候对天津的影响比较明显，使得自然灾害频发。天津滨海国际机场位于天津市东丽区，是我国主要的航空货运中心之一，也是天津航空与奥凯航空的枢纽机场。自从滨海新区发展纳入国家发展战略后，滨海机场旅客吞吐量增速很快，货运的发展更加迅速，已成为滨海新区、环渤海区域、北方经济中心发展的航空引擎。天津港是我国华北、西北和京津地区的重要水路交通枢纽，对外交通十分发达，已形成了颇具规模的立体交通集疏运体系，处于京津冀城市群和环渤海经济圈的交汇点上，是我国北方最大的综合性港口和重要的对外贸易口岸。可见，天津交通运输对其经济社会发展起到了非常重要的作用。因此，开展气象灾害对交通的风险影响评价，对加强气象灾害防御和风险管理、有效抵御和减轻气象灾害造成的损失有着重要意义。

（一）灾害统计分析

（1）交通气象灾害统计分析

1951—2000 年，影响天津交通行业的气象灾害共 42 起。大雾、暴雨、大风等气象灾害致交通影响百分率见图 4-18，其中大雾和暴雨洪涝引发交通灾害均为 14 起，均占所有气象灾害的 33%，在气象灾害中并列第一；大风引发交通灾害为 4 起，占所有气象灾害的 10%；雪灾、风暴潮和海冰引发交通灾害均为 3 起，均占灾害总比例的 7%；龙卷风只发生 1 起，所占比率仅为 3%。大雾、暴雨洪涝成为影响交通行业的主要气象灾害。大风、风暴潮、海冰、雪灾等对交通行业也造成了不小影响。

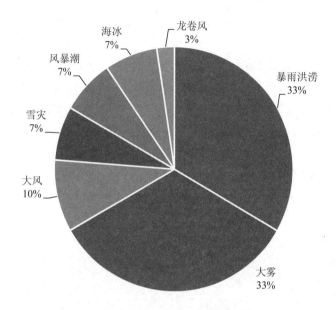

图 4-18　天津市影响交通行业气象灾害百分率

表 4-17 是交通行业气象灾害事故在天津各区的分布情况。可见，大雾、雪灾两项气象灾害在天津各区分布比较均匀，而暴雨、大风则分布较不均匀，其中，天津市中心城区、滨海新区、蓟州区暴雨气象灾害相对较多，蓟州区最高，大风只局限在环城四区、武清区和蓟州区，而风暴潮和海冰只局限在滨海新区。

表 4-17　1951—2000 年天津交通行业气象灾害事故频数

	中心城区	环城四区	滨海新区	武清区	宝坻区	蓟州区	宁河区	静海区
大雾	13	13	14	13	13	13	13	13
暴雨洪涝	6	3	6	3	3	7	3	4
大风	0	1	0	1	0	2	0	0
雪灾	3	3	3	3	3	3	3	3
风暴潮	0	0	3	0	0	0	0	0
海冰	0	0	3	0	0	0	0	0
龙卷风	1	0	0	0	0	0	0	0

注：中心城区包括和平、河西区、河北区、河东区、南开区和红桥区，环城四区包括东丽区、西青区、津南区和北辰区。

从各灾种频数看：大雾灾害在各区都占首位，均约为 13 起，是影响交通行业的主要气象灾害。暴雨灾害的分布不均匀，其中中心城区、滨海新区和蓟州区较多，分别为 6 起、6 起和 7 起，其他地区均为 3～4 起。大风灾害只在环城四区、武清区和蓟州区这类郊县地区发生了 1～2 起。风暴潮、海冰灾害只集中在滨海新区，发生了 3 起，其他地区均没有。而龙卷风只在中心城区发生了 1 起。

（2）交通影响统计分析

气象灾害对交通行业具有破坏性影响。据统计，交通中断、桥涵毁坏是气象灾害造成的最主要交通影响，其中，交通中断主要包括高速封闭、航班延误或停飞以及机场关闭。图 4-19 是 1971—2000 年天津市主要气象灾害造成交通设施损坏及年代灾害次数。从灾害年代变化看，20 世纪 90 年代气象灾害次数最多，所造成的经济损失最为严重。

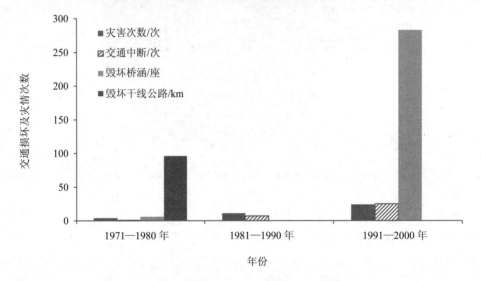

图 4-19　天津市气象灾害造成交通设施损坏及灾情次数统计

在气象灾害造成交通中断的分类统计中，60.87%是由大雾灾害所导致的。大雾天气使得能见度降低，往往导致部分甚至全部高速公路封闭，航班延误、改降或停飞，旅客滞留，甚至机场关闭，有时也会导致险情或交通事故，从而造成人员伤亡。如 1996 年 12 月 12 日—15 日，天津市大雾，国内航班取消，回港航班改降，郊县公路和高速公路连续发生交通事故，造成 5 死 2 伤。可见，大雾灾害对交通行业造成的损失是极其严重的。

暴雨灾害对交通行业的主要影响有交通中断、道路积水以及桥涵路基、公路毁坏。其中，最为严重的是 1996 年 8 月发生在蓟县的暴雨灾害，月降水量达 402.2 mm，导致当地 283 座桥、闸、涵被毁坏。

大风灾害和雪灾主要导致交通中断；海冰主要导致航行不便甚至全港封冻；而风暴潮往往导致码头漫水。

（二）气象灾害风险评价

（1）交通气象灾害年份的界定

为客观合理地评价气象灾害对交通行业的影响，首先需要确定不同程度灾害发生频率。本书规定：每年出现因气象灾害影响交通行业1起及以上的年份为交通气象灾害年，年灾害次数越多，灾害程度越重。表4-18给出了天津市各区1951—2000年交通气象灾害频数对应的灾年数。由表4-18可见，多数灾年的频数为1起，灾害频率在3起以下的灾年数占总灾年数比例高达90%，随着灾害程度的增加，灾年数明显呈减少趋势。

表4-18　天津市交通气象灾害频数对应的灾年数　　　　单位：a

灾害频数/起	1	2	3	4	5	6	7	合计
中心城区	8	2	0	1	0	0	1	12
环城四区	6	2	1	0	0	0	1	10
滨海新区	11	4	1	0	0	0	1	17
武清区	6	2	1	0	0	0	1	10
宝坻区	5	2	1	0	0	0	1	9
蓟州区	5	5	1	0	0	0	1	12
宁河区	5	2	1	0	0	0	1	9
静海区	6	2	1	0	0	0	1	10
合计	52	21	7	1	0	0	8	89
频率/%	58	24	8	1	0	0	9	100

（2）气象灾害频率

根据表4-18得到的天津市年均交通气象灾害频率与其发生的灾年频数，建立回归模型，得到拟合度相对较好的二元多项式回归模型，二者的关系如图4-20所示。回归模型关系式为：$y = 3.874x^2-38.616x + 90.082$，其中，$y$为灾害频率，$x$为气象灾害发生灾年频数。样本可决系数$R^2$=0.981 3，拟合程度较为显著，回归方程通过0.05水平下的相关显著性检验。由图4-20可见，天津市全市范围内气象灾害出现1次的频率最高，平均出现3起气象灾害造成的交通安全事故频率高达90%。随着交通年气象灾害次数的增加，灾害发生频率明显降低。但与其他地区气象交通灾害频率又有所不同，全市气象灾害次数出现7起的频率也有9%。

（3）气象灾害风险指数

为有效抵御和减轻气象灾害造成的损失，对交通气象灾害进行风险影响评价。根据对河北省50年来气象灾害造成交通灾害频率的统计，发现气象灾害频次最少的只有1次/a，最多的可达7次/a。为此根据气象灾害频次及对应灾害出现的年数（表4-18），计算得到天津各地交通气象灾害风险指数如表4-19所示。

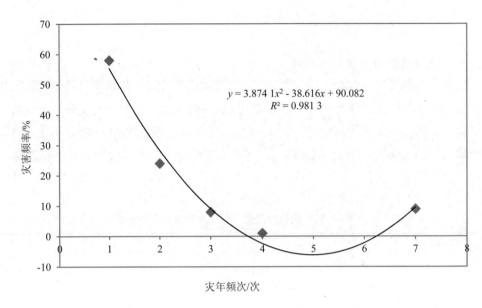

$$y = 3.874\,1x^2 - 38.616x + 90.082$$
$$R^2 = 0.981\,3$$

图 4-20　天津市各地市交通气象灾害事故频率

表 4-19　天津市交通气象灾害风险评价指数

地区	中心城区	环城四区	滨海新区	武清区	宝坻区	蓟州区	宁河区	静海区
风险指数	1.05	0.91	1.32	0.91	0.86	1.14	0.86	0.91

　　由表 4-19 可以看出，天津交通气象灾害风险最大的是滨海新区，气象灾害风险最低的是宁河区和宝坻区。根据气象灾害风险指数，将天津气象灾害影响交通风险划分为三个等级。属于高风险区的是滨海新区、蓟州区和中心城区，气象灾害中等风险区包括环城四区、武清区和静海区，宁河区和宝坻区属于气象灾害低风险区。

　　气象灾害较高风险区的滨海新区临海，蓟州区较偏远，可见所处位置的影响造成局地灾害性天气相对较多，因此气象灾害风险相应也大。气象灾害风险评价结果与交通灾害事故统计、气象灾害相对多发区域相一致。

三、河北

　　河北省地处我国华北，区域地形地貌复杂多样，既有平原和丘陵，也有山地和湖泊，还有高原和盆地。河北属温带季风气候—暖温带、半湿润—半干旱大陆性季风气候，特点是冬季寒冷少雪，夏季炎热多雨，降水量年变化率很大，燕山南麓和太行山东侧迎风坡是两个多雨区，张北高原是少雨区，夏季降水常以暴雨形式出现，春季降水少，区域多发气象灾害。同时，河北省还是京津两地对外联系的必经之地，是东北和西北连接内陆的要道，也是全国物资进入东北和西北的重要通道，区域内交通线路多，交通设施多样，交通区位非常重要。因此，开展气象灾害对交通的风险影响评价，对加强气象灾害防御和风险管理、有效抵御和减轻气象灾害造成的损失有着重要意义。

（一）灾害统计分析

1949—2000 年，河北省气象灾害造成交通行业事故共计 237 起（图 4-21）。干旱、暴雨洪涝、冰雹等气象灾害造成的交通事故百分比如图 4-21 所示。由图可见暴雨洪涝灾害造成交通安全事故 118 起，占比高达所有气象灾害的 49.8%，在气象灾害中排第一；干旱灾害发生 84 起，占灾害总比例的 35.4%，位居第二；冰雹气象灾害排第三，占比 6.8%；干旱、暴雨洪涝、冰雹气象灾害占整个气象灾害的 92%，成为影响交通行业安全事故的主要气象灾害。此外，大风、低温、风暴潮、泥石流等灾害对交通行业也有影响，但比例相对较小，所占比例仅 8%。

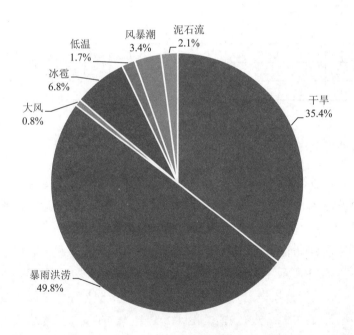

图 4-21　河北省气象灾害致交通事故百分率

表 4-20 是交通行业气象灾害事故在全省范围内的分布情况，干旱、暴雨洪涝、冰雹等主要气象灾害在全省的空间分布并不均匀，其中承德、保定、唐山、石家庄交通气象灾害相对较多，所占比例均超过 10%，承德最高达 13.1%；廊坊交通气象灾害发生相对较少，占比不足 7%，其他地市灾害所占比重为 7.2%～9.3%。

从灾种的频数来看，暴雨洪涝是影响交通行业最主要的气象灾害，除张家口市外，该灾害在全省各地市中均占居首位，多个地市发生次数在 10 起以上，承德更是高达 21

起。干旱灾害在各市的分布比较平衡，除石家庄、张家口发生 9 起外，其他地市都发生了 7~8 起灾害。冰雹灾害保定发生过 3 起，其他地区都发生 1 起或 2 起灾害。低温、风暴潮、泥石流灾害分布极不均匀，相对较多的秦皇岛发生 4 起风暴潮灾害，唐山、沧州发生 2 起风暴潮，其余地区仅有 1 起灾害或没有。大风灾害发生较少，仅在保定发生 2 起，其余地区均未发生。

表 4-20　1949—2000 年河北省交通气象灾害事故频数

	石家庄	承德	张家口	秦皇岛	唐山	廊坊	保定	沧州	衡水	邢台	邯郸	合计
干旱	9	8	9	7	7	7	7	7	7	8	8	84
暴雨洪涝	12	21	6	7	14	7	12	10	9	8	12	118
大风	0	0	0	0	0	0	2	0	0	0	0	2
冰雹	1	1	1	1	1	1	3	1	1	2	2	16
低温	1	0	1	0	0	0	1	0	0	1	0	4
风暴潮	0	0	0	4	2	0	0	2	0	0	0	8
泥石流	1	1	0	1	1	0	1	0	0	0	0	5
合计	24	31	17	20	25	16	26	20	17	19	22	237
比重/%	10.1	13.1	7.2	8.4	10.5	6.8	11.0	8.4	7.2	8.0	9.3	100.0

（二）设施损坏分析

气象灾害对交通行业设施具有破坏性的影响。统计发现，最主要的交通事故包括冲毁桥涵闸、冲毁公路、冲毁道路、损坏路面路基等。造成铁路停运、公路中断、交通受阻、冲毁堤坝、旅客滞留等也是普遍存在的交通灾害影响。

1971—2000 年河北省暴雨洪涝、冰雹、泥石流等气象灾害对交通行业设施损坏及年代灾害次数如图 4-22 所示。从灾害年代变化来看，20 世纪 90 年代气象灾害次数最多，破坏性最强，造成的经济损失最为严重。气象灾害造成交通系统桥梁、桥涵、电闸被暴雨洪涝冲毁、泥石流冲毁、冰雹毁损的累计 8 393 座。在气象灾害造成桥闸涵毁坏的统计中，96.47% 由暴雨洪涝灾害所致。灾害造成道路、公路冲毁累积 5 300 km，其中 71.33% 由暴雨洪涝灾害所造成，25.7% 由泥石流灾害造成。暴雨洪涝还会造成公路淹没、塌方、旅客滞留等诸多恶劣后果。1998 年因受 8 号台风外围云团影响，造成暴雨，时间短、强度大、径流急，致使 107 国道、石太高速公路等 15 条国道、76 条省道、100 多条县道一度断交，冲毁桥梁 395 座、涵洞 2 746 个，冲毁路基、路面 6 250 万 m²、护坡 11 万 m²。局部冲毁地方铁路 3 条，石太、邯长铁路一度中断。可见暴雨洪涝灾害对于交通行业造成的破坏是十分严重的。

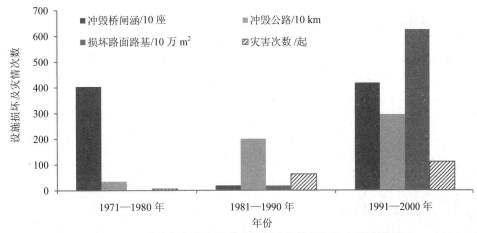

图 4-22 河北省气象灾害造成交通行业设施损坏及灾情次数统计

冰雹灾害对交通行业造成的影响主要有冲毁公路道路、冲毁桥梁、毁坏车辆、造成铁路中断的不良后果。1985 年保定市发生的冰雹灾害致使京广铁路中断 1.5 h；1991 年廊坊地区发生冰雹灾害，降雹 20～30 min，直径达 1～15 cm，造成大树被连根拔起或拦腰折断，6 辆过往车辆被砸在公路上。

干旱灾害造成的交通破坏主要表现在河流断流、水库无水、居民饮水困难。如 1993 年在全省范围内发生的干旱灾害，持续时间长、受灾面积大、干旱程度高，致使平原黑龙港地区有的人往返几十里拉水、运水，全省大中型河道除滦河、卫运河有少许基流外，其余全部断流。

大风灾害对交通行业的影响主要表现为造成铁路停运。其中 1985 年发生的大风灾害先后引起 6 次风雹灾，造成京广铁路保定至石家庄站沿线 120 棵大树倒卧轨下，京广铁路北京至石家庄段停运。此外，低温、风暴潮气象灾害也会造成桥梁冲毁、铁路停运等不同程度的影响。

（三）气象灾害风险评价

为了合理客观地评价气象灾害对交通行业的影响，首先需要确定不同程度的灾害发生频数。规定每年出现因气象灾害造成交通事故 1 起及以上的年份为交通气象灾害年，年发生的灾害次数越多，灾害程度越严重。

表 4-21 给出了河北省各地市 1949—2000 年交通气象灾害频率对应的灾年数。由表中可以看出，大多数地市的灾年频数为 1～2 起，灾害小于等于 2 起的灾年数占总灾年数 95%。同时，随着灾害程度的增加，灾年数逐步减少。

表 4-21　河北省交通气象灾害频数对应的灾年数　　　　　　单位：a

灾年频数/起	1	2	3	4	5	合计
石家庄	12	3	2	0	0	17
承德	7	7	2	1	0	17
张家口	13	2	0	0	0	15
秦皇岛	12	4	0	0	0	16
唐山	12	4	0	0	1	17
廊坊	12	2	0	0	0	14
保定	13	5	1	0	0	19
沧州	14	3	0	0	0	17
衡水	11	3	0	0	0	14
邢台	10	3	1	0	0	14
邯郸	12	5	0	0	0	17
合计	128	41	6	1	1	177
频率	72	23	3	1	1	100

（1）气象灾害频率

根据表 4-21 统计结果得到的河北省年均交通气象灾害频率与其发生的年频数，建立回归模型，计算出二者的关系如图 4-23 所示。其关系式为：$y=182.87\mathrm{e}^{-1.168\,9x}$，其中，$y$ 为灾害频率，x 为气象灾害发生的灾年频数。样本可决系数 $R^2=0.920\,6$，拟合程度较为显著，回归方程通过 0.05 水平下的相关显著性检验。

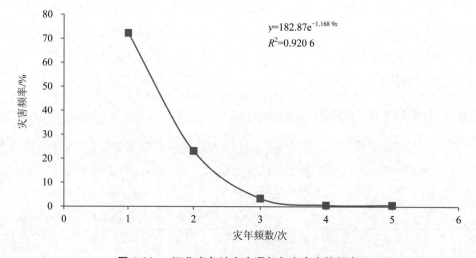

图 4-23　河北省各地市交通气象灾害事故频率

由图 4-23 可见，河北省范围内平均出现 1 起气象灾害造成的交通安全事故频率高达 72%，所占比例很高。随着交通年气象灾害次数的增加，灾害发生频率明显降低，年气象灾害次数达到 5 起的只占到 1%。

（2）气象灾害风险评价

根据对河北省 52 年来干旱、暴雨洪涝、冰雹、大风等气象灾害造成的交通事故频次的统计，发现气象灾害频次最少的只有 1 次/a，最多的达到 5 次/a。根据式（4-1），由表 4-21 中气象灾害频数及对应灾害出现的年数，其中 H 为表中频数，M 为表中组数，N 为灾害年数，计算出河北省各地市交通气象灾害风险指数见表 4-22。

表 4-22　河北省交通气象灾害风险评价指数

地市	石家庄	承德	张家口	秦皇岛	唐山	廊坊	保定	沧州	衡水	邢台	邯郸
风险指数	0.46	0.60	0.33	0.38	0.48	0.31	0.50	0.38	0.33	0.37	0.42

由表 4-22 可以看出，河北省交通气象灾害风险最大的是承德，气象灾害风险最低的是廊坊。根据气象灾害风险指数，可以将河北省各地市的灾害风险程度大致分为三个等级。其中处于高风险区的是承德和保定，石家庄、唐山、邯郸位于中等风险水平，张家口、秦皇岛、廊坊、沧州、衡水、邢台属于风险水平较低的地区。

河北省地处太行山、燕山地区，山区公路里程较长，既是东三省入关的交通要道，也是北京联系全国各省市的必经之地，还担负着晋煤外运和华北贸易的重任，同时又是秦皇岛、天津、京唐、黄骅四大港口的物资集散要地。因此全省交通复杂交错，气象灾害风险受区域性影响较大。承德地处于华北和东北两个地区的连接过渡地带，地势由西北向东南阶梯下降，雨量集中，多发洪涝灾害，因此属高风险区。廊坊位于河北省中部、华北平原北部，全市以平原为主，地貌平缓，位于风险水平较低的地区。

四、山西

山西省是内陆省份，位于黄河中游东岸，华北平原西面的黄土高原上，是典型的黄土广泛覆盖的山地高原，地势东北高、西南低。高原内部起伏不平，河谷纵横，地貌类型复杂多样，有山地、丘陵、台地、平原，山多川少。山西地处大陆东岸中纬度的内陆，东距海岸虽只有 300～500 km，但由于省境东部山岭阻挡，气候受海洋影响较弱，在气候类型上属于温带大陆性季风气候。北部由于受内蒙古冬季冷气团的袭击，比较寒冷；南部受到从河南黄淮海平原和豫北平原北上的夏季暖湿气团的滋润，比较温和；南北气候差异明显。气候特征是：冬季漫长，寒冷干燥；夏季南长北短，雨水集中；春季气候多变，风沙较多；秋季短暂，天气温和。全境日照充足，热量资源较丰富；灾害性天气较多，"十年九旱"；昼夜温差较大。山西省是华北重要交通枢纽，为同蒲、京包、大秦、石太、太焦、神黄等重要干线交会处。其中，太原、大同两市被确定为 42 个全国性综合交通枢纽之一。因此，开展气象灾害对交通的风险影响评价，对加强气象灾害防御和风险管理、有效抵御和减轻气象灾害造成的损失有着重要意义。

（一）灾害统计分析

1950—2000 年，气象灾害造成山西省交通安全事故 508 起。暴雨、冰雹、连阴雨等气象灾害致交通安全事故百分率见图 4-24。其中，暴雨及暴雨引发的洪水灾害 328 起，占灾害总比例的 64%，位居第一；冰雹气象灾害 115 起，所占比率 23%，排第二；连阴雨灾害造成交通安全事故 31 起，占到所有气象灾害的 6%，在气象灾害中排第三。暴雨、冰雹、连阴雨气象灾害占整个气象灾害的 93%，成为影响交通系统安全事故的主要气象灾害。另外，大风、雪灾等灾害对交通安全也造成一定的影响，但所占比例只有 7%。

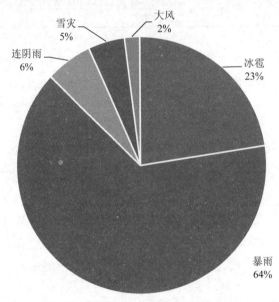

图 4-24　山西省气象灾害致交通损害百分率

表 4-23 是交通气象灾害事故空间分布情况。暴雨、冰雹、连阴雨等主要气象灾害空间分布极不均匀，其中，晋中、临汾、运城、长治地区交通气象灾害相对较多，所占比率都在 10%以上，晋中最高达 15.6%，朔州、太原交通气象灾害所占比例不足 5%，其他地市在 6.3%～9.3%之间。

从各灾种频数看，暴雨灾害在各地市都占首位，尤其是暴雨大风是造成交通安全事故的主要灾害。临汾冰雹灾害发生次数最多，为 23 起，其次是晋中，18 起，朔州冰雹灾害事故最少，只有 2 起。雪灾的分布也不均匀，其中临汾和吕梁较多，分别为 11 起和 4 起，大同、晋城和忻州没有雪灾事故记录，其余地市只有 1～3 起。大风灾害发生次数较少，除运城、晋中较多外，其他地市总体表现都不明显。

表 4-23　1950—2000 年山西省交通气象灾害事故频数

	太原	大同	阳泉	长治	晋城	朔州	晋中	运城	忻州	临汾	吕梁	合计
冰雹	5	13	4	17	10	2	18	7	13	23	3	115
暴雨	12	31	25	35	35	9	53	44	30	30	24	328
连阴雨	3	3	0	1	0	2	4	5	1	8	4	31
大风	1	0	2	0	0	0	3	3	1	0	0	10
雪灾	1	0	1	1	0	3	1	2	0	11	4	24
合计	22	47	32	54	45	16	79	61	45	72	35	508
比重/%	4.3	9.3	6.3	10.6	8.9	3.1	15.6	12	8.9	14.2	6.8	100

（二）交通设施损坏分析

气象灾害对交通设施具有破坏性影响。据统计，冲毁公路、铁路、桥梁是气象灾害造成的最主要交通事故。

图 4-25 是 1950—2000 年山西省暴雨、冰雹、连阴雨等气象灾害造成交通设施损坏及年代灾害次数。从灾害年代变化看，20 世纪 80 年代气象灾害次数最多，而 90 年代所造成的经济损失最为严重。51 年来由气象灾害造成公路被冲毁累计 16 526.45 km。在气象灾害造成公路冲毁的分类统计中，67%由暴雨灾害所致。如 1977 年运城市短时降雨达 644 mm，冲毁部分桥涵、公路桥，南同蒲铁路数处共 3 000 m 被冲断，火车迫停 42 h。

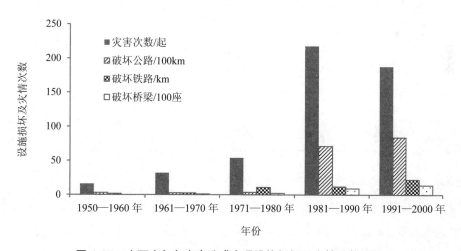

图 4-25　山西省气象灾害造成交通设施损坏及灾情次数统计

冰雹这种强对流天气一般是伴随大雨和大风出现的，因此对交通设施的损害更加不可小觑。它不仅会冲毁道路桥梁，还会吹倒树木电杆等造成交通瘫痪。如 1982 年，临汾市发生雹灾，同时冲毁桥涵 10 座，冰雹覆盖地区交通断绝。

连阴雨主要表现为降雨时间超长，同样会造成洪涝灾害，对交通设施构成威胁。如

1985 年运城地区持续降雨 160 mm 以上，冲毁道路 32.5 km，经济损失 555.66 万元，造成南同蒲铁路和礼垣铁路支线下沉。

（三）气象灾害风险评价

（1）交通气象灾害年份的界定

为客观合理地评价气象灾害对交通安全的影响，首先需要确定不同程度灾害发生的频率。本书规定：每年出现因气象灾害造成交通安全事故 1 起及以上的年份为交通气象灾害年，年灾害次数越多，灾害程度越重。表 4-24 给出了山西省各地市 1950—2000 年交通气象灾害频数对应的灾年数。由表 4-24 可见，多数灾年的频数为 1～6 起，灾害在 6 起以下的灾年数占总灾年数 97%，随着灾害程度的增加，灾年数呈减少趋势。

表 4-24　山西省交通气象灾害频数对应的灾年数　　　　　单位：a

灾年频数/起	1～3	4～6	7～9	合计
中值	2	5	8	
太原	12	1	0	13
大同	19	2	2	23
阳泉	20	0	0	20
长治	18	5	0	23
晋城	17	3	0	20
朔州	13	0	0	13
晋中	24	7	1	32
运城	21	4	1	26
忻州	16	5	0	21
临汾	26	4	1	31
吕梁	15	1	1	17
合计	201	32	6	239
频数/%	84	13	3	100

（2）气象灾害频率

根据表 4-24 的统计结果，可以得到山西省年均能源气象灾害频率与其发生的年频数，由此建立回归模型，计算出二者的关系如图 4-26 所示。其关系式为：$y = 238.6e^{-0.55x}$，其中，y 为灾害频率，x 为气象灾害发生的灾年频数。样本可决系数 $R^2=0.995\,2$，拟合程度较为显著，回归方程通过 0.05 水平下的相关显著性检验。由图 4-26 可见，山西省全省范围内平均出现 2 起气象灾害造成的交通安全事故频率高达 84%，所占比例很高。随着交通年气象灾害次数的增加，灾害发生频率明显降低，年气象灾害次数达到 8 起的只占到 3%。

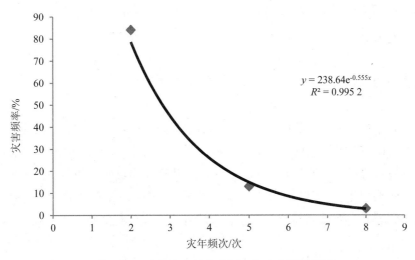

$$y = 238.64e^{-0.555x}$$
$$R^2 = 0.995\,2$$

图 4-26　山西省各地市电网气象灾害事故频率

（3）气象灾害风险评价

为有效抵御和减轻气象灾害造成的损失，对交通气象灾害进行风险影响评价。根据对山西省 51 年来暴雨、冰雹、连阴雨造成交通灾害频次的统计，发现气象灾害频次最少的只有 1 次/a，最多的可达 9 次/a。山西省各地市交通气象灾害风险指数如表 4-25 所示。

表 4-25　山西省交通气象灾害风险评价指数

地市	太原	大同	阳泉	长治	晋城	朔州	晋中	运城	忻州	临汾	吕梁
风险指数	2.23	2.78	2.00	2.65	2.45	2.00	2.84	2.69	2.71	2.58	2.53

山西省范围内交通气象灾害风险最大的是晋中。根据气象灾害风险指数，将山西省气象灾害致交通安全事故风险划分为三个等级。处于高风险区的是晋中、大同、忻州，气象灾害中等风险区包括长治、临汾、运城、吕梁、晋城、太原，阳泉和朔州处于气象灾害低风险区。

气象灾害高风险区的晋中处于黄土高原东部边缘，大同处于大同盆地中心，忻州东临太行山。气象灾害中等风险区的晋城、长治处于太行山麓，运城地处黄土高原东沿，临汾东倚五台山，吕梁境内由吕梁山脉纵贯南北，太原处于太原盆地北端。可见地形的影响造成局地灾害性天气相对较多，因此气象灾害风险相应也大。气象灾害风险评价结果与交通灾害事故统计、气象灾害相对多发区域相一致。

五、内蒙古

内蒙古自治区处于著名的蒙古高原东南部，大多数地区海拔在 1 000 m 以上，高原边缘的山峦主要有大兴安岭、阴山、贺兰山等。高原的外沿，分布着河套平原、鄂尔多斯高原和辽嫩平原。地形地貌以高原为主。当地的独特地貌和特殊的气候条件，使得自然灾害频发。内蒙古自治区地广人稀，相对于辽阔的面积，16 万 km 的公路总里程并不算多，但作为与蒙古国和俄罗斯接壤的省份和畜牧业产品及矿产的主要输出地，交通运输起着非常重要的作用。因此，开展气象灾害对交通的风险影响评价，对加强气象灾害防御和风险管理、有效抵御和减轻气象灾害造成的损失有着重要意义。

（一）灾害统计分析

1971—2011 年的 41 年间，气象灾害造成了内蒙古交通安全事故 62 起。其中，水灾灾害造成交通系统安全事故 31 起，占所有气象灾害的 50%，在气象灾害中排第一；雪灾 11 起，占灾害总比例的 18%，位居第二；风灾在气象灾害排第三，占比 14%。水灾、风灾、雪灾占整个气象灾害的 82%，成为影响交通系统安全事故的主要气象灾害。另外，雷击、寒潮和雹灾对交通也造成一定的影响，占比 18%。

表 4-26 是交通气象灾害事故在全自治区范围内的分布情况。可见气象灾害分布在全自治区的空间分布比较均匀。通辽、呼伦贝尔、赤峰、呼和浩特和乌兰察布气象灾害相对较多，超过 10%，但最高的赤峰和通辽仅为 13%，而其他地区也都集中在 5%～6%。

从灾害频数看：内蒙古各地交通都受到水灾影响，通辽发生过 6 次水灾，为内蒙古全境最多。呼和浩特、兴安盟水灾都发生了 3 次。雷击灾害主要集中在呼和浩特、通辽和赤峰三地，雹灾只在呼伦贝尔发生过。而雪灾则在大部分地区都出现过。

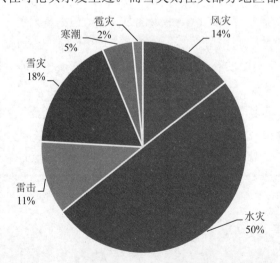

图 4-27　内蒙古自治区气象灾害致交通事故百分率

表 4-26　1971—2011 年内蒙古自治区交通气象灾害事故频数

	阿拉善	巴彦淖尔	包头	鄂尔多斯	赤峰	二连浩特	呼和浩特	呼伦贝尔	通辽	乌海	乌兰察布	锡林郭勒	兴安盟	合计
风灾	1	0	0	1	1	1	2	0	0	1	2	0	0	9
水灾	1	2	2	2	2	1	3	4	6	1	2	2	3	31
雷击	0	0	0	1	2	0	2	0	2	0	0	0	0	7
雪灾	0	2	1	0	2	0	0	2	0	0	2	1	1	11
寒潮	1	0	0	0	1	0	0	0	0	1	0	0	0	3
雹灾	0	0	0	0	0	0	0	0	1	0	0	0	0	1
合计	3	4	3	4	8	2	7	7	8	3	6	3	4	62
比重	5%	6%	5%	6%	13%	3%	11%	11%	13%	5%	10%	5%	6%	100%

（二）交通设施损坏分析

气象灾害对交通设施具有破坏性影响。据统计，铁路损毁、公路中断、桥梁损毁是气象灾害造成的最主要交通事故。

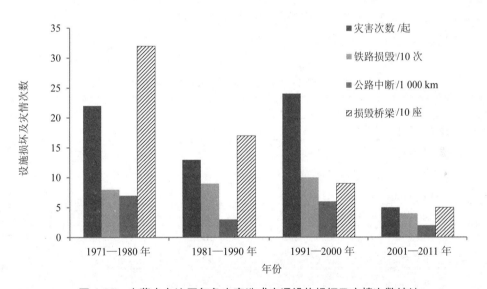

图 4-28　内蒙古自治区气象灾害造成交通设施损坏及灾情次数统计

图 4-28 是 1971—2011 年气象灾害造成交通设施损坏及灾情次数统计。从灾害年代变化看，20 世纪 90 年代气象灾害次数最多，而造成经济损失最严重的是 70 年代。41 年间桥梁被大雪压塌、压断、洪水冲倒、折断的累计有 630 座。其中由水灾所致的桥梁损毁所占比例超过 85%。强降雨还有可能将铁路和公路冲断。如 1958 年 8 月 8 日，包头市出现暴雨等强对流天气，降水量超过 200 mm，昆都仑大桥被冲毁，铁路中断，京包、包石公路被冲断，交通中断 5 天以上，经济损失约 2 000 多万元。可见，暴雨对交

通影响严重。

雪灾对交通设施的损坏，主要包括大雪封路、积雪压塌桥梁以及严重的经济损失。如 1967 年 11 月，巴彦淖尔市北部连续积雪 118～125 天，交通阻塞，链轨拖拉机开路后不过半天又被雪封，仅开路费即需 2 万多元。再比如 2010 年 1 月 3 日，内蒙古全境遭遇暴雪，12 趟客运列车、54 趟货运列车受阻，集通线损坏，1 400 名旅客被困车上，38 条国省干线公路运行困难或中断，损失 3.5 亿元。

大风灾害对交通系统的影响主要表现在大风引起的沙尘暴对道路的掩埋和能见度的降低。如 1993 年 5 月 5 日，阿拉善遭遇沙尘暴，风力 9～11 级，能见度为零，使吉乌铁路被沙埋 600 多 m，积沙 1 m 多厚，致使吉兰太盐场铁路停运 4 天。

（三）气象灾害风险评价

（1）交通气象灾害年份界定

为客观合理地评价气象灾害对交通安全的影响，首先需要确定不同程度灾害发生的频率。规定每年出现因气象灾害造成交通安全事故 1 起及以上的年份为交通气象灾害年，年灾害次数越多，灾害程度越重。表 4-27 给出了内蒙古自治区各地市 1971—2011 年交通气象灾害频数对应的灾年数，多数灾年的频数为 1 起，灾害在 1 起以下的灾年数占总灾年数 89%，随着灾害程度的增加，灾年数呈减少趋势。

表 4-27　内蒙古自治区电网气象灾害频数对应的灾年数　　　　单位：a

灾年频数/起	1	2	3	合计
阿拉善	3	0	0	3
巴彦淖尔	2	1	0	3
包头	3	0	0	3
鄂尔多斯	4	0	0	4
赤峰	4	2	0	6
二连浩特	2	0	0	2
呼和浩特	7	0	0	7
呼伦贝尔	4	0	1	5
通辽	6	1	0	7
乌海	3	0	0	3
乌兰察布	4	1	0	5
锡林郭勒	3	0	0	3
兴安盟	4	0	0	4
合计	49	5	1	55
频率/%	89	9	2	100

（2）气象灾害频率

根据表 4-27 统计结果得到的内蒙古自治区年均交通气象灾害频率与其发生的年频数，建立回归模型，计算出二者的关系如图 4-29 所示。其关系式为：$y = 520.6e^{-1.89x}$，其中，y 为灾害频率，x 为气象灾害发生的灾年频数。样本可决系数 R^2=0.985 9，拟合程度较为显著，回归方程通过 0.05 水平下的相关显著性检验。由图 4-29 可见，内蒙古自治区全区范围内平均出现 1 起气象灾害造成的交通安全事故频率高达 89%，所占比例很高。随着交通年气象灾害次数的增加，灾害发生频率明显降低，年气象灾害次数达到 3 起的只占到 2%。

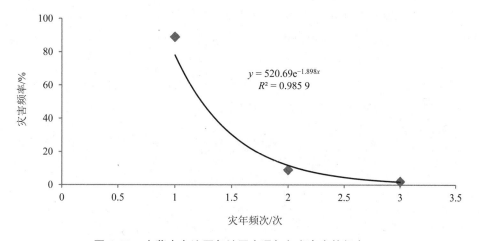

$$y = 520.69e^{-1.898x}$$
$$R^2 = 0.985\ 9$$

图 4-29　内蒙古自治区各地区交通气象灾害事故频率

（3）气象灾害风险评价

根据对内蒙古 41 年来交通灾害频率的统计，发现气象灾害频次为 1～3 次/a。根据气象灾害频次及对应灾害出现的年数，计算得到内蒙古各地市交通气象灾害风险指数如表 4-28 所示。

表 4-28　内蒙古自治区气象灾害风险评价指数

地市	阿拉善	巴彦淖尔	包头	鄂尔多斯	赤峰	二连浩特	呼和浩特	呼伦贝尔	通辽	乌海	乌兰察布	锡林郭勒	兴安盟
风险指数	1	1.33	1	1	1.33	1	1	1.4	1.14	1	1.2	1	1

由表 4-28 可知，内蒙古地区整体发生交通气象灾害的风险不大。其中呼伦贝尔发生灾害的风险在内蒙古地区最大，其次是赤峰、巴彦淖尔、乌兰察布和通辽，其他地区发生灾害风险相同均为 1。气象灾害风险最高的呼伦贝尔，总面积为 26.3 万 m^2，是内蒙古面积最大的地区，且属于中温带大陆气候，年降水量差异非常大，且降雨主要集中

在夏季，因此易发生道路被冲毁的灾害，气象灾害风险相应也大。气象灾害风险评价结果与交通灾害事故统计、气象灾害相对多发区域相一致。

（四）结论

根据 1971—2011 年内蒙古气象灾害对交通系统损坏灾情记录的统计，以及对气象灾害风险的评价，初步得出以下结论：

1）大风、暴雨、暴雪灾害是造成内蒙古自治区交通安全事故的最主要气象灾害。三种灾害之和占总气象灾害的 82%，另外，寒潮、雷击和冰雹对交通系统也有一定的影响，只是出现频次较少。

2）内蒙古交通气象灾害事故以 20 世纪 80 年代最为突出。气象灾害对交通安全的影响，主要以道路掩埋、桥梁倒塌、铁路中断和大雪封路等灾害为主。气象灾害造成的道路损坏是相互联系的，无论哪种灾害都将带来交通中断和严重的经济损失。

3）通过交通气象灾害风险评价，高风险区主要集中在内蒙古东南地区的强对流多发区域。随着气象灾害次数的增加，灾害频率明显降低。应在此基础上提出防灾减灾、趋利避害的措施建议。

第五章

气候灾害对能源和交通行业的影响与适应性评估

第一节　华北地区气候灾害 CGE 模型构建

气候灾害对农业、能源和交通等行业会造成不同层次的损失,通常可分为三个层次:直接经济损失,是指农产品歉收、受损能源和交通行业机器设备、基础设施和厂房设备等的恢复重置成本;间接经济损失,主要是指因产业链中断造成的可市场化评估的损失;宏观经济损失,是指灾害对受灾省份、全国甚至全球宏观经济指标(GDP、物价、税收和就业等)造成的影响。

这些损失中,直接经济损失的量化估算相对容易,国家民政、气象或相关部门会做出有针对性的统计,并定期发布统计公告,通告各类灾害的损失量。间接损失是通过影响生产投入要素数量、减少产出效率,并通过宏观经济的反馈效应,最后对经济社会产生全面的影响。

由于间接经济损失与宏观经济损失的估算较为复杂,因此必须借助宏观经济模型才可以估算,目前在众多宏观经济模型中,CGE 模型理论最完备,它是一种用来评估气候灾害经济损失的有效定量手段,具有可准确刻画气候灾害情形、避免重复估计的优点,但也是最复杂的一种。

一、气候灾害损失模拟机制

以 CGE 模型来模拟气候灾害损失时,重点是在模型中刻画气候灾害的传导机制,一般是针对生产函数来展开,包括将损失转化为生产要素投入量的变化,如劳动量投入量的变化、参与生产的资本量的变化、中间投入要素及生产效率的变化,以及重点研究的农业、电力、交通三个行业的相关参数变化。气候灾害对能源和交通行业造成的社会经济损失是多方面的,现有针对气候灾害的CGE影响机制的研究并不多,如曹伟(2012)运用 CGE 模型根据自然灾害对农业、电力与交通等行业的损失传导机制分别构建了农业生产要素投入的劳动力投入系数、中间投入的电力投入系数以及生产效率系数等三种影响机制；解伟（2012）等针对交通行业构建了将损失转化为劳动参与量的变化来影响总产出的传导机制。

华北地区气候灾害主要表现为暴雨洪涝、低温冷冻等多种灾害形态，由其造成的损失表现为农作物受灾与绝收、人员伤亡、电力线路中断、道路中断、房屋倒塌等。因此，必须在传统 CGE 模块的基础上，对农业、电力及交通三个行业的生产模块加以修正调整，才能实现灾害损失刻画，并通过外生变量的冲击影响，揭示气候灾害对社会经济系统造成的综合影响。

气候灾害除对农业有较大的影响外，对公路交通及电力系统也会产生不同程度的影响。对公路交通的影响突出表现为暴雨洪涝冲毁或淹没路基、路面、桥涵、交通通信设施、车站，诱发泥石流、滑坡、崩塌等地质灾害，阻塞、掩埋道路，砸毁车辆等，使路面摩擦力减小，制动距离变长，车辆控制困难，易发生交通事故，进而影响交通系统运行。对电力系统的影响主要体现在影响电网的正常运行，并以冰雪、暴雨等灾害的影响范围最广，几乎涵盖了整个电网系统。

根据华北地区气象与气候特点，将灾害类型界定为：①气象灾害（干旱等）；②雪灾和低温冷冻灾害；③大风、冰雹、雷电灾害；④暴雨洪涝（滑坡、泥石流）灾害四类。灾害中的部分损失归到公路及交通中，形成灾害对农业、公路交通以及电力三个行业的损失。

从损失对象来看，主要表现为对经济总产出的影响、对人身生命的影响（受灾人数与死亡人数）以及对以房屋为主的基础设施等生产条件的影响三类。这三类损失分别对应于 CGE 模型中的总产出影响、劳动力影响以及生产资本影响。为便于分析，将总产出的损失转化为劳动力的损失，这样可在模型中分析总产出对经济各方面的间接影响。公路交通的影响将会影响生产效率，但是由于其估算的复杂性，暂不考虑。由此，CGE 模型中的损失归为两种，一是对劳动力影响的损失，二是对生产资本影响的损失。

二、华北地区气候灾害 CGE 模型构建

（一）模型结构

构建北京、天津、河北、山西、内蒙古五个地区及全国其他地区的六区域社会经济矩阵表（SM 表，表 5-1），并在此基础上构建多区域的 CGE 模型（图 5-1）。

表 5-1 区域社会经济矩阵

			中间使用								最终使用			总产出
			区域 1（北京）				全国其他（区域 6）				···	区域 1	···	区域 6	
			部门 1	部门 2	···	部门 N	部门 1	部门 2	···	部门 N	F11		F1n	
中间投入	区域 1（北京）	部门 1	X11	X12		X1n	X11	X12		X1n				X1
		部门 2	X21	X22		X2n	X21	X22		X2n				X2
		···												
		部门 N	Xn1	Xn2		Xnn	Xn1	Xn2		Xnn	F11		F1n	Xn
	···													
	区域 2（其他）	部门 1	X11	X12		X1n	X11	X12		X1n				X1
		部门 2	X21	X22		X2n	X21	X22		X2n				X2
		···												
		部门 N	Xn1	Xn2		Xnn	Xn1	Xn2		Xnn				Xn
最初投入	劳动力资本		V1	V2		Vn					转移的相关数据			
总投入			X1	X2	..	Xn								

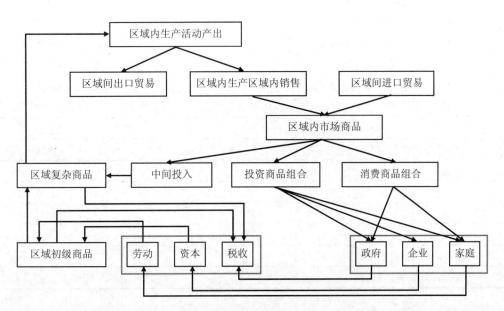

图 5-1 CGE 模型基本框架

（二）行业划分

将华北地区各省市经济部门合并为 27 个部门，包括 1 个农业部门，23 个工业部门，3 个服务业部门，如表 5-2 所示。

表 5-2　行业划分及代码

	行业名称	代码
行业 1	农林牧渔业	Act1
行业 2	煤炭开采和洗选业	Act2
行业 3	石油和天然气开采业	Act3
行业 4	金属矿采选业	Act4
行业 5	非金属矿及其他矿采选业	Act5
行业 6	食品制造及烟草加工业	Act6
行业 7	纺织业	Act7
行业 8	纺织服装鞋帽皮革羽绒及其制品业	Act8
行业 9	木材加工及家具制造业	Act9
行业 10	造纸印刷及文教休育用品制造业	Act10
行业 11	石油加工、炼焦及核燃料加工业	Act11
行业 12	化学工业	Act12
行业 13	非金属矿物制品业	Act13
行业 14	金属冶炼及压延加工业	Act14
行业 15	金属制品业	Act15
行业 16	通用、专用设备制造业	Act16
行业 17	交通运输设备制造业	Act17
行业 18	电气机械及器材制造业	Act18
行业 19	通信设备、计算机及其他电子设备制造业	Act19
行业 20	仪器仪表及文化办公用机械制造业	Act20
行业 21	其他制造业	Act21
行业 22	电力、热力的生产和供应业	Act22
行业 23	燃气及水的生产与供应业	Act23
行业 24	建筑业	Act24
行业 25	交通运输及仓储业	Act25
行业 26	批发零售和住宿餐饮业	Act26
行业 27	其他服务业	Act27

（三）数据处理说明

气候灾害 CGE 模型中包括资本和劳动力两大类生产要素，收入分配的主体包括居民、企业和政府，分配结余进入储蓄账户，居民收入来自劳动力禀赋以及企业、政府的转移支付，企业收入来自资本收入，政府收入主要来自各类税收，具体包括增值税、营业税、关税、进口增值税、企业直接税、居民个人所得税，此外还包括一些转移收入。模型中的生产活动采用两层嵌套的函数来刻画：第一层，采用列昂惕夫生产函数方法合成，即中间投入与资本和劳动综合合成总产出；第二层，资本与劳动综合采用 CES 函数合成资本与劳动。

从数据可获得性考虑，基于 2007 年投入产出表构建社会核算矩阵（SAM）表，模拟 2007 年气候灾害影响，并基于华北区域经济增长态势，将 SAM 表顺延至 2008—2014年，然后根据相应年份的灾害损失数据模拟其影响。

现有灾害损失数据是各类灾害的物理损失量与总的经济损失，该数据与模型中所需数据类型之间存在一定差距，需通过一定的技术手段将灾害的损失数据转化为可在模型运行的价值量数据。基本处理步骤如下：

（1）各气候灾害类型损失价值量汇总

通过汇总，得到表 5-3。

表 5-3　2007 年气候灾害的损失数据　　　　　　　　　　　单位：亿元

2007	暴雨洪涝（滑坡、泥石流）灾害	干旱灾害	大风、冰雹、雷电灾害	雪灾和低温冷冻灾害	直接经济损失
北京	0.5	2.7	3.1	0.6	6.9
天津	0.5	1.5	3.1	0.3	5.4
河北	15.8	42	15.8	6.4	80
山西	44.1	43.1	15.8	22.2	117.6
内蒙古	4.3	127.2	9.8	2.4	144.4

（2）气候灾害主要行业损失值确定

按照不同气候灾害类型损失值，分别折算成灾害受损的主要部门农业、交通与电力三个行业的损失值。由于现在缺乏准确的灾害受损行业统计数据，行业气候灾害损失值采用估算方法。对四类灾害损失做出假定：雪灾对农业、公路交通及电力的损失参考湖南 2008 年的损失结构（42%∶27%∶31%），并考虑华北地区气候灾害特点，将其损失结构调整为 50%∶25%∶25%。其他灾害类型参考历年直接经济损失的构成，界定农业损失占 70%，其他损失占 30%，在此基础上，根据历年损失特征，将干旱对农业的损失界定为 100%，其他损失为 0%；大风、雷电等灾害对农业的损失为 70%，对公路交通及电力行业的损失分别为 10%、20%；暴雨洪涝（滑坡、泥石流）灾害对农业的损失为 70%，对公路交通及电力行业的损失分别为 20%、10%。

经过估算，得到农业、电力与交通三个行业的气候灾害损失值（表 5-4）。

表 5-4　主要行业气候灾害损失值

省份	总损失/亿元	方案/亿元			方案的结构/%		
		农业	电力	交通	农业	电力	交通
北京	6.9	5.18	0.80	0.93	75.0	11.6	13.4
天津	5.41	3.98	0.65	0.78	73.6	12.0	14.4
河北	80.02	61.66	9.17	9.17	77.1	11.5	11.5
山西	121.41	89.23	16.80	11.58	73.5	13.8	12.7
内蒙古	144.05	119.68	12.05	12.68	83.1	8.4	8.6

（3）劳动力损失值与资本损失值确定

从华北地区受灾损失的类型看，有直接影响以农业损失、受灾面积为主的总产出的灾害，有影响受灾人口、死亡人口的人口损失的灾害，也有影响以基础设施为主的资本损失的灾害，据此，可将各类损失转化为总产出损失、劳动力损失以及资本损失三类。

根据各类损失数据的物理量和对应的总损失价值量，反向估算出各类物理损失的价值量，其具体处理方法如下：将五种气候灾害受损类型（受灾面积、绝收面积、受灾人数、死亡人数以及受损房屋）作为五个变量，与华北五个区域数据构成一个方阵 A。假定五种受损灾害的单位价值量为 $X(x1-x5)$，那么总损失量 B，存在着 $AX=B$，即 $X=A^{-1}B$。故可求解出 X 的值，即各类灾害的参考单位损失价值，然后合并为三类，总产出量损失（受灾面积、绝收面积）、劳动力损失（受灾人数、死亡人数）、资本损失（房屋倒塌等损失）。具体结果如表 5-5 所示。

表 5-5　总损失转化为产出损失、劳动力损失与资本损失　　　　　单位：亿元

	农业产出损失	劳动力损失	资本损失	总损失
北京	1.78	0.63	4.49	6.9
天津	2.36	0.28	2.77	5.41
河北	55.62	19.04	5.36	80.02
山西	54.92	16.69	49.80	121.41
内蒙古	88.66	9.81	45.58	144.05

从投入产出角度，表 5-5 中农业产出损失是一种总产出量，而劳动力损失与资本损失是投入量，为在 CGE 模型中模拟方便，需将农业产出损失按 CGE 模型中生产函数的投入产出系数对应地折算到劳动力损失和资本损失中，华北地区各省市劳动力和资本的投入产出系数分别为：北京市为 0.28、0.121；天津市为 0.45、0.01；河北省为 0.61、0.02；山西省为 0.39、0.17；内蒙古自治区为 0.28、0.21。劳动力损失折算值、资本损失折算

值以及汇总结果如表 5-6 所示。

表 5-6　农业产业损失值折算表　单位：亿元

	农业产出损失值	劳动力损失折算值	资本损失折算值	劳动力损失总值	资本损失总值
北京	1.78	0.44	0.22	1.07	4.71
天津	2.36	0.06	0.03	0.34	2.79
河北	55.62	2.21	1.11	21.25	6.46
山西	54.92	18.31	9.16	35.00	58.95
内蒙古	88.66	37.64	18.82	47.45	64.40

　　根据劳动力损失的行业构成，将其拆分成农业、电力与交通三个行业的劳动力损失（表 5-7）。同样，将资本损失也拆分到这三个行业中（表 5-8）。

表 5-7　华北地区不同行业劳动力损失值　单位：亿元

区域	劳动损失	农业	电力	交通
北京	1.07	0.80	0.12	0.15
天津	0.34	0.25	0.04	0.05
河北	21.25	16.36	2.44	2.44
山西	35.00	25.73	4.85	4.41
内蒙古	47.45	39.42	4.02	4.02

表 5-8　华北地区不同行业资本损失值　单位：亿元

区域	资本损失	农业	电力	交通
北京	4.71	3.54	0.54	0.63
天津	2.79	2.05	0.34	0.40
河北	6.46	4.98	0.74	0.74
山西	58.95	43.32	8.16	7.47
内蒙古	64.40	53.50	5.39	5.51

第二节　气候灾害对华北地区经济的影响

　　根据灾害损失的构成，将其转化为两个部分，即劳动力损失与资本损失。在 CGE 模型中，首先需要估算相应的损失系数，这里假设劳动力的损失系数为 labxs，资本的损失系数为 capxs。以劳动力损失为例，其损失系数的估算方法是：先假定灾害的劳动力损失值为 LABSS，灾后劳动力的价值为 QLD0，那么灾前应为 QLD0+LABSS。据此，灾害带来的劳动力损失系数为 labxs=LABSS/（QLD0+LABSS），资本损失系数也参考类似方法进行估算。根据各类损失系数，可设计相应灾害损失政策，并在 CGE 模型中模拟，并得出相应的模拟结果。

一、劳动力损失对经济的影响

CGE 模型模拟结果显示，劳动力损失对居民收入和各行业的产出产生不同程度的影响，并且各区域的影响程度也不一样。

从收入影响来看，劳动力损失将使农村居民的收入减少 30.59 亿元，城市居民收入减少 83.59 亿元，合计共减少 114.18 亿元，占总收入的 0.07%，政府收入减少 18.33 亿元，京津冀晋蒙等华北五个区域的 GDP 总值损失为 190.02 亿元，占该 GDP 总值的 0.47%（表 5-9）。

表 5-9　劳动力损失对收入的影响　　　　　　　　　单位：亿元

	农村居民	城市居民	合计	政府收入	GDP
变动量	−30.59	−83.59	−114.18	−18.33	−190.02
下降率/%	−0.07	−0.07	−0.07	−0.04	−0.47

从行业产值影响来看（表 5-10），除 act7、act8 等个别区域、个别行业外，其他产业的产值均呈现不同程度地减少，其中北京地区 act22、天津地区 act2、河北 act10、山西 act7、内蒙古 act15 等行业在本区域中的损失比是最大的。损失比比较大的几个地区分别是内蒙古、山西以及天津，说明这几个地区的灾害对人力资本的损失最大。

表 5-10　劳动力损失对总产出的影响　　　　　　　　单位：%

	北京	天津	河北	山西	内蒙古	其他
act1	−0.61	−1.79	−0.65	−5.55	−5.87	−0.16
act2	−0.44	−2.26	−0.19	−1.37	−0.60	−0.20
act3	−0.88	−0.27	−0.01	−0.56	−1.53	−0.25
act4	−0.21	—	−0.58	−4.87	−1.98	−0.22
act5	−0.29	−0.61	−0.44	−3.41	−1.29	−0.19
act6	−0.40	−0.93	−0.60	−5.35	−4.54	−0.14
act7	0.05	0.17	−0.59	−7.97	−6.17	−0.14
act8	0.29	0.67	−0.10	−1.43	0.62	−0.03
act9	−0.35	−0.31	−0.49	−3.80	−4.63	−0.18
act10	−0.26	−0.50	−0.69	−5.89	−3.38	−0.19
act11	−0.39	−0.41	−0.25	−1.83	−1.27	−0.28
act12	−0.39	−0.43	−0.55	−3.39	−1.60	−0.22

	北京	天津	河北	山西	内蒙古	其他
act13	−0.41	−0.54	−0.47	−2.95	−1.30	−0.19
act14	−0.31	−0.42	−0.46	−3.18	−1.14	−0.20
act15	−0.27	−0.47	−0.63	−2.79	−20.83	−0.20
act16	−0.15	−0.17	−0.23	−2.96	−1.05	−0.07
act17	−0.08	−0.15	−0.23	−2.73	−0.89	−0.05
act18	−0.21	−0.27	−0.14	−1.56	−0.67	−0.10
act19	−0.09	−0.13	−0.41	−3.19	−0.62	−0.04
act20	−0.14	−0.28	−0.45	−2.26	−1.40	−0.09
act21	−0.25	−0.43	−0.35	−3.64	−3.18	−0.15
act22	−1.33	−0.41	−0.48	−1.92	−1.49	−0.18
act23	−0.34	−0.36	−0.31	−2.57	−1.06	−0.13
act24	−0.03	−0.02	−0.03	−1.01	−0.21	0.05
act25	−0.33	−0.47	−0.36	−2.92	−1.42	−0.15
act26	−0.16	−0.14	−0.30	−1.29	−1.38	−0.08
act27	−0.06	−0.13	−0.19	−1.17	−0.83	−0.03

二、资本损失对总产出的影响

各区域的资本损失值，在模型中主要表现为资本存量的变动，在政策设计时，一般将资本损失值与各区域各行业的资本存量相比。根据相关研究，各行业的资本量与资本存量之间关系表现为资本存量是资本量的8～10倍，本节按10倍处理。

根据CGE模型的模拟结果，可以得出资本损失对各主体的间接收入损失量（表5-11）。例如，资本损失造成农村居民间接收入损失11.64亿元，城市居民间接损失31.68亿元，共导致间接损失43.33亿元，占总收入的0.03%。政府收入间接损失为2.78亿元，占总收入的0.01%，五个区域的GDP损失为53.82亿元，占该区域的0.13%。

表5-11 资本损失对各主体收入的影响　　　　　单位：亿元

	农村居民	城市居民	合计	政府收入	GDP
变动量	−11.64	−31.68	−43.33	−2.78	−53.82
下降率/%	−0.03	−0.03	−0.03	−0.01	−0.13

与劳力损失类似，资本损失对各区域产出形成不同程度的影响，天津、山西以及内蒙古为影响比较大的区域（表5-12）。

表 5-12　资本损失对总产出的影响　　　　　　　　单位：%

	北京	天津	河北	山西	内蒙古	其他
act1	−0.39	−4.20	−0.43	−1.93	−1.28	−0.10
act2	−0.10	−1.52	−0.20	−0.30	−0.19	−0.07
act3	−0.13	−0.11	−0.09	−0.24	−0.29	−0.09
act4	−0.06	0	−0.11	−1.39	−0.29	−0.06
act5	−0.10	−0.30	−0.12	−0.53	−0.23	−0.07
act6	−0.29	−2.48	−0.44	−1.98	−0.95	−0.08
act7	−0.09	−0.34	−0.33	−2.75	−1.31	−0.08
act8	0.05	0.11	−0.08	−0.13	0.11	−0.02
act9	−0.13	−0.41	−0.24	−0.88	−0.94	−0.07
act10	−0.11	−0.44	−0.27	−1.77	−0.66	−0.08
act11	−0.12	−0.14	−0.18	−0.29	−0.28	−0.10
act12	−0.14	−0.23	−0.19	−0.54	−0.30	−0.08
act13	−0.14	−0.26	−0.16	−0.49	−0.25	−0.07
act14	−0.09	−0.17	−0.11	−0.44	−0.19	−0.07
act15	−0.09	−0.19	−0.19	−0.47	−4.71	−0.07
act16	−0.05	−0.07	−0.07	−0.49	−0.17	−0.03
act17	−0.03	−0.06	−0.07	−0.48	−0.17	−0.02
act18	−0.08	−0.13	−0.09	−0.36	−0.19	−0.04
act19	−0.04	−0.06	−0.11	−0.54	−0.12	−0.02
act20	−0.05	−0.13	−0.17	−0.41	−0.30	−0.03
act21	−0.10	−0.19	−0.12	−0.79	−0.57	−0.06
act22	−0.15	−0.18	−0.15	−0.29	−0.23	−0.07
act23	−0.08	−0.28	−0.11	−0.28	−0.22	−0.05
act24	−0.03	−0.04	−0.02	−0.19	−0.05	0.00
act25	−0.11	−0.20	−0.14	−0.46	−0.28	−0.05
act26	−0.08	0.00	−0.11	−0.21	−0.26	−0.03
act27	−0.03	−0.06	−0.06	−0.14	−0.15	−0.02

三、综合影响

由于影响的同时性以及损失的叠加性，可以将劳动力损失与资本损失合并，估算出该年度各区域的各项灾害总的间接损失。从各主体的收入结构看，居民收入的总损失占总收入的 0.1%，而五个区域的 GDP 总损失占其总 GDP 的 0.6%（表 5-13）。

表 5-13　劳力损失与资本损失的合并效果　　　　　　　　　单位：亿元

项目	农村居民	城市居民	合计	政府收入	GDP（仅含京津等五区域）
总量	41 549.3	114 030.0	155 579.3	51 177.8	40 385.2
变动	−42.2	−115.3	−157.5	−21.1	−243.8
变动率/%	−0.10	−0.10	−0.10	−0.04	−0.60

从各区域各行业角度，也可估算不同区域各行业总的损失情况（表 5-14），其中，内蒙古、山西等区域各行业受影响相对较大。

表 5-14　劳力损失与资本损失的合并行业效果　　　　　　　　单位：%

	北京	天津	河北	山西	内蒙古	其他
act1	−1.00	−5.96	−1.07	−7.59	−7.38	−0.26
act2	−0.54	−3.79	−0.39	−1.68	−0.80	−0.27
act3	−1.02	−0.38	−0.10	−0.80	−1.83	−0.35
act4	−0.27	0.00	−0.69	−6.34	−2.29	−0.28
act5	−0.39	−0.91	−0.57	−4.01	−1.53	−0.26
act6	−0.69	−3.40	−1.04	−7.39	−5.52	−0.23
act7	−0.04	−0.17	−0.92	−10.90	−7.50	−0.22
act8	0.34	0.77	−0.18	−1.58	0.73	−0.05
act9	−0.49	−0.72	−0.73	−4.76	−5.65	−0.25
act10	−0.37	−0.94	−0.96	−7.80	−4.11	−0.27
act11	−0.51	−0.55	−0.42	−2.14	−1.55	−0.38
act12	−0.53	−0.67	−0.74	−4.00	−1.91	−0.30
act13	−0.55	−0.80	−0.63	−3.48	−1.55	−0.26
act14	−0.40	−0.60	−0.58	−3.69	−1.34	−0.27
act15	−0.36	−0.66	−0.82	−3.30	−29.63	−0.27
act16	−0.20	−0.23	−0.29	−3.50	−1.22	−0.10
act17	−0.12	−0.21	−0.30	−3.25	−1.06	−0.07
act18	−0.30	−0.40	−0.24	−1.93	−0.86	−0.14
act19	−0.13	−0.18	−0.52	−3.80	−0.75	−0.07
act20	−0.20	−0.40	−0.62	−2.70	−1.70	−0.12
act21	−0.34	−0.62	−0.47	−4.50	−3.82	−0.21
act22	−1.49	−0.58	−0.63	−2.22	−1.72	−0.25
act23	−0.42	−0.64	−0.42	−2.86	−1.28	−0.18
act24	−0.06	−0.07	−0.05	−1.20	−0.26	0.05
act25	−0.44	−0.67	−0.50	−3.44	−1.72	−0.21
act26	−0.24	−0.14	−0.41	−1.52	−1.65	−0.11
act27	−0.09	−0.19	−0.25	−1.32	−0.98	−0.05

第三节　气候灾害适应能力分析

一、气候灾害适应能力概述

气候灾害的适应性是指通过管理灾害风险,尽量减少暴露区,降低暴露区的脆弱性,提高暴露区的恢复力,原因在于灾害对暴露区造成的破坏程度不仅取决于气候灾害本身,还取决于暴露区以及暴露区的脆弱性。因此,评价气候灾害适应性能力高低的主要指标应该是暴露区面积(受灾面积)、暴露区的脆弱性(受灾人数)以及经济损失等指标。

近年来,由极端气候灾害造成的经济损失有所增加,但不同地区之间、不同年限之间存在很大差异。根据 IPCC 的报告,1980—2010 年由气候灾害造成的年经济损失从几十亿美元到 2 000 亿美元不等,其中以 2005 年卡特里娜飓风造成的损失最大。不断增长的暴露区人口和经济资产是极端气候造成的经济损失持续增加的主要原因,脆弱性是造成损失的关键因素。

气候灾害的适应能力主要是指社会应对气候灾害,尤其是极端气候灾害的能力,即承担灾害风险与损失的能力以及灾害预防与治理能力。从量化指标来看,主要表现在各类灾害损失总量以及灾害的经济损失占当年经济收入比值的变化;从适应能力来看,针对同样或类似的气候灾害,损失总额越小,损失总额占总经济比例越小,说明灾害的预防能力越强,适应能力也就越高。

二、适应能力情景设计

基于上述影响分析,将相应宏观社会经济数据外推至 2020 年,再利用 CGE 模型分析 2020 年气候灾害的适应能力。

(一)各区域 GDP 增长与产业结构外推

情景设计包括几个比较重要的参数假设,如各年度 GDP 增长率、产业结构及各行业的增长率(本书指 27 个行业部门),每个区域均需要对这样的参数做出恰当的估算或假设,同时还要保证各参数的内在一致性,原因在于需要保证全国基本趋势正确,然后是各区域符合要求。具体设计方法是先宏观、再微观。

(1)全国 GDP 宏观结构变化

全国 GDP 宏观结构整体上保持着不断优化趋势,即第一、第二产业占比,特别是工业占比,不断减少,第三产业占比不断提高,到 2020 年占比将达到 51.4%,这是根据近几年中国产业结构调整比例推算而来，理由是中国经济结构正处于调结构的关键时期，其结构调整仍将处于加速期（表 5-15）。

表 5-15　全国宏观 GDP 结构情景设计　　　　单位：%

年份	2007	2010	2015	2020
总值	100	100	100	100
第一产业	10.8	10.1	9.5	8.4
第二产业	47.3	46.7	42.8	40.2
其中：工业	41.6	40.0	35.9	33.4
建筑业	5.8	6.6	6.9	6.8
第三产业	41.9	43.2	47.7	51.4

（2）全国及各区域的 GDP 增长率

根据各区域历史数据，结合有关研究成果，进一步推算 2015—2020 年的 GDP 增长率。2020 年以前，全国及各区域的 GDP 增长率处于稳步调整阶段，缓慢下降。其中，2015—2020 年，全国的 GDP 平均增长率为 6.8% 左右，在此大背景下，其他区域的增长率也做相应地减缓调整，其基本趋势见图 5-2，相应数据见表 5-16。

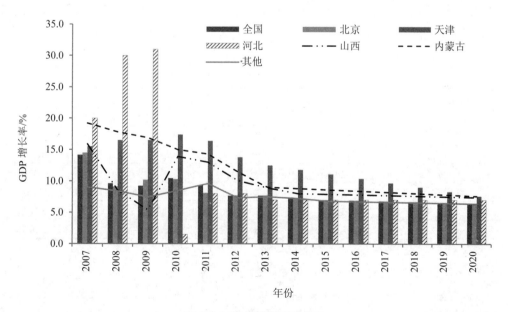

图 5-2　GDP 增长变动趋势

表 5-16　全国及各区域 GDP 增长率　　　　单位：%

年份	全国	北京	天津	河北	山西	内蒙古	其他
2007	14.2	14.5	15.5	20.00	15.9	19.2	9.0
2008	9.6	9.1	16.5	30.00	8.5	17.8	8.4
2009	9.2	10.2	16.5	31.00	5.4	16.9	7.4
2010	10.4	10.3	17.4	1.50	13.9	15.0	8.5
2011	9.3	8.1	16.4	8.00	13.0	14.3	9.6
2012	7.7	7.7	13.8	8.00	10.1	11.5	7.3
2013	7.7	7.7	12.5	7.00	8.9	9.0	7.5
2014	7.4	7.3	12.0	7.00	8.0	8.8	7.2
2015	7.0	7	11.5	7.00	7.9	8.6	6.8
2016	6.9	6.9	11.0	7.00	7.8	8.4	6.7
2017	6.8	6.8	10.5	7.00	7.7	8.2	6.6
2018	6.7	6.7	10.0	7.00	7.6	8.0	6.5
2019	6.6	6.6	9.5	7.00	7.5	7.8	6.4
2020	6.5	6.5	9.0	7.00	7.4	7.6	6.3

（3）节点年份 GDP 值的推算

根据 GDP 增长率及产业结构，推算 2015—2020 年期间重要节点年份各区域的 GDP 值。到 2020 年，全国 GDP 值将达到 70 万亿元左右，其中北京达到 2.6 万亿元，其他的区域也都相应增加（表 5-17）。

表 5-17　各区域 GDP 值　　　　单位：亿元

GDP 值	2007 年	2010 年	2015 年	2020 年
北京	9 846.8	13 058.0	18 798.3	25 997.9
天津	5 252.8	9 224.5	17 849.1	27 457.5
河北	13 709.5	28 016.7	37 975.1	53 262.0
山西	6 024.5	7 847.1	12 389.4	17 869.4
内蒙古	6 423.2	10 172.0	16 696.1	24 531.6
其他	224 553.6	283 203.8	408 073.3	558 671.8
全国	265 810.3	351 522.2	511 781.2	707 790.1

（4）各区域产业结构设定

各区域的产业结构变动是经济情景设计中的重要参数。首先需要对各区域的三次产业结构给予假定，并由此进一步确定各区域细分为 27 个行业级的 GDP 值。外推结果显示（表 5-18），2020 年北京第三产业比例将达到 80.9%、天津将达到 53.4%、河北将达 35.8%、山西将达 41.2%、内蒙古将达 37.1%，除北京、天津第三产业占比与 2010 年相比有较大提高外，河北、山西、内蒙古等区域由于属于中国重化工业及能源工业重点区域，其产业结构升级相对困难。

表 5-18　各区域产业结构变动　　　　　　　　　单位：%

	年份	第一产业	第二产业	工业	建筑业	第三产业
北京	2007	1.0	25.5	21.2	4.3	73.5
	2010	0.9	24.0	19.6	4.4	75.1
	2015	0.7	20.9	16.7	4.2	78.4
	2020	0.6	18.5	14.3	4.1	80.9
天津	2007	2.1	55.1	50.7	4.4	42.8
	2010	1.6	52.5	47.8	4.7	46.0
	2015	1.1	49.2	45.1	4.1	49.6
	2020	0.8	45.9	42.0	3.9	53.4
河北	2007	13.2	52.8	47.6	5.2	34.0
	2010	12.6	52.5	46.2	6.3	34.9
	2015	12.4	52.0	46.0	6.0	35.6
	2020	12.3	51.9	45.9	6.0	35.8
山西	2007	5.2	57.3	52.2	5.2	37.5
	2010	6.0	56.9	50.6	6.3	37.1
	2015	5.8	53.2	47.2	6.0	41.0
	2020	5.7	53.0	47.1	6.0	41.2
内蒙古	2007	11.9	49.7	43.3	6.4	38.4
	2010	9.4	54.5	48.1	6.4	36.1
	2015	9.4	53.9	47.1	6.8	36.7
	2020	9.3	53.7	46.9	6.7	37.1
其他	2007	11.4	47.4	41.6	5.9	41.2
	2010	10.7	46.4	39.5	6.9	42.9
	2015	10.2	41.9	34.6	7.3	47.9
	2020	8.9	38.8	31.6	7.2	52.3
全国	2007	10.8	47.3	41.6	5.8	41.9
	2010	10.1	46.7	40.0	6.6	43.2
	2015	9.5	42.8	35.9	6.9	47.7
	2020	8.4	40.2	33.4	6.8	51.4

（二）社会核算矩阵表外推

CGE 模型中重要的数据基础是社会核算矩阵（SAM）表，而 SAM 表的构建基础是投入产出表，因此，必须基于各区域 GDP 增长及产业结构，外推 2020 年 SAM 表，并以此为基础，构建相应的气候灾害适应能力 CGE 模型。

要推算各区域结点年份 27 个部门产值，需要设计各年份各行业产值在结点的增长倍率。所谓产值倍率就是外推年份产值与 2007 年产值的比值。表 5-19 给出了相应产业的产值变动倍率。

表 5-19　各区域不同行业产值倍率

	行业	2020 年
北京	第一产业	1.64
	第二产业	1.92
	交通运输及仓储业	2.10
	批发零售和住宿餐饮业	3.64
	其他服务业	2.94
天津	第一产业	1.88
	第二产业	4.48
	交通运输及仓储业	5.56
	批发零售和住宿餐饮业	8.03
	其他服务业	7.11
河北	第一产业	3.73
	第二产业	3.75
	交通运输及仓储业	3.30
	批发零售和住宿餐饮业	4.76
	其他服务业	4.22
山西	第一产业	3.80
	第二产业	2.75
	交通运输及仓储业	2.89
	批发零售和住宿餐饮业	4.17
	其他服务业	3.69
内蒙古	第一产业	3.67
	第二产业	4.07
	交通运输及仓储业	3.01
	批发零售和住宿餐饮业	4.34
	其他服务业	3.84
其他地区	第一产业	2.15
	第二产业	1.83
	交通运输及仓储业	2.48
	批发零售和住宿餐饮业	3.57
	其他服务业	3.17

（三）气候灾害损失预测

根据 1984—2014 年北京、天津、河北、山西以及内蒙古地区受干旱、大雨、大风、大雪的影响而形成的受灾面积、受灾人口以及人口伤亡等数据，利用时间序列模型，预测 2015—2020 年的受灾数据以及经济损失值。

（1）时间序列模型

利用时间序列模型对 1984—2014 年各地区的经济损失值与受灾面积、受灾人口以及伤亡人口之间建立回归模型,经反复拟合,在各参数通过 T 检验及 R 值合理的基础上,选择各地区的经济损失与各类灾害的回归方程(表 5-20)。

表 5-20　各类灾害直接经济损失估算方程

损失区域及类型	基于历史数据回归得出的方程模型
北京大雨	BJ1LOSS = 791.95*BJ1ARE01
北京干旱	BJ2LOSS = 13.96*BJ2ARE01
北京大风	BJ3LOSS = 0.14*BJ3PA01
北京大雪	BJ4LOSS = 0.65*BJ4PA01
河北大雨	HB1LOSS = 153.19*HB1ARE01
河北干旱	HB2LOSS = 10.83*HB2ARE01 + 0.31*HB2PD01
河北大风	HB3LOSS = 19.22*HB3ARE01 + 0.047*HB3PA01
河北大雪	HB4LOSS = 0.05*HB4PA01
天津大雨	TJ1LOSS = 0.46*TJ1PA01
天津干旱	TJ2LOSS = 10.29*TJ2ARE01
天津大风	TJ3LOSS = 12.72*TJ3ARE01 + 0.10*TJ3PA01
天津大雪	TJ4LOSS = 4.33*TJ4ARE01 + 0.60*TJ4PA01
山西大雨	SX1LOSS = 0.11*SX1PA01
山西干旱	SX2LOSS = 0.02*SX2PA01 + 16.27*SX2ARE01
山西大风	SX3LOSS = 0.08*SX3PA01
山西大雪	SX4LOSS = 0.14*SX4PA01
内蒙古大雨	NMG1LOSS = 0.29*NMG1PA01
内蒙古干旱	NMG2LOSS = 0.14*NMG2PA01
内蒙古大风	NMG3LOSS = 0.14*NMG3PA01
内蒙古大雪	NMG4LOSS = 0.10*NMG4PA01

注:表中的变量名,BJ、TJ、HB、SX、NMG 分别代表北京、天津、河北、山西以及内蒙古,1、2、3、4 分别代表四类灾害(大雨、干旱、大风、大雪),ARE 表示受损面积,PA 表示受灾人口,PD 表示受灾死亡人数,LOSS 表示经济损失。各变量由这些基础变化分别组合来表达某区域某类灾害的某种损失。如 BJ1LOSS 表示北京受大雨灾害带来的损失。

(2)灾害损失预测

利用表 5-19 中的灾害损失数据以及表 5-20 中的回归拟合预测模型,可求出各地区的经济损失。具体灾害经济损失数据见图 5-3 至图 5-6。

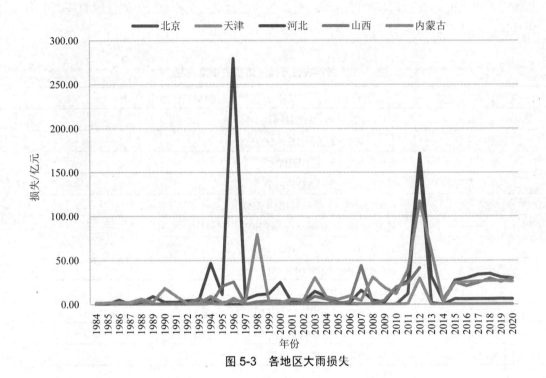

图 5-3　各地区大雨损失

图 5-4　各地区干旱损失

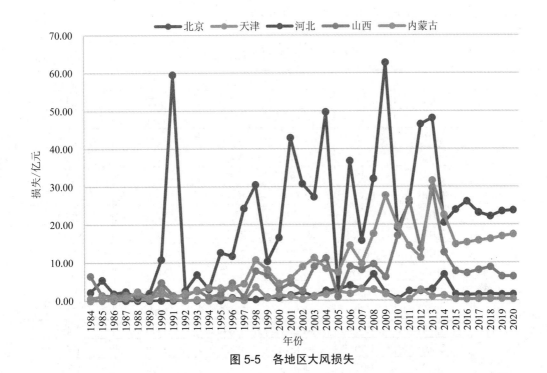

图 5-5　各地区大风损失

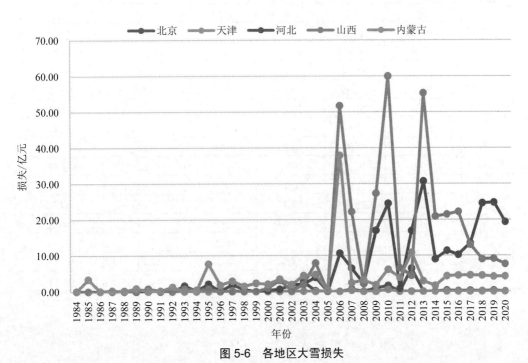

图 5-6　各地区大雪损失

从图 5-3 至图 5-6 可以看出,利用模型预测各地区的经济损失与历年的实际经济损失的高波动性相比,预测结果相对平缓,预测年份相应数据见表 5-21。

表 5-21　各地区经济损失预测值　　　　　　　单位:亿元

区域	年份	大雨	干旱	大风	大雪	合计
北京	2015	6.28	0.31	1.60	0.28	8.47
	2016	6.16	0.51	1.45	0.11	8.23
	2017	6.26	0.49	1.54	0.20	8.49
	2018	6.27	0.49	1.65	0.07	8.48
	2019	6.47	0.49	1.53	0.25	8.74
	2020	6.30	0.49	1.61	0.01	8.41
河北	2015	27.47	16.88	23.91	11.33	79.59
	2016	30.12	20.51	26.11	10.18	86.92
	2017	34.22	27.08	23.11	13.41	97.82
	2018	35.03	19.45	22.17	24.58	101.23
	2019	31.12	20.96	23.48	24.76	100.32
	2020	29.91	18.94	23.74	19.36	91.95
天津	2015	1.64	0.47	0.34	0.00	2.45
	2016	1.00	0.45	0.28	0.00	1.73
	2017	1.02	0.43	0.39	0.00	1.84
	2018	1.72	0.42	0.39	0.00	2.53
	2019	1.74	0.41	0.41	0.00	2.56
	2020	1.30	0.40	0.35	0.00	2.05
山西	2015	25.14	11.99	7.69	21.45	66.27
	2016	21.05	19.29	7.15	22.20	69.69
	2017	24.57	23.41	7.99	12.98	68.95
	2018	29.69	17.66	8.78	8.98	65.11
	2019	25.76	18.79	6.30	9.11	59.96
	2020	29.70	19.15	6.30	7.60	62.75
内蒙古	2015	24.85	60.15	14.83	4.27	104.1
	2016	25.49	59.37	15.28	4.45	104.59
	2017	26.41	53.64	15.79	4.48	100.32
	2018	26.89	45.84	16.22	4.41	93.36
	2019	26.91	43.54	16.89	4.13	91.47
	2020	26.11	47.48	17.43	4.19	95.21

(3)灾害适应能力情景设计

将上述预测作为基准情景,根据 1984—2014 年的历史数据,假定重大气候灾害 30 年一遇,设计 2020 年各地区受气候灾害影响的最优情景与最劣情景,最优情景设定基于历史数据气候灾害影响最小数据,最劣情景设定基于历史数据气候灾害影响最大数据。

由此得到 2020 年灾害损失相关参数值，如表 5-22 所示。

表 5-22　损失预测模型中与灾害相关的参数的预测值　　　　单位：亿元

北京	BJ1ARE	BJ2ARE	BJ3PA	BJ4PA		
基准情景	0.008	0.035	11.362	0.023		
最劣情景	0.034	0.203	12.284	0.799		
最优情景	0.000	0.000	0.000	0.023		
河北	HB1ARE	HB2PD	HB2ARE	HB3PA	HB3ARE	HB4PA
基准情景	0.2	36.2	0.7	340.0	0.4	414.6
最劣情景	0.4	125.1	0.7	394.5	1.1	530.4
最优情景	0.1	2.4	0.1	12.0	0.4	0.0
天津	TJ1PA	TJ2ARE	TJ3ARE	TJ3PA	TJ4ARE	TJ4PA
基准情景	2.845	0.039	0.020	0.839	0.000	0.000
最劣情景	9.750	0.198	0.152	1.295	0.002	0.071
最优情景	0.000	0.000	0.002	0.000	0.000	0.000
山西	SX1PA	SX2PA	SX2ARE	SX3PA	SX4PA	
基准情景	273.63	556.98	0.44	77.32	56.25	
最劣情景	273.63	556.98	1.68	134.74	263.76	
最优情景	1.28	1.25	0.09	20.55	0.16	
内蒙古	NMG1PA	NMG2PA	NMG3PA	NMG4PA		
基准情景	90.6	332.1	125.4	40.8		
最劣情景	101.2	420.8	125.4	54.7		
最优情景	24.3	72.6	37.6	0.0		

注：BJ-北京，TJ-天津，HB-河北，SX-山西，NMG-内蒙古；1-大雨，2-干旱，3-大风，4-大雪；ARE-受灾面积，PA-受灾人口，PD-受灾死亡人口。

　　表 5-22 中仅列出了各地区受灾部分数据，另有一部分数据空缺，原因在于构建回归模型时，由于变量之间存着一定的相关性而进行了取舍。从模型结果来看，现有的表达式足以描述所有变量的特征及趋势。

　　以表 5-22 数据为基础，利用时间序列回归模型，推算出 2020 年各地区不同气候灾害的经济损失（表 5-23）。

表 5-23　各地区在各种灾害情景下的损失　　　　单位：亿元

北京	大雨	干旱	大风	大雪	合计
基准情景	6.300	0.488	1.605	0.015	8.408
最劣情景	27.296	2.840	1.735	0.521	32.393
最优情景	0.032	0.000	0.000	0.015	0.047
河北	大雨	干旱	大风	大雪	
基准情景	29.912	18.939	23.741	19.362	91.953

北京	大雨	干旱	大风	大雪	合计
最劣情景	60.985	46.823	40.313	24.764	172.884
最优情景	20.029	1.369	7.481	0.000	28.879
天津	大雨	干旱	大风	大雪	
基准情景	1.304	0.404	0.346	0.000	2.054
最劣情景	4.469	2.042	2.069	0.319	8.899
最优情景	0.000	0.000	0.027	0.000	0.027
山西	大雨	干旱	大风	大雪	
基准情景	29.701	19.147	6.302	7.604	62.755
最劣情景	29.701	39.221	10.981	35.659	115.562
最优情景	0.139	1.466	1.675	0.022	3.303
内蒙古	大雨	干旱	大风	大雪	
基准情景	26.110	47.476	17.430	4.190	95.207
最劣情景	29.150	60.146	17.430	5.620	112.346
最优情景	6.990	10.383	5.223	0.003	22.599

三、气候灾害适应能力分析

提高气候灾害适应能力就是要通过灾害管理与预防措施，降低受灾面积、减少受灾人口以及降低受灾人员伤亡。根据表 5-22，针对北京最劣情景下而言，大雨形成的受灾面积为 0.034 万 km^2，是基准情景的 4.25 倍，其经济损失由 6.3 亿元上升到 27.3 亿元。据此，将提高适应能力的途径与努力方向归为两类：一是极端气候灾害（30 年一遇）下将受灾面积、受灾人员与受灾伤亡人数降低到基准情景的平均水平；二是一般气候灾害下（受灾情况为平均水平），将受灾面积、受灾人员与受灾伤亡人数降低 20%。

（一）极端气候灾害的适应能力分析

（1）适应重点

对极端气候灾害的经济损失排序可以了解各地区经济损失最为严重时的发生时间、受损面积，以及相应的重大事件。以北京大雨灾害为例，经济影响最严重的年份是 2012 年，直接经济损失达 162.2 亿元，与损失最相关的重大事件是死亡 78 人。那么对北京而言，适应大雨灾害措施的主要目标是防止发生重大的人员伤亡事故，诚然，与重大伤亡事故相伴必然有较大财产损失。依此类推，可以确认华北地区气候灾害适应的重点和主要措施（表 5-24）。

表 5-24　各类气候灾害的适应重点

	极端事件发生时间	经济损失/亿元	受灾面积/万 km²	人员损失	适应性重点	措施
大雨						
北京	2012	162.20	0.06	亡 78 人	人员伤亡惨重	减少人员伤亡
天津	2012	29.70	0.12	受灾人口62.9 万人	人员伤亡惨重	减少人员伤亡
河北	1996	279.56	0.14	受灾人口427 万人	受灾人口多	减少人员伤亡及降低基础设施损失
山西	2012	44.10	0.26	亡 38 人	人员伤亡大	减少人员伤亡
内蒙古	2012	117.30	0.97	亡 48 人	人员伤亡大	减少人员伤亡
干旱						
北京	2000	7.60	0.20		受灾面积大，影响农业	增加减灾投入，提高减灾水平
天津	2007	12.80	0.29		受灾面积大，影响农业	增加减灾投入，提高减灾水平
河北	2014	102.10	1.03		受灾面积大，影响农业	增加减灾投入，提高减灾水平
山西	2008	67.60	1.92		受灾面积大，影响农业	增加减灾投入，提高减灾水平
内蒙古	2009	201.10	3.89		受灾面积大，影响农业	增加减灾投入，提高减灾水平
大风						
北京	2008	6.90	0.02	受灾人口31.8 万人	受灾面积大，受灾人口多	减少受灾人口
天津	1998	3.55	0.04	受灾人口0.000 8 万人	受灾面积大，受灾人口多	减少受灾人口
河北	2009	62.70	1.13	受灾人口1 173.6 万人	受灾面积大，受灾人口多	减少受灾人口
山西	2013	29.60	0.16	受灾人口259.6 万人	受灾面积大，受灾人口多	减少受灾人口
内蒙古	2013	31.60	0.47	受灾人口128 万人	受灾面积大，受灾人口多	减少受灾人口
大雪						
北京	2010	6.20	0.00	受灾人口6.2 万人	受灾人口与受灾面积	提高减灾救助水平
天津	2010	0.60	0.03	受灾人口0.6 万人	受灾人口与受灾面积	提高减灾救助水平
河北	2010	626.50	0.41	受灾人口626.5 万人	受灾人口与受灾面积	提高减灾救助水平
山西	2010	428.30	0.38	受灾人口374.2 万人	受灾人口与受灾面积	提高减灾救助水平
内蒙古	2006	342.70	1.25	受灾人口342.7 万人	受灾人口与受灾面积	提高减灾救助水平

此外，通过对受灾面积排序，可以发现除了部分年份的最大受灾面积与最大经济损失年份一致外，大部分的年份均为 20 世纪的某个年代（表 5-25）。

表 5-25　按灾害面积排序后的气候灾害经济损失

	极端事件时间	受灾面积/万 km²	经济损失/亿元	单位受灾面积经济损失量/（万元/km²）	经济损失最大年份	经济损失最大年份的单位受灾面积经济损失量/（万元/km²）
大雨						
北京	2008	0.08	0.30	3.70	2012	2 815.97
天津	1996	0.39	6.96	18.04	2012	252.77
河北	1996	0.68	279.56	413.23	1996	413.23
山西	1996	0.28	25.70	92.37	2012	168.71
内蒙古	1998	1.35	79.26	58.57	2012	121.49
干旱						
北京	2000	0.20	7.60	37.36	2000	37.36
天津	2000	0.29	12.80	44.84	2000	44.84
河北	2009	1.54	55.60	36.01	2014	99.33
山西	2008	1.92	67.60	35.26	2008	35.26
内蒙古	2009	3.89	201.10	51.70	2009	51.70
大风						
北京	1986	0.16	0.00	0.00	2008	300.00
天津	1987	0.15	0.69	4.55	1998	78.97
河北	1990	1.13	10.78	9.51	2009	55.29
山西	1990	0.38	4.70	12.36	2013	183.40
内蒙古	2013	0.47	31.60	67.29	2013	67.29
大雪						
北京	1993	0.03	0.00	0.00	2010	2 066.67
天津	2010	0.03	0.50	15.15	2010	15.15
河北	2010	0.41	24.50	59.61	2013	193.57
山西	2006	0.49	51.70	105.30	2010	158.31
内蒙古	1999	1.25	2.30	1.84	2006	30.32

（2）发生极端气候灾害时的最大经济损失估算

假定各区域在 2020 年发生 30 年一遇的极端气候灾害，按受灾面积最大估算，那么根据灾害的最大单位面积经济损失率，可得到最大的可能经济损失。从结果来看，除了个别地区的最大受灾面积与最大经济损失年一致外，其他地区不同灾害所形成的直接经济损失额比历史最大值要大得多。以大雨灾害为例，北京的直接经济损失达到 228.62 亿元，是历史最高值的 1.41 倍，其他数据见表 5-26。

表 5-26 极端气候灾害的经济损失估算

	受灾面积/万 km²	单位面积经济损失量/（万元/km²）	估算的经济损失/亿元	历史最大经济损失/亿元	与历史最大经济损失量的倍率
大雨					
北京	0.08	2 815.97	228.62	162.20	1.41
天津	0.39	252.77	97.48	29.70	3.28
河北	0.68	413.23	279.56	279.56	1.00
山西	0.28	168.71	46.95	44.10	1.06
内蒙古	1.35	121.49	164.41	117.30	1.40
干旱					
北京	0.20	37.36	7.60	7.60	1.00
天津	0.29	44.84	12.80	12.80	1.00
河北	1.54	99.33	153.36	102.10	1.50
山西	1.92	35.26	67.60	67.60	1.00
内蒙古	3.89	51.70	201.10	201.10	1.00
大风					
北京	0.16	300.00	49.37	6.90	7.15
天津	0.15	78.97	12.03	3.55	3.39
河北	1.13	55.29	62.70	62.70	1.00
山西	0.38	183.40	69.72	29.60	2.36
内蒙古	0.47	67.29	31.60	31.60	1.00
大雪					
北京	0.03	2 066.67	56.49	6.20	9.11
天津	0.03	15.15	0.50	0.50	1.00
河北	0.41	193.57	79.56	30.70	2.59
山西	0.49	158.31	77.73	60.00	1.30
内蒙古	1.25	30.32	37.90	37.90	1.00

（3）适应措施分析

由于气候灾害所形成的灾害损失不但与受灾面积有关，还与受灾人数以及受灾死亡人数高度相关。因此，将应对气候灾害的适应措施归为两类：一是减少受灾面积；二是降低单位受灾面积损失率。

当将受灾面积降低到基准情景的平均水平时，模型模拟结果显示经济直接损失呈现较大幅度的下降。如北京大雨的灾害损失，在 30 年一遇时的受灾面积达 0.08 万 km²，在减少损失后，仅为 0.01 万 km²，可减少经济损失 90.02%。各地区各类气候灾害的损失值变化见表 5-27。

表 5-27 降低受灾面积对经济损失的影响

	30 年一遇受灾面积/ 万 km^2	正常水平受灾面积/ 万 km^2	经济损失估算/ 亿元	经济损失减少率/ %
大雨				
北京	0.08	0.01	22.40	−90.20
天津	0.39	0.04	9.23	−90.53
河北	0.68	0.40	165.06	−40.96
山西	0.28	0.10	17.16	−63.44
内蒙古	1.35	0.28	34.27	−79.16
干旱				
北京	0.20	0.03	1.31	−82.83
天津	0.29	0.04	1.76	−86.25
河北	1.54	0.20	19.39	−87.35
山西	1.92	0.44	15.57	−76.97
内蒙古	3.89	1.33	68.89	−65.74
大风				
北京	0.16	0.01	4.27	−91.34
天津	0.15	0.02	1.62	−86.56
河北	1.13	0.40	22.38	−64.31
山西	0.38	0.14	26.32	−62.24
内蒙古	0.47	0.31	21.19	−32.94
大雪				
北京	0.03	0.00	0.87	−98.45
天津	0.03	0.00	0.00	−100.00
河北	0.41	0.23	44.24	−44.39
山西	0.49	0.24	37.52	−51.74
内蒙古	1.25	0.16	4.90	−87.07

当降低单位受灾面积损失率为基准情景的平均水平时，模型运算结果显示，直接经济损失也呈现不同程度的下降。以北京为例，如大雨形成受灾面积为 0.08 万 km^2，如将单位面积损失率下降到 246.72 万元/万 km^2，则直接经济损失为 20.03 亿元，比最大损失额下降 91.24%。华北地区减少单位面积受灾损失率的直接经济损失如表 5-28 所示。

表 5-28 减少单位受灾面积损失率的直接经济损失

	受灾面积/万 km^2	单位面积损失/（万元/km^2）	经济损失/亿元	与最大损失额减少比/%
大雨				
北京	0.08	246.72	20.03	−91.24
天津	0.39	65.90	25.42	−73.93
河北	0.68	96.95	65.59	−76.54
山西	0.28	82.73	23.02	−50.96
内蒙古	1.35	63.48	85.91	−47.75

	受灾面积/万 km²	单位面积损失/（万元/km²）	经济损失/亿元	与最大损失额减少比/%
干旱				
北京	0.20	34.67	7.05	-7.19
天津	0.29	13.59	3.88	-69.70
河北	1.54	31.51	48.66	-68.27
山西	1.92	26.18	50.20	-25.75
内蒙古	3.89	31.52	122.63	-39.02
大风				
北京	0.16	41.93	6.90	-86.02
天津	0.15	23.31	3.55	-70.48
河北	1.13	45.29	51.36	-18.09
山西	0.38	77.86	29.60	-57.54
内蒙古	0.47	57.29	26.90	-14.86
大雪				
北京	0.03	429.04	11.73	-79.24
天津	0.03	12.60	0.42	-16.87
河北	0.41	151.08	62.09	-21.95
山西	0.49	120.64	59.24	-23.79
内蒙古	1.25	25.22	31.52	-16.84

基于上一章灾害损失估算方法，经 CGE 模型运算，得到各类灾害对农业、电力以及交通行业的经济损失（表 5-29）。

表 5-29　各地区的劳动力损失与资本损失对农业、电力和交通行业的影响　　单位：亿元

	地区	北京	天津	河北	山西	内蒙古	合计
劳动力损失	农业	-5.85	-3.92	-85.09	-20.98	-34.81	-150.64
	电力	-7.66	-2.49	-14.18	-3.36	-5.39	-33.08
	交通	-7.70	-2.74	-9.53	-3.24	-7.44	-30.64
资本损失	农业	-15.25	-10.00	-117.83	-49.52	-73.16	-265.76
	电力	-7.47	-3.43	-13.21	-8.69	-12.59	-45.40
	交通	-11.62	-7.44	-14.48	-10.04	-14.42	-58.00

（4）适应措施效果对比

采取减少受灾面积适应措施前后，经济损失变化值比较如表 5-30 所示。由表 5-30 可以看出，采取措施后，经济损失出现了大幅下降。

表5-30　减少受灾面积适应措施前后的损失变化　　　　　　　单位：亿元

损失量	农村居民	城市居民	政府收入	GDP
原损失	81.6	227.8	86.2	913.0
现损失	33.1	92.3	34.4	375.4
损失减少率/%	−59.4	−59.5	−60.1	−58.9

采取减少单位受灾面积损失率适应措施前后，经济损失变化值比较如表5-31所示。由表5-31可以看出，采取措施后，经济损失出现了大幅下降，但下降幅度低于减少受灾面积的适应措施效果。

表5-31　减少单位受灾面积损失率适应措施前后的损失变化　　　单位：亿元

	农村居民	城市居民	政府收入	GDP
原损失	81.6	227.8	86.2	913.0
现损失	42.6	119.0	45.8	494.0
损失减少率/%	−47.8	−47.7	−46.9	−45.9

（二）一般气候灾害的适应能力分析

（1）一般气候灾害的情景预估

相对极端气候灾害，一般气候灾害在关键参数以及经济损失值的变化方面，均具有一定的稳定性。基于历史数据的基本趋势外推得到2020年一般气候灾害情景下华北地区不同灾害类型下的关键参数（表5-32）。

表5-32　一般气候灾害的情景描述

预测情景	灾害类型	关键参数	参数值预测	经济损失预测/亿元
北京	大雨	受灾面积/万 km²	0.01	6.30
	干旱	受灾面积/万 km²	0.03	0.49
	大风	受灾人口/万人	11.36	1.61
	大雪	受灾人口/万人	0.02	0.01
	汇总（损失）			8.41
河北	大雨	受灾面积/万 km²	0.20	29.91
	干旱	受灾人口/万人	36.25	18.94
		受灾面积/万 km²	0.70	
	大风	受灾人口/万人	340.05	23.74
		受灾面积/万 km²	0.40	
	大雪	受灾面积/万 km²	414.65	19.36
	汇总（损失）			91.95

预测情景	灾害类型	关键参数	参数值预测	经济损失预测/亿元
天津	大雨	受灾人口/万人	2.84	1.30
	干旱	受灾面积/万 km²	0.04	0.40
	大风	受灾人口/万人	0.02	0.35
		受灾人口/万人	0.84	
	大雪	受灾面积/万 km²	0.00	0.00
	汇总（损失）			2.05
山西	大雨	受灾人口/万人	273.63	29.70
	干旱	受灾人口/万人	556.98	19.15
		受灾面积/万 km²	0.44	
	大风	受灾人口/万人	77.32	6.30
	大雪	受灾人口/万人	56.25	7.60
	汇总（损失）			62.75
内蒙古	大雨	受灾人口/万人	90.62	26.11
	干旱	受灾人口/万人	332.15	47.48
	大风	受灾人口/万人	125.43	17.43
	大雪	受灾人口/万人	40.82	4.19
	汇总（损失）			69.10

与极端灾害时减灾后的经济损失相比，在一般情景下各类灾害的经济损失总量均有较大幅度下降（表 5-33）。

表 5-33　一般情景下的经济损失与极端情景下的适应灾害后的经济损失对比

区域	极端灾害时		一般情景	损失对比	
	极端灾害后单位面积减少的经济损失/亿元	极端灾害后单位损失率减少的经济损失/亿元	一般情景下的损失/亿元	与单位面积减少的经济损失比	与单位损失率减少的经济损失比
北京	46.72	28.85	8.41	0.18	0.29
天津	34.17	12.60	2.05	0.06	0.16
河北	229.9	251.08	91.95	0.40	0.37
山西	160.9	96.57	62.75	0.39	0.65
内蒙古	265.8	129.26	69.10	0.26	0.53

（2）结果分析

针对以上分析，通过具体的灾害消减措施，可降低气候灾害对各行业的损失。假定通过以上的赈灾措施，使得各区域的受灾面积与受灾人口均下降 20%，然后将损失变化，形成减损方案，再利用 CGE 模型模拟出相应的损失消减量。结果表明，由于灾害适应性，使得灾害对于农村居民、城市居民、政府收入及 GDP 所形成的损失均有不同程度的减轻，具体结果见表 5-34。

表 5-34　受灾面积与受灾人口均下降 20%模拟结果　　　　　单位：亿元

损失量	农村居民	城市居民	政府收入	GDP
原损失	12.2	52.4	13.4	273.9
现损失	11.0	46.2	12.1	243.6
损失减少率/%	−9.8	−11.8	−9.7	−11.1

第四节　结　论

气候灾害对经济社会的损害是全方面的。现有的民政系统对于灾害的统计主要以直接损失为主，然而，灾害的损失由于社会经济的反馈效应，使得气候灾害对社会经济的损失是全面的。而对经济社会的这种全面反馈，用 CGE 模型来模拟分析具有天然的优势。不过，由于灾害损失统计除经济损失总量外，其他的损失均为受灾物理数据，因此，要将灾害损失在价值模型中实现模拟，存在一个转换的问题，使得在模拟时存在一定的不确定性，这种不确定性的过程包括，由灾害物理损失量转换为相应的经济价值、由区域的损失总量转化行业的损失量、由行业的损失量转换到生产函数中的变量中去。本书通过一定的技术处理以及经验总结，使得这种转换尽可能的合理。通过对模型的模拟结果分析表明，模型的分析具有一定的可靠性。

灾害损失分析的目的在于为未来寻找合适的、对应性的灾害适应性政策，并降低灾害可能带来的损失。本书利用历史灾害数据的时间序列数据，采用回归分析法，构建相应的预测模型，并给出到 2020 年各区域各类气候灾害的受灾情况，以及经济损失。同时，在对历史气候灾害的数据进行分析的基础上，构建了两种应对情景，一种是在 30 年一遇的极端情景下，分别采用降低受灾面积以及减少单位受灾损失率的适应措施，然后在 CGE 模型中，模拟了适应措施减少经济损失的效果；另一种是一般情景，它基于现有历史数据，并由预测模型预测得到，与极端情景相比，一般情景中的气候灾害的各项数据变化趋势要更加平稳，并假定适应性政策实现近 20%的受灾损失的减少，并采用 CGE 模型模拟了这种适应性政策的影响，结果表明，这一政策能在一定程度上缓解灾害的经济损失量。

附录 I
气候灾害对能源和交通行业影响的案例

一、暴雨对交通和能源影响的案例

降雨是影响交通和能源的一种最常见也最频繁的气象因素。暴雨又称强降雨，是降水强度很大的雨。我国气象部门规定，1 h 内的雨量为 16 mm 或以上的雨和 24 h 内的雨量为 50 mm 或以上的雨都可称为暴雨（强降雨）。相对于一般性降雨，暴雨的降雨强度高或降雨量大，其对交通和能源的影响更为严重。以交通为例，通常情况下暴雨会造成道路路面湿滑、道路能见度低等影响。严重时会发生道路积水、路基下沉和塌陷、路面破坏、泥石流、道路和桥梁损坏等而阻碍交通正常通行，甚至使交通中断，进而影响正常经济秩序。特别严重时，暴雨不仅会影响交通通畅，还会造成车辆损坏、人员伤亡、货物损失等，给经济秩序正常运行造成冲击。近年，华北地区暴雨发生频率有所增加，受交通网络密度日益提高、交通技术水平不断提升、交通协作日趋加强和其与经济社会活动相互之间关系更加紧密的影响，暴雨对交通和能源的影响程度和范围有所扩大，由此给经济运行造成的损失有增加态势。为此，本书选择 2012 年 7 月 21 日发生在北京市的暴雨事件作为案例来分析暴雨是如何影响交通和能源的，分析暴雨引发交通、能源灾害的原因，并基于此案例提出减缓暴雨对交通、能源影响的策略。

（一）暴雨对交通的直接影响

（1）路面湿滑，影响运输工具的制动和运行速度

多项研究成果表明降雨会致使路面湿滑，并且橡胶制品的轮胎在遇水后摩擦力会大幅下降，这给交通工具的制动和转弯带来困难。暴雨过程中，如果交通工具制动，其制动距离和时间与正常天气下相比会有很大变化，驾驶人员一旦判断失误很容易造成事故；如果交通工具需要转弯，其转弯时对交通工具运行速度和转弯弯度有很大要求，否则就会出现侧翻事故。2014 年 5 月 8 日、11 日两天，中山市遭遇暴雨天气，全市共发生交通事故 410 余起。2012 年 7 月浙江省出现多次暴雨后交通事故，15 日一辆宁波牌照的大客车行驶到沈海高速公路往宁波方向离台州服务区还有 300 m 处，不慎失控冲出水泥

防护墙，17 日上午杭甬高速公路杭州段上，一辆满载啤酒的半挂车也在雨天急行中翻了车，事故造成该路段通行受阻。

（2）能见度降低，影响驾驶人员的判断和机车运行速度

以公路交通为例，暴雨发生时由于降雨和水汽的影响，空气能见度会大幅下降，这对司机驾驶时的正确判断有很大影响，尤其是暴雨过程中运行车辆挡风玻璃的雨量会很大，雨量大时即使打开雨刷也很难辨清前方路况，司机不得不降低运行速度，甚至停止运行。另外，暴雨发生时还会出现驾驶室内外温度不同，进而引发车辆玻璃水汽凝结，司机很难通过后视镜判断路况，这也会影响司机的判断。比如，2012 年 7 月 17 日，杭宁高速公路良渚附近发生暴雨，当时途径的一辆大客车司机视线发生模糊，造成客车在行驶中突然失控翻车。

（3）损坏交通设施，影响交通线路的通畅

暴雨有时还会对交通设施产生影响，其影响主要是冲毁路面、造成路基下沉、杂物淤积路面、交通信号基站受损、信号塔倒塌等。比如 2014 年我国南方多地发生暴雨，截至 5 月 12 日 14 时，广东省 6 条干线公路交通中断，1 座桥梁损毁；广西壮族自治区有 10 条公路断通，大量矿渣被雨水冲刷至公路水沟、路肩及路面，造成部分路面杂物淤积，过往车辆行驶困难，严重影响行车安全。2012 年 8 月 3 日、4 日，辽宁省发生暴雨过程，造成省内三条主要线路——沈山线（沈阳至山海关）、沈大铁路（沈阳至大连）、沈丹线（沈阳至丹东）中断行车，70 余趟旅客列车、7 万余名旅客通行受阻。

（4）出现积水影响交通正常通行

暴雨发生时交通低洼地带积水对交通的影响也很大。尽管在交通道路设计时对交通线路水平进行了统一处理，但限于周边环境、设计需要等因素，有些路段的路面相对要低、有些路段甚至还采用了低凹设计、还有些涵洞路段路面更低，如果发生暴雨或连续性降雨，雨水就很容易在低洼路段汇集，雨水在得不到有效疏解的情况下，就会发生积水，当积水达到一定高度时，不仅人员无法通行，机车也很难通行，甚至还会造成人员伤亡和财物损失。暴雨通过积水影响交通多数发生在城镇地区，尤其是低洼地段和涵洞地段。比如，2014 年 7 月 29 日，郑州市发生暴雨，仅 1 h 的短时暴雨就让市区出现 22 处严重积水点，部分路段交通中断。

（5）影响驾驶人员的情绪，引发交通事故

暴雨对驾驶人员的情绪也有影响。暴雨发生过程中，驾驶人员由于视线下降、运行速度下降、交通拥堵、溅水、着急达到目的地等原因很容易情绪波动，甚至会出现抱怨、烦躁等，有时驾驶人员还会冒险加速行车、抢道和紧急加速、制动和转弯等，这些都很容易引发交通事故。

（6）引发泥石流等次生灾害，影响交通通畅运行

在某些特殊路段，暴雨还容易引发塌方、滑坡、泥石流等地质灾害，局部地区还会形成洪水灾害。交通线路如果发生洪水，很容易破坏甚至冲毁交通线路，从而影响线路

的正常通行。比如，2012 年 5 月 25 日凌晨 3 时许，南昆线山心至思林间 K108+700 m 处大雨导致该路段约 35 m 路基及桥护锥被冲毁，最深处达 7 m，行车被迫中断；2012 年 8 月 3 日 23 时，辽宁滨海公路瓦房店市境内的万家河大桥，桥头路基因洪水冲击掏空导致车辆落水。塌方、滑坡、泥石流等地质灾害如果把杂物冲到道路路面上，则会影响路面的正常运行，甚至还会造成交通线路通行中断。比如，2015 年 1 月 13 日发生在巴西的暴雨，引发了多处泥石流，由此造成的死亡人数已增加到 631 多人，道路和通信中断，许多道路桥梁都被冲毁。2013 年 8 月 20 日晚 21 时左右，新疆喀什市至塔什库尔干县山区因暴雨引发泥石流，导致国道 314 线 K1612+500 m 至 K1613+800 m 处发生泥石流和塌方致使该路段中断，500 余辆车、700 余人滞留帕米尔高原山区，其中一辆小车被掩埋。

（7）伴随的大风、雷电、冰雹等气象现象影响交通

暴雨过程中还经常会伴有大风、雷电、冰雹等天气现象。暴雨和大风的相伴对道路两侧的树木、站牌、交通标志、电线杆、路灯、指示灯等有较强的破坏作用，一旦被吹倒的树木、站牌等横跨在交通线路上，交通正常通行就会受影响，甚至被迫中断，吹倒的树木、站牌还会对停留的和运行的车辆有潜在的破坏。暴雨过程雷电发生时，运行车辆有被雷击的危险。雷电不仅对公路运输有影响，还对航空和铁路运输有重大影响。飞行中的飞机如果被雷击，会有坠毁的危险。2005 年 10 月 23 日，尼日利亚 B737-200 起飞后 3 分钟坠毁，116 人遇难。2010 年 8 月 16 日，哥伦比亚航空 B737-700 飞机着陆前坠毁，131 人死亡，多人重伤。事后调查结果表明这两起飞机坠毁事故都与雷击有关系。运行中的火车如果被雷击，其交通信号传输容易出现问题，进而影响火车的安全运行。比如，2011 年 7 月 23 日发生的温州动车事故就与当天数次雷击有直接关系。事后事故调查结果显示，当温州南站列控中心采集驱动单元采集电路电源回路中保险管 F2 遭雷击熔断后，采集数据不再更新，错误地控制轨道电路发码及信号显示，使行车处于不安全状态。雷击还造成 5829AG 轨道电路发送器与列控中心通信故障，使从永嘉站出发驶向温州南站的 D3115 次列车超速防护系统自动制动，在 5829AG 区段内停车。

（二）暴雨影响交通和能源的特点

（1）持续时间相对较短

相比高温、干旱、连阴雨等其他气象灾害，暴雨持续过程相对较短，一般暴雨天气过程只有一两天的时间，尤其对流天气引起的暴雨持续时间可能只有几个小时，甚至几十分钟就结束了。另外，暴雨发生过程中，不同时间产生的降雨量不同，高强度的降雨时间在整个降雨过程中占有比重相对较小。故强降雨对交通和能源的影响时间相对要短一些，尤其对交通和能源的破坏性影响时间也相对较短。暴雨对交通和能源影响时间相对较短只是一个相对概念，而非一个绝对概念。比如，1998 年我国南方地区大范围强降雨持续时间就比较长，其对交通和能源的影响时间更长。

（2）直接影响范围较小

从空间上看，暴雨发生过程中，其空间降雨分布并不均匀，高强度降雨往往只发生在局部地区。比如，1998年6月以后长江流域发生的强降雨，洞庭湖、鄱阳湖降雨强度最大，2012年7月21日发生在北京市的暴雨事件，房山区河北镇降雨强度最大（460 mm）。也正是因为如此，从空间上看暴雨对交通和能源的直接影响范围也相对较小，起初其影响范围只是集中在降雨强度比较大的地方，其他地方影响相对较小，甚至有的地方基本不受影响。

（3）间接影响范围较大

交通和能源尤其电力在国民经济中属于网络型生产部门，这些网络型生产部门的正常运行需要全网络的支持。网络生产部门的任何一个部分、一个环节出现了问题都会影响整个网络的运行。比如，高压输送电路如果出现电线杆倒塌、电线断开，那么整个电力输送就会中断。因此，虽然暴雨对交通和能源的破坏性影响只是局限在一个小范围区域内，即其直接影响范围并不大，但其间接影响范围要大得多，它会影响整个交通和能源网络的运行，尤其是通过交通和能源对经济社会带来的间接影响更大。

（4）局部破坏非常严重

正如上述分析，暴雨发生时其影响范围相对较小，暴雨对交通和能源的直接影响往往集中在强降雨地点。而在这些地点暴雨对交通和能源设施的破坏也最大，尤其加上周边环境和交通、能源设施属性特点，其局部破坏作用会更加明显。比如，发生暴雨时交通低洼地带会出现积水，积水严重时道路通行就会中断，有时交通线路地基不稳定路段还会出现路面塌陷、道路冲毁等，致使交通通行中断，还会造成电力设施损坏、电力线路中断等，这些破坏多数发生在局部地区。

（5）次生灾害加重影响

暴雨对交通和能源的影响仅局限在小范围内，在这个小范围内其破坏力比较大，而如果再加上周边环境而引发的次生灾害，暴雨对交通和能源的影响会更大。比如，在山地区域发生的暴雨往往不能直接冲毁交通和能源设施，其带来的影响也仅局限在车辆通行缓慢、通行暂停、输电中断等方面，但如果暴雨引发了山洪、泥石流等次生地质灾害，交通和能源往往会遭受重大影响，有时会出现山洪冲毁交通线路、冲倒电力设施、泥石流中断交通运行等现象。

（6）人类活动密集区影响大

暴雨对交通和能源的影响与人类活动也有密切的关系。人类活动比较活跃的地方，暴雨对交通和能源的影响往往也比较大。因为人类活动活跃地区多是经济社会发展环境较好、发展水平较高的地方，这些地区人员和物质运输需求较大，交通网络密度和能源网络密度都比较大，这些地区一旦发生暴雨事件，就会通过交通和能源对经济社会发展造成严重影响，这种影响不仅仅体现在影响人员规模方面，其影响范围和影响程度也会很大。比如人口主要承载地——城镇地区一旦发生暴雨事件，其对交通和能源及其对经济社会发展的影响往往要比农村地区、人口分布稀少的影响要大得多，尤其大型城市的交通和电力一旦中断，就会影响整个城市的正常运行。

（三）北京"7·21"暴雨事件的交通影响

2012 年 7 月 21 日至 22 日 8 时左右，我国大部分地区遭遇暴雨，其中北京及其周边地区遭遇 61 年来最强暴雨及洪涝灾害。全市平均降雨量 170 mm，城区平均降雨量 225 mm，为新中国成立以来北京市最大的一次降雨过程，降雨量在 100 mm 以上的面积占全市的 86% 以上；降雨历时之长历史罕见，强降雨一直持续近 16 个小时；局部雨强之大历史罕见，全市最大降雨点房山区河北镇为 460 mm，接近 500 年一遇；局部洪水之巨历史罕见，拒马河最大流量达 2 500 m^3/s，北运河最大流量达 1 700 m^3/s。全市除海淀区、西城区、顺义区外其他 13 区县全部受灾，受灾面积为 1.6 万 km^2，受灾人口约 190 万人，其中房山区 80 万人，经济损失 61 亿元。截至 22 日 17 时，在本市境内共发生因灾死亡 37 人，其中溺水死亡 25 人，房屋倒塌致死 6 人，雷击致死 1 人，触电死亡 5 人。截至 22 日 18 时许，共转移群众 65 933 人，其中房山区转移 20 990 人。道路桥梁多处受损，主要积水道路 63 处，路面塌方 31 处；民房多处倒塌，平房漏雨 1 105 间/次，楼房漏雨 191 栋，雨水进屋 736 间，地下室倒灌 70 处；几百辆汽车损失严重。

北京市区县中房山区人员伤亡重大。房山区全区平均降雨量达到 281.1 mm，山区平均降雨量达到 313 mm，最大降雨点为河北镇，平原平均降雨量达到 249.2 mm，最大降雨点为城关镇，降雨量达到 357 mm。据初步统计，房山区 25 个乡镇（街道）均不同程度受灾，受灾面积基本覆盖全区，灾情严重地区近千平方公里，受灾人口达到 80 万人，占到区内常住人口的 80% 以上。截至 7 月 22 日，房山区共转移撤离群众 65 000 余人，转移安置被困游客 1.6 万人，解救受困群众、学生、乘客等人员 1 200 多人。全区受损房屋 6.6 万间、倒塌 8 265 间。道路损毁 300 处、约 750 km。桥梁损毁 50 座。受灾农作物 5 000 hm^2、禽畜 17 万只、经济林 2 000 hm^2、设施农业 2 000 hm^2。水利设施受损严重，其中，防洪坝受损 200 公里，农田水利设施损毁 300 处，小流域损毁 700 km^2，堤防受损 2 000 m，塘坝损毁 20 座，机井受损 500 眼。此外，暴雨损毁供水管线 200 km、污水设施 60 处、污水管线 100 km。电力通信设施在此次特大自然灾害中也遭到了严重破坏，损毁电力设施 450 km、电信通信设施 500 km、歌华有线电视线路 400 km。

（1）城市交通大面积瘫痪

受暴雨影响，城区多处路段积水严重，95 处道路因积水断路。二环路复兴门桥双方向发生积水断路。三环路安华桥、十里河桥、方庄桥、北太平庄桥、玉泉营桥、丽泽桥、六里桥等发生积水，导致主路断路。四环路岳各庄桥、五路桥等发生积水断路情况。五路桥在 21 日下午 2 时 50 分至 3 时 20 分发生积水导致断路，经过排水后恢复通车，但是晚间暴雨导致再次断路。除了环路之外，一些重要的联络线也发生了积水断路。比如莲花池东路在西站站前地下通道和会城门桥区都发生了积水断路，造成西客站地区交通严重堵塞。广渠门外大街，由于地下排水管道压力过大造成排水井发生涌水，涌出的水浪高达 1 m，造成积水断路。京港澳高速大瓦窑桥区因为积水断路，多辆汽车泡在水中动弹不得。

3 处在建地铁基坑进水。地铁 6 号线金台路工地发生路面塌陷。轨道 7 号线明挖基坑雨水流入。5 条运行地铁线路的 12 个站口因漏雨或进水临时封闭。19 时 40 分，北京地铁机场线一列车在三元桥站发生故障停运，19 时 50 分，列车司机要求救援。由于故障，地铁机场线维持在 T3 航站楼与 T2 航站楼之间运营，而从东直门站至 T3 航站楼之间路段列车停运，造成滞留在机场的旅客不能及时返回市区，而市区内外出的旅客也不能及时赶到机场。

（2）部分火车运行晚点

受强降雨影响，北京铁路局管内京原线、丰沙线、S2 线、京承线、京通线部分旅客列车晚点，从北京西开往涞源的 Y595 次列车在十渡附近停驶 10 多个小时。京广铁路南岗洼路段因水漫铁轨导致铁路断运。强降雨导致十渡、野三坡、百里峡景区交通、通信、电力全部中断，万余名来自北京、天津、河北等地的游客被困在了景区。7 月 22 日，遭遇暴雨后的北京，大量列车受影响晚点，造成大量旅客滞留。北京西客站北广场，人头攒动，宛若春运。截至 24 日零时，北京铁路局共开行临客 6 对，疏导旅客 12 000 余人。24 日凌晨 0 时 40 分，随着 Y598 次列车停靠北京西站，最后一批滞留景区游客 1 800 余人安全返回北京。

（3）区县交通线路部分中断

房山区有 12 个乡镇交通中断，6 个乡镇手机和固网信号中断，门头沟区妙峰山路 K13 处，发生山体塌方约 500 m³，造成断路。怀柔 G111 国道 K84 处，发生山体塌方约 1 000 m³，发生断路。

京港澳高速出京 17.5 km 处南岗洼铁路桥下严重积水，积水路段长达 1 km，积水最深处达 6 m，平均积水约 4 m，积水量约 20 万 m³，81 辆汽车被困水下。京港澳高速北京段五环至六环之间双向交通瘫痪，直到 24 日上午 11：50 才恢复交通。

机场大面积航班延误，首都机场 21 日全天共取消航班 571 架次，延误航班 701 架次，最高峰时有近 8 万人滞留机场。

（4）大量机动车辆受损

暴雨不仅给交通线路造成严重影响，同时由于大风、积水、建筑物倒塌等原因造成大量车辆出现不同程度的损失，有些车辆车内进水，有些车辆出现发动机进水，有些车辆甚至完全报废。比如，朝阳区芍药居甲二号院小区，晚上两棵大树被大风连根拔起，倒在楼前，封锁通道，砸中三辆车。而根据北京市保监局公告，截至 2012 年 7 月 24 日 17 时，在京各财产保险公司机动车辆保险接报案 19 547 笔，估损金额约 9 882 万元；财产险接报案 533 笔，估损金额约 1.2 亿元；投保种植业保险农户受灾面积约 29 万亩，养殖业损失 1.5 万头，估损金额约为 5 100 万元。

（四）北京"7·21"暴雨事件的能源影响

在这次暴雨事件中，全市部分电力设施遭受严重损害。据统计，1 条 110 kV 站水淹停运，房山区河北镇约 6 000 户居民停电。25 条 10 kV 架空线路发生永久性故障。强降雨导致十渡、野三坡、百里峡景区交通、通信、电力全部中断。暴雨还通过电力设施的破坏造成一名人员伤亡。7 月 21 日晚，北京市公安局向阳路派出所所长李方洪在救助被困群众时，被一根带电的电线杆斜拉钢索击倒，不幸牺牲。

（五）北京"7·21"暴雨事件的应对

（1）大规模抢险人员投入

据统计，北京全市参加本次暴雨应对人数为 16 万余人，仅 7 月 21 日暴雨发生的当天晚上全市就有 7 000 多名交警在街进行交通疏导。其中：解放军出动兵力 2 300 人，武警部队出动兵力 890 人；市重大办共出动巡查人数 2 100 人；市住建委共出动 2 740 人，检查平房 6 818 间，楼房 2 127 栋；市交通委出动 2 万余人，抢险车辆 2 000 余台；市交管局出动警力 4 068 人；城市排水集团、自来水集团等城区各应急排水队伍共出动抢险人员 1.2 万余人，出动道路巡查车辆 610 套，累计排水近 140 万 m³；市电力公司共出动抢险队伍 4 300 余人，对 189 个防汛重点设施的供电线路进行看护。市属河道管理单位出动抢险巡查人员 5 200 人。

特大暴雨袭击石景山，北辛安是几十年的老旧小区，地势低洼。南北岔街道积水严重，古城消防队的官兵赶赴现场，冒雨运送被困的市民。21 日 20 时 51 分，北京消防部门接到报警，北京市房山区东大桥新东关村东沙河一堤岸毁坏，造成河水外溢，一村庄几十户人家被困，消防部门调派 3 部冲锋舟赶赴现场。

（2）大量抢险物资投入

2012 年 7 月 24 日，北京市委、市政府决定紧急安排救灾资金 1 亿元，专项用于受灾区县对紧急转移安置的群众、因灾遇难人员家属、受灾导致基本生活临时困难的群众和因灾倒损房屋的农村困难家庭开展应急救助等工作。

社会还发动了很多自愿捐赠活动。比如，7 月 24 日下午，北京市直机关启动为本市特大自然灾害救灾捐款活动，此次捐款活动为自愿参加，参加对象主要为机关党员干部、入党积极分子、团员青年和干部职工。截至活动结束，共捐款 42 万余元。所捐款项将送到市属慈善机构，或结合"三进两促"活动直接送到结对帮扶的乡（镇）村。

灾害发生后，市民政局紧急向通州、房山、门头沟、丰台等灾情严重地区调拨帐篷 2 700 顶、床 18 300 张、桌凳 2 700 套、棉被 15 000 床、应急灯 2 200 个、蜡烛 30 000 支等物资，专项用于转移安置受灾群众。

截至 8 月 9 日，市财政累计拨付抢险救灾资金 8.15 亿元。其中，拨付市级部门救灾善后资金 0.78 亿元，主要用于灾后临时安置住房建设、防汛抢险物资购置等；拨付区县救灾善后资金 7.37 亿元, 主要用于受灾区县紧急转移安置受灾群众、受灾群众救助保障、道路和水利设施恢复等。

(六) 北京 "7·21" 暴雨灾害的经验教训

通过对 7 月 21 日北京市暴雨对交通、能源以及其他社会活动造成的影响以及对 "7·21" 暴雨交通能源灾害原因的分析及其存在的问题, 为减小类似暴雨灾害的发生, 管理者和居民应高度重视城市开发建设、排水系统规划建设、预警信息发布、灾害认识和防御等。

(1) 有序引导城市建设

首先, 合理控制城市建设规模和城市人口规模, 增强城市灾害容量和适应能力, 尽量避免由于人口高密度集聚而引发的暴雨灾害。其次, 提高城市规模的科学性和前瞻性, 城市建设要与城市防灾建设相一致, 城市防灾建设要面向未来。再次, 强化城市规模的法律效力, 增强城市规划的严肃性, 加大破坏城市规划建设活动的惩罚力度, 严禁一切破坏城市防灾能力的行为。最后, 加强各种规划之间的协调, 科学规划城市防灾体系。

(2) 科学规划排水系统

加强城市河道网络建设, 提高河道网络与城市承载力协调能力, 避免河道间不连通、连通不好等问题的出现。定期开展城市河道清淤工作, 提高城市河道疏通能力, 防止河道淤积、堵塞等现象的发生。增强城市排水管网系统建设, 提高管网建设标准, 增加管网排水能力。合理安排排水管网局部地区和关键节点的排水能力。协调各种排水方式之间的关系, 强化城市河道排水、城市管网排水的协调性。积极引导信息化技术, 提高城市排水系统的智能性。

(3) 强化预警发布机制

统筹各种灾害预警, 搭建灾害预警发布平台, 因地制宜科学设立灾害预警发布机制, 设立灾害预警应急响应机制, 通畅灾害预警发布流程, 做到灾害预警及时发布, 灾害应急响应机制快速启动, 灾害人员、设备、物质到位。提高灾害预警发布能力, 快速决策、及时确定灾害预警标准, 采用传统传播渠道、现代传播渠道和特殊传播渠道相结合的方法向社会及时、全面发布预警和提示信息, 尤其加大现代传播方式的应用, 确保灾害发生时每个群众都能得到灾害预警信息。

(4) 加强群众宣传教育

采用多种传播方法, 利用各种传播媒介, 科学设计灾害传播内容, 向社会传播灾害影响、灾害预警和灾害防治等相关知识, 提高社会对灾害的认识和影响能力。加强对中小学生安全知识的教育, 提高学生对灾害的认识、预防和应对措施。组织单位、学校和企业定期开展暴雨灾害应急演练和自救方法现场教育。

二、暴雪对交通和能源影响的案例

暴雪是自然天气的一种降雪过程，是指 24 h 降雪量超过 10 mm 的降雪。通常情况下，暴雪发生过程中还有伴随大风、寒潮等恶劣天气的出现。暴风雪，则是–5℃以下大降水量天气的统称，且伴有强烈的冷空气气流。暴风雪的形成类似于与暴风雨的形成。在冬天，当云中的温度变得很低时，使云中的小水滴结冻。当这些结冻的小水滴撞到其他的小水滴时，这些小水滴就变成了雪。当它们变成雪之后，它们会继续与其他小水滴或雪相撞。当这些雪变得太大时，它们就会往下落。大多数雪是无害的，但当风速达到56 km/h，温度降到–5℃以下，并有大量的雪时，暴风雪便形成了。近年来，我国连续发生了 2007 年的辽宁暴雪事件、天津暴雪事件、2008 年的南方暴风雪事件和 2009 年的华北地区暴雪事件，给人民的生产和生活带来不便，给交通运行、能源运输和电力传输带来极大影响。为此，本书选择 2009 年 11 月发生在华北地区的暴雪事件作为案例来分析强暴雪如何影响交通和能源的，分析暴雨引发交通、能源灾害的原因，并基于此案例提出减缓暴雪对交通、能源影响的策略。

（一）暴雪对交通和能源的影响

（1）降低摩擦力

降雪对公路交通的影响最大。一旦降雪降落到路面并形成一定厚度，积雪经过车辆压实后，机车车轮与路面形成一层压实积雪或冰层，车轮与路面的摩擦力就会减小，车辆在运行过程中容易发生侧滑而左右滑摆，进而影响车辆运行速度和车辆运行的安全性，有时甚至会引发交通事故。尤其是，车辆在加减速度、制动和调整方向时，车辆制动距离会延长，转向要求难以控制，有时会引发追尾、侧翻等交通事故。当寒潮伴随发生时，积雪降低机车与路面摩擦力会更明显，更容易引发交通事故。比如，2001 年 12 月 7 日北京市一场小雪后突然降温，路面结冰，高架立交桥由于路面结冰打滑，汽车爬不上，扫雪车、交通指挥车、排障车都被堵在本单位院内出不来而无所作为，以致造成北京市交通瘫痪。1991 年 12 月下旬上海普降大雪，雪深 5~10 cm，积雪 3 天未化，路面严重结冰，29 日最低气温达–8℃，虹桥国际机场、高速公路和市内大浦大桥封闭。仅 27 日一天就发生百余起道路交通事故，滑倒骨折病人猛增至平常的近 10 倍。一般情况下，当路面积雪 5~10 cm 时，车轮就容易打滑，此时车辆必须减速行驶。也有专家认为当积雪厚度在 5~15 cm、气温在 0℃左右时，汽车最容易发生事故。

（2）形成雪阻

降雪在路面上形成的积雪本来就是道路的一种阻碍物，只不过积雪厚度不大时其阻碍交通的作用并不明显，但积雪厚度达到一定值时其阻碍交通的作用就逐渐呈现出来了，积雪厚度越大对交通的阻碍作用就越大。有学者认为，当积雪厚度达 30 cm 以上时，汽车就会运行困难，从而形成雪阻，此时城市交通容易陷入瘫痪状态。而在局部地区，如果道路低于周边地形，风力容易把周边的雪吹到道路上而增加积雪厚度，由于风力作用道路路面上积雪有时也不平整，甚至有时在局部路段形成雪堆，如果道路周边山坡有积雪而形成雪崩时，一旦雪崩拥进路面，道路积雪将更为严重，上述这些情况都容易形成雪阻，严重阻碍机车正常行驶。降雪形成的雪阻不仅对公路交通有影响，同时对于铁路、民航等交通方式也有明显影响。

（3）降低能见度

降雪尤其是大到暴雪，会降低能见度，造成司机对前方物体识别距离下降，直接威胁行车安全。出现暴风雪时，常使能见度降至 100 m 以下，加上挡风玻璃受积雪影响，驾驶员的可视距离会降至 20～50 m，这会严重影响汽车正常行驶。有资料显示，暴风雪的天气下，水平有效能见度可能只在几米甚至一米之内，这时，唯一确保交通安全的方法就是停止驾驶，并且做好安全标志。即使能见度在百米以上的雪天，车辆行驶也必须像在雾天一样，严格遵循恶劣天气下的公路交通规则，谨慎而缓慢地行驶。一般来说，在冰雪道路上，滑动摩擦系数小，车辆时速达到 40 km/h 时，停车距离为 45 m；时速为 60 km/h 时，停车距离需要 80 m。也就是说，当汽车行驶速度为 40 km/h 时，如果视距是 45 m，司机就很难刹车而容易造成交通事故。

（4）破坏设施

降雪量很大尤其是降雪黏度又很大时，降雪很容易压折树木、广告牌、标志牌等，从而给周边的道路和机车造成影响。折断的树木倒卧在道路中会影响交通，折断的树木倒卧在机车上会对机车造成破坏。折断的树木有时还会砸断电线、电缆等，致使电力传输中断。比如，2012 年 11 月 4 日，北京市出现了暴雪，暴雪致延庆全县超过 75 233 株树木倒伏、折枝，造成了部分路段交通阻断，县城与大部分乡镇之间交通瘫痪，15 条高压供电线出现故障。当天，清华大学校园内近百棵树被暴风雪刮倒，造成道路两旁的私家车被砸。

（5）伴生灾害影响

暴雪发生过程中常常还会伴随大风、寒潮等恶劣天气。暴雪本身对交通和能源就有影响，加上大风、寒潮等对交通和能源的影响更大。暴雪加上大风使得能见度更低，局部地区也更容易形成雪阻，更容易压倒树木、广告牌、标志牌等；暴雪加上寒潮容易使压实的积雪结冰，容易形成雾凇、雪凇给电线、电缆带来负担。比如，2008 年年初我国南方地区发生冰雪灾害，此次灾害造成 36 740 条 10 kV 及以上电力线路、1 743 座变压站停运，各电压等级线路杆塔倒塌及损坏 97 万多基，导致 3 348 万户、1 亿多人口停电。

（二）暴雪影响交通和能源的特点

（1）影响时间长

不像强降雨在短时间发生又在短时间消失一样，暴雪从发生到其消失需要一个过程。

首先，暴雪发生往往要历经一段时间，一般需要经历从强度较小的降雪到强度较大的降雪再到强度较小的降雪的过程，整个降雪过程对交通和能源都有不能程度的影响。其次，暴雪发生以后其融化也需要一段时间，尤其是在天气比较寒冷的情况下，降雪很难在短时间内凭借自然力量融化，只要降雪不融化完，其对交通和能源的影响就不会消失，尤其降雪融化又形成结冰后对交通和能源的影响更大。

（2）影响范围广

暴雨往往集中发生在局地区域，这也决定了其影响范围相对较小。而降雪发生区域往往面积较大，虽然暴雪也仅是集中在某些特定区域，但其范围相对也较大，这决定了其影响范围也相对较广。比如，2007 年辽宁发生的暴风雪造成全省 60.1 万人受灾，紧急转移安置灾民 2 000 余人；2010 年发生在黑龙江地区的暴雪事件一度使得全省高速公路全部封闭。暴雪对交通和能源的影响并不仅仅局限在本地区，其影响范围要大很多，尤其一些交通要道一旦受阻或中断，交通要道全线途经区域都会受影响，能源运输无法通畅运行，电力无法正常输送。

（3）影响损失大

暴雪给交通和能源带来的损失，不仅有直接损失还有间接损失，不仅局限在物质和人员损失方面，其所带来的经济社会损失也很大。暴雪容易引发交通事故，暴雪与寒潮相伴容易冻裂机车，暴雪引发的交通事故会带来人员伤亡和运输物质的损失，暴雪容易压倒电力设施、广告牌、标志牌等。更重要的是暴雪会造成交通瘫痪，人民群众赖以生存的基本生活物资供应中断，影响经济活动的正常开展，有时还会造成物价上涨，如果得不到及时解决，还会引发很多严重的社会问题。有时暴雪会还会造成着火、爆炸、泄漏、建筑坍塌、交通事故、人员被困等等灾害事故的连锁发生。比如，暴雪过后，还会在建筑房檐形成大大小小的冰坨、冰凌，大的有上百公斤重,严重威胁人们的出行安全。为减少和清除暴雪对交通和能源的影响，还需要投入一定的人力、物力，这些也是一种经济损失。

（4）城镇影响大

城镇是经济社会活动的主要载体，是人文活动的主要集聚地，由于城镇经济活动和人文活动的密度高，故其受暴雪影响也相对较大。能源是城镇赖以存在和维系的物质基础，交通是城镇经济社会活动空间位移实现的条件，一旦城镇能源和交通受到影响，城镇正常的生产和生活活动就会受到影响。尤其一些大城市，一旦发生暴雪事件，即使局部地区能源供给和交通运行受到影响，这种影响也会通过城市能源和交通网络性特征而扩散到整个经济社会系统中，进而对经济社会活动正常运行产生消极影响。

（三）华北地区暴雪灾害对交通的影响

2009 年 11 月 9 日—12 日，受冷暖空气共同影响，陕西中部、山西中南部、河北中南部、河南北部、湖北西北部等地普降大到暴雪。其中，河北省出现的有气象记录以来的最强暴雪致 6 人死亡、63 万人受灾。暴雪还致山东省 35 万人受灾、陕西省 40 多万人受灾。受大雪影响，河北、河南、山西境内的多条高速公路长时间关闭，北方各省运达本市的蔬菜数量大幅降低。12 日后，大范围雨雪天气在全国各地蔓延，部分地区已是暴雪成灾，给公路、铁路、民航、电力以及民众生活带来严重影响。据报道，11 月 9 日，河北、山西境内多条高速公路和国省道干线被关闭或严重拥堵，数万车辆和人员滞留在路面。11 月 11 日晚，山西省交通厅公布：全省除京大（北京—大同）高速公路北京方向开通外，其他所有高速公路全部处于封闭状态。部分高速公路和国省干线公路依然有车辆和人员被困。河北、山西、河南、山东境内多条高速公路和国省道干线被关闭或严重拥堵，数万车辆和人员滞留；郑州机场一度关闭，首都机场大面积航班被迫取消或延误。11 月 11 日，全国范围菜价出现明显上涨，全国农副产品和农资价格行情系统监测，与前几日相比，蔬菜全国均价整体上涨。

（1）公路运输

2009 年 11 月 9 日—12 日华北地区发生暴雪事件，暴雪事件给该区域的公路交通带来严重影响，其影响具有影响范围大、影响时间长、影响强度大等特点。暴雪不仅使得部分高速公路临时关闭，同时还加重了普通公路的运输负担，使得本来通行就有困难的道路更是雪上加霜，大部分道路车辆通行缓慢，有些道路通行中断，部分客运站临时封闭。比如，11 月 19 日，山西省有上万辆机动车被封堵而无法通行，近 3 万人封堵在道路上无法通行；9 日—11 日京张高速公路进京方向出现拥堵，高峰时堵车里程超过 100 km，滞留车辆上万辆；11 月 11 日和 12 日，石家庄客运总站连续封站两天，停发所有班次。

（2）城市交通

由于城镇承载着大量经济社会活动，而交通和能源又是城镇经济社会活动的动力和脉络，一旦城镇赖以生存和发展的动力和脉络出现了问题，城镇经济社会活动必将出现问题，有时甚至会导致城镇经济社会活动运行的紊乱。暴雪发生前后，暴雪对居民出行带来很多不便，本来可以自驾出行的会选择公共交通工具，本来可以骑自行车或步行的也会选择公共交通工具，本来选择地面公共交通工具的可能会选择地下公共交通工具，这影响了城市居民出行交通方式的选择，从而给城市交通带来压力。暴雪发生前后，暴雪通过改变路面、轨道情况而影响交通通畅程度，造成交通拥堵。11 月 10 日，受大雪影响，石家庄市区交通拥堵不堪，车辆几乎无法行驶。路面大量的积雪与冰冻造成路上行走和行车困难巨大。11 月 10 日—12 日，石家庄居民出行加大了对公交系统的依赖，为了应对此次暴雪，市公交总公司进行了相关调整，各营运公司均取消公休车和替班车，增加配车数量，运营车较平时增加 10%，并且首班车适当提前，末班车适当延时。全市 3 108 辆公交车全部投入运营，仅 11 月 12 日公交系统运送乘客就达 220 万人次，较平时日均运送乘客增加了 30%以上。此次暴雪还对北京市的地铁运行产生了影响，11 月 12 日由于部分轨道上残存的积雪造成接触轨网压不稳，城铁 13 号线东段（从东直门到北苑站之间）早班车期间列车间隔较大，全线多站数万名等车乘客的队伍甩至站外广场，仅龙泽城铁站一站在此时段共疏导乘客超过 2 万人。

（3）铁路运输

虽然铁路受降雪影响相对较小，但如果积雪达到一定厚度，火车正常运行就会受影响。此次暴雪事件中，华北地区部分线路沿途部分列车轨道被积雪掩埋，尤其是道岔变轨设施受积雪影响严重，导致大面积车次运行不正常。比如，期间进出石家庄火车站的大部分车次运行秩序不正常。11 月 10 日有 35 列进出该站的车次延误，6 趟车次停运，8 趟列车改线运行，旅客滞留情况严重，火车站已是人满为患。11 月 11 日，石家庄站有 13 趟车次停运，75 趟车次晚点延误。期间车站旅客滞留最高峰达 9 000 余人。经京广线进京的列车也大面积晚点。11 月 11 日，共有 124 趟进出北京西站的列车晚点，大量旅客的行程受到影响。其中共有 87 趟进入西站的列车晚点，最长的晚点 3 个多小时；37 趟由北京西站始发的列车晚点，晚点 20 多分钟至 1 个多小时；此外，还有开往安阳、石家庄、衡水方向的 4 趟列车停运。

（4）航空运输

航空运输对运输环境要求最大，暴雪对航空运输的影响也最大。首先，暴雪过程中降雪使得能见度下降，影响驾驶人员的视线，影响飞机正常起落；其次，积雪覆盖在机场起落道上，会影响飞机轮胎与地面的摩擦力，容易出现轮胎打滑现象，这不利于飞机正常起落；再次，暴雪、寒潮、大风等恶劣天气对飞机的飞行影响更大，遭遇寒潮，机身、机翼等容易结冰加大飞机的负重，影响飞机的正常飞行。比如，10 日 10:00—12:00，石家庄机场雪越下越大，机场跑道开始积冰，机场被迫关闭跑道。受其影响，石家庄机场 20 个航班和 7 个备降航班取消，16 个航班延误，武汉、成都等飞往石家庄的 3 个航班分别在郑州、呼和浩特和西安备降，滞留旅客最多达到 1 800 人。11 月 9 日凌晨 1 时起，北京地区普降大雪，首都机场跑道关闭近 5 个小时，半小时内先后有 9 个航班备降石家庄机场，旅客超过 1 300 人。截至 11 月 10 日下午 3 点，本次降雪共造成首都机场 150 余航班延误，80 余航班取消。11 月 12 日西安咸阳国际机场两次暂时性关闭，滞留旅客超过 7 000 人，超过 100 个航班延误或取消。受大雪影响太原机场被迫临时关闭，据统计 11 月 10 日受影响航班达 116 个，受影响旅客 12 000 多人。

（四）华北地区暴雪灾害对能源的影响

（1）煤炭运输受阻，能源供给下降

由于交通和能源具有网络性特点，一旦该网络任何一个环节出现了问题，都会影响整个网络正常运行，暴雪发生前后通过交通对能源运输影响较大。该次暴雪事件过程中，11 月 12 日河北省涉县地区国道 309 段出现大批车辆滞留，白玉岭路段超过 600 辆大型运煤车滞留。1 月 19 日，山西省有上万辆机动车近 3 万人封堵在道路上无法通行；9 日—11 日京张高速公路进京方向出现拥堵，高峰时堵车里程超过 100 km，滞留车辆上万辆。由于陕西、山西等地是主要的煤炭外运生产基地，其中，山西外运煤炭中大约 70%是铁路运输，30%是公路运输，暴雪对于公路、铁路的运力影响颇为直接，直接影响了煤炭运输大动脉的正常运行。暴雪发生后山东省调度的主力火电、热电厂电煤平均库存下降至 15 天，处在安全库存临界点-。

（2）部分地区提前供暖，能源需求增加

暴雪不仅影响了交通通畅运行，还给居民生活带来较大影响，暴雪和寒潮相遇使得北方地区不得不提前供暖，加大了能源的需求量。此次暴雪主要对城市电煤、发电需求带来了冲击，各地因此提前供暖，比如北京市从 11 月 1 日开始陆续供暖，比预定供暖期提前了 15 天左右。受大范围雨雪低温天气的影响，居民采暖用气等需求量大幅攀升，供需不平衡导致多地相继出现天然气供应紧张的情况。中石油有关资料显示，进入 11 月以来，由于全国大范围低温雨雪天气，华北地区、两湖地区、西北地区和华东地区用气量增长迅速，导致天然气供需矛盾突出。其中，华北地区 11 月 1 日—16 日日均销售天然气 4 161 万 m^3，日均超计划 768 万 m^3，较去年同期增长 56%。其中北京市的冬季供暖提前近半个月，日均用气较去年同期增长 57%。11 月 1 日—20 日，中石油日均供气 1.82 亿 m^3，同比增长 22%。

（3）能源供需紧张，能源价格上涨

暴雪通过影响交通严重影响了华北地区能源尤其是煤炭的供给，使得"北煤南运""西煤东运"的能源运输通道受阻，同时受居民提前供暖对能源消费需求的增加、工业用电量持续不减等的影响，全国能源供需矛盾突出，期间能源供给低于能源需求。比如，山东省受该次暴雪影响网内 32 家主力电厂电煤库存一度急剧下降；截至 16 日，安徽省 20 家主力火电厂存煤量降至 49 万 t，平均只有近 4 天用量。煤炭运输不畅，市场供给不平衡，直接拉升了煤炭价格。11 月 15 日，发热量 5 500 大卡[①]的煤炭交易价格达 650 元/t，比 10 月 1 日的煤炭价格高出 40 元/t；12 月 14 日，秦皇岛动力煤价格创当年新高，其中，发热量在 5 500 大卡的山西优混价格为 730～740 元/t，环比上涨 6.8%～8.1%。全国用电负荷迅猛增长，电厂煤矿需求增加，还导致部分地区供电紧张，局部开始按计划用电，有些地区已从供电紧张转为拉闸限电。其中，12 月 12 日起，湖北电网就开始实行按计划用电，确保居民生活用电。11 月 15 日晚起，安徽省安庆市约有 64 万户家庭停电，截至 19 日下午，仍有 11.56 万户无电可用。

（五）华北地区对暴雪灾害的应对

（1）发布暴雪预警信息，启动灾害应急响应机制

暴雪发生以后，各级气象部门及时发布降雪信息和预警信息。11 月 11 日 16 时，中国气象局发布暴雪三级应急响应命令，请各相关机构立即进入应急响应状态，做好应急响应工作。11 月 11 日 7 时，河北省气象局启动气象灾害应急预案二级应急响应，12 日

---

① 1 大卡=1 000 卡=4 185.85 J。

6 时河北省气象台发布了暴雪红色预警信号和道路结冰红色预警信号。气象、铁路、公路、公安、减灾、民政等相关部门迅速启动暴雪灾害应急响应机制。11 月 11 日，铁道部召开紧急电视电话会议，要求各铁路局立即启动应急预案，在人员调动、物资准备、信息反馈、后勤保障等方面抓好落实。11 日晚，公安部连夜召开视频调度会，启动恶劣天气交通应急处置机制。12 日 10 时，国家减灾委、民政部紧急启动国家三级救灾应急响应，并派出工作组赶赴灾区，协助指导地方开展救灾工作。同时，下发通知要求各级民政部门要与公安、交通、铁路等部门密切配合，采取各种有力措施，组织利用各方面救灾资源，迅速向受困人员提供食品、饮用水和御寒毛毯、衣被等生活物资，确保受灾群众和被困人员不受冻、不挨饿。12 日，交通运输部发出紧急通知，要求各地交通运输主管部门适时启动突发事件应急预案，切实做好公路应急保通与道路运输保障，尽最大努力防止出现长时间、范围大的交通拥堵事件。

（2）科学组织灾害应急，广泛传播暴雪信息

暴雪发生前后，华北地区各级管理部门高度重视，成立了由各地政府部门组织的暴雪应急工作机制，协调气象、交通、民政、公安等各部门工作，共同应对暴雪灾害，减少暴雪灾害的影响。为了应对此次暴雪灾害，公安部向山西、河北等地派出救灾工作组，协调指导应急处置工作，疏导国省道滞留车辆和人员。山西省政府要求各地市立即启动恶劣天气交通安全应急预案，气象、交通等部门立即行动，组织实施冰雪灾害的抢险救援，对国道省道滞留人员做好安抚工作，对可能发生事故的重点路段 24 小时监控，及时疏散车辆，同时做好宣传，提高群众防灾安全意识，提醒群众减少不必要的出行。同时，相关部门还利用天气预报、短信、网络等各种传播途径，向居民广泛传播暴雪信息。针对暴雪天气，河北省气象台发出了天气预报及预警短信，凡是定制客户都能够第一时间得到相关天气信息，避免降雪给出行带来不必要的麻烦。除短信之外，居民还可以通过中国天气网、河北省气象局网站最快了解到暴雪情况，以及未来的天气预报。

（3）投入人力规模大，投入应急救灾物资多

为应对和缓解暴雪对交通和能源供给的影响，相关管理部门和企业投入大量人力。截至 12 日中午 12 时，河北、山西、内蒙古、山东、河南、湖北、陕西等地投入警力 2.5 万余人次，出动警车 1.5 万余辆次。太原市交警支队下达紧急命令，除值班民警外，支队 800 余民警全部上路执勤。11 月 10 日石家庄市公交公司及时启动了应急预案，主要线路早班司机在凌晨 4 时前就赶到车场，认真做好出车前的车辆安全部位检查工作。公交总公司 1 500 余人，从早晨 6 时开始按预定分配岗位，到中山路、裕华路、平安大街、建设大街等人员密集的大站点维持秩序，护站执勤，并清扫站台积雪；部分人员还在偏远路段的拐弯处、狭窄路段、桥梁涵洞随时守候、引领公交车顺利通过；公交抢修小分队也在主要路段随时待命。

为应对和缓解暴雪对交通和能源供给的影响，相关管理部门投入的物资也很多。为应对 11 月 9 日夜间的大到暴雪天气，北京市除雪专业作业车辆 492 部全部出动，动用

辅助车辆 771 部,保洁人员 11 000 余人。截至 11 月 10 日上午 7 点,北京市施撒融雪剂 5 563 t。据相关数据统计,北京市 10 日—12 日共出动各类除雪专业作业车辆 4 478 车次,专业作业人员 12 651 人次,施撒融雪剂超过 1 万 t。11 日上午,河北省高速公路管理局出动吹雪车、铲雪车等各类除雪机车 200 余台(套),投入路政、养护人员 1 500 余人,投撒环保型融雪剂上千吨。

(六)华北地区暴雪灾害的经验教训

(1)及时发布暴雪信息

从暴雪发生前后给交通和能源带来的影响和损失来看,及时发布暴雪相关信息对于减小暴雪灾害的影响至关重要。因此,暴雪发生前、发生过程中和发生以后,气象部门都要向社会快速准确地发布暴雪预报信息,气象、交通、民政等相关部门要利用一切可利用的信息传播手段向企业、居民和相关组织及时发布暴雪相关信息,提供暴雪发生时间和强度信息,提供暴雪发生前后可能影响到的生产和生活活动信息,提供如何应对暴雪以减少影响和损失的信息。

(2)快速启动应急机制

为减小暴雪灾害对交通和能源的影响,各级政府首先要制定暴雪灾害应急机制,确定暴雪预警信息发布和传播渠道、方式和内容,制定暴雪应急响应标准,确定不同应急响应标准下应该采取的措施和开展的相关工作,明确暴雪应急响应相关部门职责和工作内容。暴雪发生前,要根据暴雪预警信息快速启动暴雪应急机制,做到暴雪信息及时发布,保持相关部门沟通渠道畅通无阻。暴雪发生过程中,暴雪预警以及暴雪影响相关信息要做到及时传达,暴雪相关信息部门间应相互沟通,部门间应联合开展灾害预防工作。

(3)加大能源运输统筹

要促进铁路运输、公路运输以及水运相互协调,加大能源运输统筹,提高能源运输能力。尽可能建立统一协调机制,充分发挥运输能力。公路不能运了,就选择铁路运;铁路也不能运了,利用港口储存的煤炭也要向外运。只有这样,才能在灾害发生时,将灾害对能源的影响降到最低。

(4)高度重视伴生灾害

暴雪不可怕,遇到寒潮、大风等更可怕,造成积雪结冰或者雪阻,对交通和能源的破坏和影响更大,要引起重视。灾害发生时,应通过各种媒体渠道向广大人民群众宣传暴雪可能引发的伴生地质灾害,增强人民群众的防范意识,增强基层地质灾害防治管理人员和有关监测责任人的防灾意识和水平,最大限度地避免暴雪天气可能引发的伴生地质灾害所造成的损失。

(5)高度重视后期灾害

降雪过程对交通和能源有不小的影响,但是降雪后对交通和能源的影响更大。较为严重的降雪过后,往往造成积雪并导致气温下降,从而造成冰冻。可能导致地面塌陷、路面湿滑，增加交通事故发生的概率，造成交通受阻或交通事故，也可能导致供电线路严重积雪冰冻、损毁杆塔，使户外电气设备损坏、厂房坍塌，甚至引发人身伤亡事故，这样对交通和能源就会造成更为严重的影响。因此，我们不仅要重视降雪过程的灾害，更要重视后期灾害。

三、寒潮对交通和能源影响的案例

寒潮，又称寒流，是指来自高纬度地区的寒冷空气，在特定的天气形势下迅速加强并向中低纬度地区侵入，并造成沿途地区剧烈降温、大风和雨雪天气的过程。寒潮是一种复杂的天气过程，寒潮发生过程中会造成沿途地区的剧烈降温、大风、霜冻、降雪等天气，各种天气现象的叠加对农业、交通、电力、航海以及人们的健康都有很大的影响。同时，寒潮还是一种大型的天气过程，寒潮影响面积较大，影响范围并不仅仅局限在关键点和局部区域，其影响范围往往是大区域尺度。寒潮在气象上有一定标准，而不同国家和地区标准又不一样，2006 年中央气象台制定的我国冷空气等级国家标准中规定寒潮标准：某一地区冷空气过境后，气温 24 小时内下降 8℃以上，且最低气温下降到 4℃以下；或 48 小时内气温下降 10℃以上，且最低气温下降到 4℃以下，或 72 小时内气温连续下降 12℃以上，并且其最低气温在 4℃以下。

寒潮天气的复杂性和大型性决定了其对经济社会活动的影响较大，而交通和能源部门又具有明显的网络性特点，其中某一点受影响，该影响会扩散到全局，进而影响全局正常的生产和生活活动的开展，如果局部地区受到影响，影响面积和影响范围会更大，故寒潮天气对交通和能源部门的影响非常大。比如，1987 年 11 月下旬的一次寒潮过程，使哈尔滨、沈阳、北京、乌鲁木齐等铁路局所管辖的不少车站道岔冻结，铁轨被雪埋，通信信号失灵，列车运行受阻；雨雪过后，道路结冰打滑，交通事故明显上升。2008年，我国南方大部分地区受寒潮天气的影响出现了雨雪冰冻灾害，该灾害影响到全国 20个省（区、市）超过 1 亿人口范围，直接经济损失达到 500 多亿元，灾害导致南方部分地区出现电力设备掉闸、杆塔折倒断线和拉闸限电等情况，因电网垮塌，造成京广南段铁路供电中断，旅客列车大面积晚点，广州站和京广沿线车站旅客大量滞留，不少地区电网供电中断多日，湖南、贵州启动了大面积停电应急预案以及紧急响应，城乡交通、电力、通信等遭受重创，百姓生活受到严重影响，经济损失巨大。

我国位于欧亚大陆的东南部，其北部的西伯利亚和北极地区是影响中国寒潮的来源地。受大气环流的影响，西伯利亚地区和北极地区每年都会形成南下的寒流，进而影响我国。一般性的寒流天气容易形成强冷空气和一般冷空气，其影响范围和强度都不大，而强度较大的寒流天气则容易形成全国性寒潮、区域性寒潮，其影响范围和影响强度比较大，尤其对交通和能源的影响更大。伴随经济社会发展水平的日益提高，经济社会活动对交通和能源的依赖程度越来越高，寒潮通过交通和能源对经济社会活动产生的影响力越来越大。但寒潮是一种大型复杂天气过程，分析寒潮对交通和能源的影响，往往会涉及降雪、大风等对交通和能源的影响，这与上述工作内容有所重复，为此本章节以2010年寒潮形成的海冰为案例，从一个侧面来分析寒潮对交通和能源的影响。

（一）海冰对交通和能源的影响

海冰在海区波浪、海流、潮汐等的影响下可以发展成各种形状和大小的浮冰块、流冰以及各种形式的压力冰，这些会对舰船航行和海上建筑物造成危害。海冰融化之后可能带来的次生灾害与冰情同样严峻，其中危害最大的就是堆积冰和冰排。堆积冰是指单层冰堆积在一起形成的"大个儿"海冰。通常情况下，这样的堆积冰只是在岸边形成。较大的堆积冰在融冰之后，很可能会漂浮到海上，如果不及时破掉，会造成比较严重的后果。巨型的积冰漂浮在海上，对航行、海上作业都将造成危险，历史上出现过多次由堆积冰造成的灾害。海冰影响交通和能源主要有直接影响方式和间接影响方式两种。

（1）影响船舶的正常航行

海冰严重时，它能直接封锁港口和航道，阻断海上运输，甚至毁坏海洋工程设施和船只。海冰不是特别严重时，对船舶正常航行也有一定影响，比如船舶空载航行易发生海底阀被堵塞、螺旋桨被冰打坏等，极易发生船舶搁浅险情；功率较小的电煤运输船舶空载时受浮冰挤压不能保障正常航行；在口门附近船舶会被大块浮冰挤出航道而不能停靠等。比如，1969年，我国渤海也出现了历史上罕见的"大冰害"，所有港口被冰封冻，海冰最厚处达1m多，数百艘中外船只被冰困住、寸步难行。

刘强、孙健、王凤武（2012）认为海冰对船舶的影响主要有：可能造成船舶海底门管道堵塞，使主机不能正常运转；船体发生结冰或存在冰雪堆积时，容易造成船舶稳性降低；海冰灾害容易使淡水管、污水沟等管系结冰而发生胀裂损坏；由于空载或轻载船舶的吃水较小，其车叶和舵叶容易与流冰发生撞击而损坏；大面积结冰或大块浮冰聚集，使船舶降速严重，舵效变差，造成船舶操纵困难，受流冰挤压严重时会导致船舶偏离计划航线，影响船舶的安全航行；船舶与冰块碰撞，易造成船壳板的变形或损坏；船舶在冰区锚泊时，因厚且密集的冰随风流飘移而导致对船体和锚链的压力增大，松链太少容易走锚，松链太多又容易导致断链，最终被冰推压，造成船舶漂移。

（2）影响港口的正常作业

浮冰受潮流和船舶活动影响，聚积在有防波堤掩护的航道和港池内，船舶无法靠泊，只能先用拖轮除冰再靠泊，进出港周期明显延长。如果船舶不能正常停泊，港口上的物资就不能及时搬运到船舶上去，造成物资滞留在港口。此时，海冰不仅影响了船舶的停靠，同时还增加了物资在港口、仓储中的保存成本，增加了船舶的运行成本，影响了相关地区、相关企业和居民的生产和生活。即使海冰不是特别严重，为安全航行起见，船舶装运的物资较往常也会有所减少，这也是影响港口正常作业的一种情形。

（3）影响海上灯浮灯标的效能

海上灯浮灯标是引导船舶在航道上航行的重要指示标志，在船舶航行航道上一般都会布置一些灯浮灯标。在发生海冰时，尤其海冰移动时，海冰对灯浮灯标的影响比较大，冰情严重时，灯浮灯标会被流冰刮去编号、严重倾斜甚至压在冰层下面，活节式灯桩也会因发生护身圈变形、灯器丢失、被冰层埋没等现象而失去助航作用，尤其一些具有电子设备的灯浮灯标受影响更大。

（4）影响海上石油平台的正常生产

海冰的堆积和移动对海上石油平台也有一定影响，它不仅危害石油平台的一些设施，影响石油平台正常生产活动，同时还影响海上石油平台石油及时外运。如果海冰把海上石油平台包围住并且范围较大，则石油平台不得不停止作业，否则会发生机械故障。1969年，渤海海冰强大的冲击力把我国"渤海2号"石油钻井平台拦腰撞断，天津港内几十艘轮船被冰挤压坏，许多海岸工程也被海冰破坏掉，经济遭受严重损失，海上贸易和石油开采也受到严重威胁。

（5）影响工作人员的身心健康

海冰不仅影响船舶、石油砖井平台、港口作业，同时对船舶、港口、石油钻井平台的工作人员的心理、身体也有影响，进而通过影响工作人员影响交通和能源生产活动。海冰发生一般是由寒潮引起的，寒潮发生过程不仅仅是温度的快速下降，同时还伴随有大风、降雪等天气现象。低温环境下从事室外活动的工作人员容易出现冻伤，受低温影响工作人员身体支配能力下降，工作强度、工作准确度等都会下降。在大风和降雪环境下，室外工作人员的工作环境更加恶劣，这不仅会影响工作人员的工作能力，还会影响室外工作人员的心理感受。

（6）增加相关成本

海冰发生后，尤其海冰灾害严重时，相关部门要采取措施减少海冰的影响，这些措施实施会发生相应成本和费用支出的增加，进而增加相关部门、相关企业运营费用和成本的增加。比如，为保障船舶的正常航行，海事部门需要利用破冰船破冰疏通航道，保障船舶的正常航行和正常停靠，而破冰船造价高昂，而且并不是全年每天都有海冰要破除，也并不是每年都有海冰要破除，这无形中增加了海事部门相关成本和费用的增加。如果海冰灾害造成船舶无法停泊、无法离港、货物无法装运，这些都会发生相应成本，增加相关企业、相关部门的负担。

（7）影响经济社会秩序

众所周知，海洋运输是煤炭、矿石、木材、粮食等大宗货物的主要运输方式，尤其是在我国，海洋运输是能源的主要运输通道、是对外交往的主要走廊，一旦海洋运输受海冰影响运输能力下降或者海洋运输中断，其影响不仅仅局限在本地局部区域，也并不仅仅局限于运输和能源部门，其影响范围是全国范围甚至是全球范围，其影响行业涉及国民经济各个部门，最终会在大范围影响国民经社会秩序正常运行。

（二）黄渤海海冰对交通和能源的影响

受较强冷空气的侵袭和持续低温的影响，近年来，渤海、黄海北部都连续发生了较强的海冰灾害，尤其 2009—2010 年黄渤海发生了 30 年一遇的海冰灾害，不仅给该区域船舶的海上航行安全和港口生产带来了较大的影响，同时也通过交通和能源影响了全国经济社会秩序的正常运行。本节通过梳理 2009—2010 海冰灾害相关报道，分析海冰灾害是如何影响交通和能源的，又是如何影响国民经济社会运行的。

（1）船舶航行受阻

2009—2010 年黄渤海海域发生了 30 年一遇的海冰灾害事件，该灾害造成大量船只无法正常靠岸，一些船只无法出港，部分船只被海冰封锁在海上无法移动，严重影响了该区域海上运输的安全。山东省潍坊森达美港有限公司副总经理刘廷恒说："2010 年 1 月 3 日开始港口断断续续出现结冰，十多天就有 100 多艘货船未能正常靠岸，港口损失 50 多万元，现在仍有 30 多艘货船不能靠岸。"而国际在线网报道：受海冰影响，山东烟台、潍坊、威海等沿海市区近千艘船只、上千渔民被困在船上。同时，海冰灾害还导致多起船舶事故的发生，比如，2010 年 1 月 14 日，台州籍油轮"兴龙舟 288"在进入潍坊港过程中，受浮冰和潮流影响碰撞破裂，船舶失去了自航能力；16 日凌晨，东营籍船舶"海运 19 号"轮在东营辖区被流冰挤压到引桥位置与引桥接触，船上载有 60 m³ 原油，船上 9 名船员情况危急。

（2）部分设施遭到破坏

海冰灾害造成船只、航标灯、灯塔等设施损坏。2009—2010 年发生在黄渤海海域的海冰灾害，造成河北省船只损毁 47 艘，港口及码头封冻 20 个，因灾直接经济损失 1.55 亿元，其中秦皇岛市 0.27 亿元、唐山市 0.58 亿元，沧州市 0.70 亿元。天津市船只损毁 20 艘，直接经济损失 0.01 亿元。周边山东省和辽宁省设施损坏更加严重，辽宁省损毁船只 1 078 艘，封冻港口、码头 226 个，山东省损毁船只 6 032 艘，封冻港口、码头 30 个。受海冰影响，一些航标灯、灯塔等设施被严重毁坏。据新华网 2010 年 1 月 7 日报道，盘锦市三道沟渔港南端新建的一座灯塔和一个航标灯被海冰推平，相关设施全部损坏消失，据统计海冰给盘锦市港行设施造成直接损失近 10 万元。

（3）港口作业遭受影响

受海冰灾害的影响，一些船舶无法停靠码头，使得这些船舶运输任务不得不延迟或取消，一些该运输的物资不能及时运输出去。比如，海冰影响电煤运输船舶无法进港，造成庄河电厂电煤存量一度达到红色警戒线，辽宁省海事局庄河海事处用两艘拖轮代替航标，使电煤船准确进入航道入口，保证了庄河电厂的电煤供应。而在唐山境内的曹妃甸大港是国家级重点工程和循环经济示范区，海冰给码头停靠船舶、海上施工、石油钻井平台作业和船舶航行带来了极大威胁。

（4）影响海洋石油钻井平台

海冰灾害造成黄渤海海域部分石油钻井平台无法正常工作、部分石油勘探平台停工、部分船只无法到石油钻井平台输送石油。比如，2010年1月发生的海冰事件，造成中国石化胜利油田8个石油勘探平台中有6个因海冰被迫停工，辽东湾附近海域一些航标灯、灯塔等设施被海冰损毁；2010年1月1日清晨，中海油服"滨海607"船前往冰情最严重的锦州9-3油田进行外输作业，运输途中浮冰成片出现，40 cm厚的冰层将"滨海607"船困入白茫茫的"冰原"中。冒着辽东湾-20℃夹着雪片的风，"滨海607"船全体船员在船长的带领下，沉着应对、随机应变采取脱困措施，在破冰拖轮"滨海284"的帮助下，经过20多个小时的艰苦战斗，终于于1月2日上午9时45分到达锦州9-3平台，顺利完成外输任务。

（5）电煤价格上涨

受寒潮影响，全国出现大面积电煤供需不足情况，部分地区电煤价格连续上涨。2010年1月6日千龙网报道：由于电煤供应紧张，被视为全国煤炭价格风向标的秦皇岛港煤炭运价飙升，过去一周内秦皇岛港煤价连续第四个月上涨，该港口发热量为6 000大卡的大同优混动力煤价格已突破810元/t，创出一年来新高；五大电力集团及华润电力集团已与山西晋煤、潞安集团签约重点合同煤价格，平均每吨上涨40~50元，涨幅大约在10%，而河南地区的涨幅达到25%，广东地区超过15%；广东一家大型发电厂人士告诉记者，在这一个多月内，动力煤和优质煤炭涨幅惊人，有的品种煤炭涨幅超过30%。

（三）海冰灾害的响应措施

海冰出现以后，为确保港口、航道、海上钻井平台等的安全运行，保障国家煤炭、矿石等战略性物资运输通道的畅通，保障重要商品运输通道的畅通，该区域相关部门开展了多种应急响应措施来应对海冰灾害，尽量把海冰灾害造成的影响降到最小，其主要响应措施有：

1）多渠道掌握冰情信息并及时发布，适时启动应急机制组织应对。海事局利用海上巡航，VTS、CCTV监控，询问海上船舶等一切有效手段，密切关注海上冰情变化，及时掌握最新冰情信息，通过高频、电话、航行警告、口头告知等方式传达到相关单位和船舶，做好信息发布。针对冰冻灾害造成的不利影响，按照共建的有关要求和各单位防冰抗冰经验，适时启动应急机制，组织港口、引航等相关单位共同商讨对策，采取破冰助航应对措施，在保证安全的前提下，力争把冰冻灾害的影响降到最低。

2）港口运营单位做好破冰准备，主动采取措施提高破冰能力，保证生产安全。港口运营单位主动协调破冰船提升破冰能力，保证进出港通道安全和作业人员安全。在船舶进出港前安排拖轮护航破冰，保障船舶正常进出；配备必要的设施器材保障上下船舶人员安全，认真落实码头作业人员防滑防冻的安全措施，确保安全生产。

3）航标管理部门加强巡查，多种措施做好航标维护和应急保障工作。航标管理部门加大航标巡查力度，及时发现失常航标。通过运用新技术、新设备不断提高航标维护能力；通过配备大型航标作业船来提高恶劣天气下航标的维护能力，及时修复失常航标；备标准备充足，提前做好维护保养，遇有失常及时更换。对因客观原因无法及时更换的航标，应做好应急准备。

4）航运企业和相关船舶切实提高安全意识，提前沟通掌握冰情信息并采取有效措施做好防抗准备。船舶公司在思想上要高度重视，做好防冰抗冰准备，加强宣传教育，提高船员安全意识。船长在船舶进入冰区前要做好宣传教育，提高船员安全意识。

四、雾霾对交通影响的案例

雾霾是常见的一种影响交通的气象因素。近年来，我国工业化和城镇化进程逐渐加快，汽车拥有量、住房规模、工业生产规模以及由此而引发的能源消费规模快速增加，但相应生产和生活技术水平却没有如此快速提升，这造成大量大气污染物排放，局地空气质量开始恶化，阴霾天气现象出现次数增多，危害也逐渐加大。雾霾包括雾与霾两层含义：雾是由大量悬浮在近地面空气中的微小水滴或冰晶组成的气溶胶系统，多出现于秋冬季节，是近地面层空气中水汽凝结（或凝华）的产物，雾的存在会降低空气透明度，使能见度降低。如果目标物的水平能见度降低到 1 000 m 以内，就将悬浮在近地面空气中的水汽凝结（或凝华）物的天气现象称为雾。形成雾时大气湿度应该是饱和的（如有大量凝结核存在时，相对湿度不一定达到 100%就可能出现饱和）。由于液态水或冰晶组成的雾散射的光与波长关系不大，因而雾看起来呈乳白色或青白色。而霾是由空气中的灰尘、硫酸、硝酸、有机碳氢化合物等粒子组成的。它也能使大气浑浊，视野模糊并导致能见度降低，如果水平能见度小于 10 000 m 时，则将这种非水成物组成的气溶胶系统造成的视程障碍称为霾或灰霾。

近几年，我国不少地区把阴霾天气现象并入雾一起作为灾害性天气预警预报，统称为"雾霾天气"。其实雾与霾从某种角度来说是有很大差别的。譬如：出现雾时空气潮湿；出现霾时空气则相对干燥。一般相对湿度小于 80%时的大气混浊视野模糊导致的能见度降低是霾造成的，相对湿度大于 90%时的大气混浊视野模糊导致的能见度降低是雾造成的，相对湿度为 80%~90%的大气混浊视野模糊导致的能见度降低是霾和雾的混合物共同造成的，但其主要成分是霾。霾的厚度比较大，可达 1~3 km。霾与雾、云不一样，与晴空区之间没有明显的边界，霾粒子的分布比较均匀，而且灰霾粒子的尺度比较小，为 0.001~10 μm，平均直径大为 1~2 μm，肉眼看不到。由于灰尘、硫酸、硝酸等粒子组成的霾，其散射波长较长的光比较多，因而霾看起来呈黄色或橙灰色。

雾霾主要由二氧化硫、氮氧化物和可吸入颗粒物组成，前两者为气态污染物，最后一项颗粒物才是加重雾霾天气污染的罪魁祸首。它们与雾气结合在一起，让天空瞬间变得灰蒙蒙的。颗粒物的英文缩写为 PM，北京监测的是 $PM_{2.5}$，也就是直径小于 2.5 μm 的污染物颗粒。这种颗粒本身既是一种污染物，又是重金属、多环芳烃等有毒物质的载体。

（一）雾霾对交通的影响

首先，雾霾使能见度降低，使驾驶人员产生严重的视程障碍，这是雾霾造成交通安全危害最基本的原因。雾霾尤其是浓雾极易造成交通事故，当然浓雾引发交通事故与其突发性、分布的局地性有关，还与驾驶员的心理反应、所经地域的自然环境条件及浓雾发生的时间等诸多的主客观因素有关。其次，雾霾还对驾驶人员的心理产生影响，雾霾天气容易使驾驶人员出现情绪低落、焦虑、烦躁等，导致注意力不集中，这些都容易引发交通事故。

（1）对航运的影响

雾滴对声、光等具有吸收和散射作用，能使海上灯光信号航标失去作用，改变音响航标的传播距离和闪光时间，对准确定位带来很大困难，即使用更先进的雷达导航仪、GPS 定位仪定位，也仍有可能发生偏航、搁浅、触礁、碰撞等危险。相对于陆上交通，水上交通的不确定因素更多一些，对能见度的要求更高一些。由于雾霾能降低能见度，而航运对能见度要求比较高，故雾霾发生时尤其严重雾霾现象出现时，船舶很难出航，造成没有出航的船舶滞留港口，出航船舶难以进港。

（2）对航空运输的影响

雾霾直接影响飞机驾驶人员及地面人员的视程，无法分辨地面起降跑道和地面障碍物，若处置不当，造成的后果不堪设想。因此，各国对不同机型、不同机场等级都制定有严格的起降能见度标准。尽管这样，因雾霾造成的事故仍屡有发生，因雾引起的航班延误、旅客滞留更是屡见不鲜。

（3）对铁路的影响

雾霾对铁路的影响相对较小，常常被人们所忽视。实际上，雾霾引起铁路沿线视程障碍，使列车司机对调度信号或前方障碍物判断失误，也会引发铁路交通事故。另外，雾霾天气的潮湿空气及可能形成的污闪，致使铁路电器电路发生故障，也会导致铁路交通事故。比如，2008 年 1 月京广线因大雾造成大面积污闪跳闸故障，致使该线路部分机车停运。同时，由于雾霾影响，加剧了事故的应急处理的难度，延缓了乘客伤亡的救援速度。

（4）对交通基础设施的影响

由于空气污染的加剧，雾滴与大气中的酸性污染物结合后形成酸雾，酸雾弥漫在近地层空气中，附着在地面物体上，由于雾滴较小、较轻，悬浮在空中的时间长，酸雾的酸性浓度大于酸雨，而且不会像酸雨那样很快被稀释冲刷，造成对交通基础设施尤其对金属物的腐蚀破坏，应引起重视。

（二）华北地区雾霾对能源和交通的影响

2013 年，"雾霾"成为年度关键词。进入 1 月以后，由于冷空气较弱，多地气温回升，雾霾天气大范围伺机而入，先后发生的 4 次雾霾天气过程笼罩了我国 30 个省（区、市）。北京当月仅有 5 天不是雾霾天。有报告显示，中国最大的 500 个城市中，只有不到 1% 的城市达到世界卫生组织推荐的空气质量标准，与此同时，世界上污染最严重的 10 个城市有 7 个在中国。大范围的雾霾天气触发了一系列的"连锁反应"，包括交通受限、航班延误、病患增加等。

北京市雾霾天气最具有代表性。1 月 11 日下午开始，北京出现了 2013 年来第一次较为严重的污染过程，至 12 日夜间，全市污染等级普遍达到最高的"严重污染"。这也是当年实施新的空气质量标准以来，北京市首次启动重污染日应急方案。此次污染过程从 11 日下午开始出现，12 日因污染物堆积，迟迟扩散不出去，污染更趋严重。雾霾 13 日仍盘踞京城，北京连续 3 天空气质量六级污染。当日 9 时空气质量监测数据显示，除定陵、八达岭、密云水库外，其余区域空气质量指数 AQI 均达极值 500，为六级严重污染中的"最高级"。1 月 13 日 10 时 35 分北京市气象台发布了北京气象史上首个霾橙色预警。北京环保监测中心数据显示，12 日 17 时左右，北京市很多地区的 $PM_{2.5}$ 浓度值都达到了 700 μg/m³ 以上；22 时北京市各地区 $PM_{2.5}$ 监测结果除北部地区几个子站稍低外，其他仍维持在 700 μg/m³ 的高值；23 时，西直门北、南三环、奥体中心等监测点 $PM_{2.5}$ 实时浓度突破 900 μg/m³，西直门北高达 993 μg/m³。

（1）航空进出港受阻

雾霾天气对航班起飞条件有一定影响，一般来说，飞机起飞的能见度要求至少在 600 m 以上，飞机的降落要求比起飞要求还要更高一些。随着技术进步，机场配备相应设备，有时候大雾也是可以起飞的。不过在恶劣的天气下，飞行员可以不依赖目视机场的灯光或标志线，而是利用仪表着陆系统引导飞机进行着陆，这就是通常所说的"盲降"。国际民航组织根据盲降的精密度和着陆标准，把盲降统一分为：一类盲降、二类盲降、三类盲降。最低标准是一类盲降，水平能见度在 800 m 以上，肉眼可以看清跑道；二类盲降是指在能见度 400～600 m 范围内能实现起降；最高标准是三类盲降，任何高度都不能有效地看到跑道，只能由驾驶员自行做出着陆决定，完全依靠仪器实现飞机起降。飞机实现何种盲降是由天气情况、机场设备保障能力、飞机技术状况及驾驶员的综合技术水平决定的。目前，在我国并不是所有航空公司都有资格实施盲降，能实施二类盲降的航空公司只有东航、国航等几个航空公司。2013 年 1 月 10 日—2 月 28 日，华北地区连续发生多次严重雾霾天气，其中有 10 天京津冀三地机场进出港受到严重影响，1 月 28 日—1 月 31 日发生雾霾天气对航空的影响最大。北京市专业气象台介绍，截至 28 日下班时，全市大部分地区能见度为 1～2 km，局地小于 1 km。入夜后，能见度进一步转差。到 29 日中午前，大部分地区能见度在 1 km 以下。1 月 31 日上午天津机场几乎一架飞机都没有起飞。

雾霾天气对航班进出港的影响，不仅带来大量旅客滞留而不能及时到达目的地，造成物资运输中断不能送达目的，同时还给航空公司带来了一些相关成本，进而影响航空公司的经营业绩。飞机延误时，飞机在空中的飞行时间增长，能耗增加；航班取消时，不仅航空公司要承担相应成本支出，还要补偿旅客；飞机备降时发生的成本更高。穆泉、张世秋的研究结果表明，仅1月北京市、天津市、河北省和山西省因雾霾延误航班、取消航班、备降航班的直接经济成本就高达1.17亿元，这其中还不包括旅客滞留而发生的各种成本和损失。

（2）高速公路大封闭

公路运输对能见度的要求最大，尤其高速公路，汽车在高速运行时对能见度要求非常高，因为运行中的汽车在发现目标到采取措施避开目标时要经历一段时间，此期间汽车要运行一段距离，车速越快，要求的控制距离越长，则要求的能见度也就越高。雾霾妨碍驾驶员视觉，使驾驶员产生错觉，甚至高速部分路段常出现雾团，影响驾驶员的判断和观察。

2013年发生在华北地区的雾霾天气对该地区的公路交通，尤其是高速公路交通影响较大。在此期间，华北五省市高速公路管理部门为应对雾霾天气的影响，相继采取了关闭、临时交通管制等措施。比如，1月14日河北省境内的高速，除张承高速以外，其他高速公路全部关闭，造成大量车辆受阻，排队等候高速公路的开放。高速公路关闭以后，影响的不仅仅是人员运输，致使旅客不能按时达到目的地；同时还影响了货物的运输，造成区域间物资和产品运输受阻，对区域国民经济运行直接和间接地造成损失。比如，连续的雾霾天给扬州远途蔬菜的运输带来了不便，根据统计数据显示，超过半数的北方蔬菜"晚点"抵达扬州。

（3）港口船舶停航

港口船只进出港对能见度也有很高要求。雾霾天气给海上航行安全带来的最大影响是能见度下降，造成船舶瞭望、陆标定位困难等，从而引发船舶触礁、碰撞等海上交通事故，造成人员伤亡、财产损失、环境污染。一般情况下一旦能见度不足1 000 m，海事部门便立即通过各种渠道向船舶发布停航通知，以免发生海上事故。

2013年华北地区出现持续大范围严重雾霾天气，导致个别港口阶段性封航，装船效率下降，锚地船舶挤压，港口库存迅速回升。以天津港为例，2013年1月，天津港水域发生能见度小于1 000 m的大雾天气4次，累计时长24.3 h，发生能见度小于3 000 m的雾天13次，累计时长108.5 h，尤其2月26日，天津港辖区内船舶航行动态连续26 h被迫暂停，锚地锚泊待航船152艘，港内压港船达177艘。这给天津港口船舶正常进出港带来严重影响，造成货物不能及时运送，影响本地和其他地区国民经济的正常运行。雾霾天气不仅影响船只正常进出港，同时还会带来其他一些损失，从停航直至天气好转后的复航过程，往往对港口和船只造成严重影响，港口船舶营运就像一个高速运转的机器，突然停滞然后再次启动，人力和物力损失巨大。

（4）城市交通拥堵加剧

城市交通也是汽车在公路上运行的一种交通方法，但相比普通公路尤其高速公路，雾霾对其影响没有那么大，但能见度的降低对其正常运行也有一定影响。以北京市为例，从1月10日开始的雾霾天气加剧了北京市的交通拥堵，12日北京晚高峰期间市区内交通拥堵加剧，其中四环内现严重拥堵，尤其是晚高峰期间，二环、三环和四环范围的市区交通拥堵情况开始加剧，其中二环至三环间现严重拥堵。1月28日上午11时，天津发往首都机场的省际巴士均双向取消，石家庄的客运长途班车也因大雾停运。因雾霾而引发的交通拥堵对居民和经济社会活动的影响不言而喻，交通拥堵不仅延长了居民的出行时间，增加了居民的出行成本，尤其提升了居民出行的机会成本；同时还增加了非完全燃烧油气等气体排放，进一步增加了雾霾污染压力；城市拥堵期间，城市内部一些物资运输也遭受影响，一些关键性物资不能及时送达。

（5）铁路交通信号和电力传输受影响

相比上述其他运输方式，雾霾天气对铁路交通影响相对较小。但是近年来，随着交通运输技术进步，铁路轨道交通运载工具对电力尤其电子元器件的依赖性逐步增加。而雾霾天气时空气中含有大量污染物颗粒，颗粒含有多种重金属物质。在行驶中的电力机车上，飘浮在空中的粉尘颗粒会积聚在车顶高压器件上，很容易产生"污闪"现象，造成设备故障，给行车安全和铁路电网带来不利影响。因此，雾霾天气时铁路部门应及时采取应急措施，从设备整治、行车指导、现场卡控等多方面入手，采取积极措施，全力保障行车安全。而铁路运输中，高速铁路对运输技术性要求最高，对电子元器件、电子信号传输等要求非常严格。故出现雾霾天气时，铁路管理部门需要增加对动车组车顶高压设备绝缘子的维护保养频次，严格按照设备运用维护要求喷涂防污闪涂料，加强对受电弓、主断路器、瓷瓶、集成仪表箱、隔离开关、避雷器等重点设备检查整修，跟踪对比检测数据，确保设备清洁和作用良好，实现高铁的安全正点。比如，1月31日发生重度雾霾天气后，京津城际为保障运输安全性，停运了5趟列车，其他列车未发售站票，均按定员载客。

（6）引发交通事故

雾霾天气不仅会影响交通运输活动的正常运行，同时引发带来交通事故，尤其在公路运输领域交通事故发生概率较大。一旦发生交通事故，不仅会带来财产损失，还会造成人员伤亡。1月30日—31日，华北地区发生了严重雾霾天气，同时还伴有降雨和冰冻，给该地区交通运输带来严重影响，尤其京津两地连续发生了多起交通事故。1月30日发生在天津市的交通事故造成1死7伤，219辆机动车不同程度受损；1月31日发生在北京市的交通事故造成2人死亡。

（三）华北地区应对雾霾影响的策略

（1）设立雾霾应急预警机制

比如，1月29日，北京市政府召开空气重污染日应急工作紧急会议，决定立即启动更加严格的大气污染应急减排措施，应急减排措施包括机动车、工业、燃煤、扬尘四个方面，具体措施包括，各区县、各部门、各企事业单位带头停驶30%的公务用车；加大机动车尾气排放检查，严厉查处大货车遗撒、尾气超标等行为；大力削减工业污染排放，北京市经信委负责组织市级103家重点排污企业停产；各区县政府负责组织本辖区内规模较大的排污企业停产等。

（2）宣传雾霾信息

雾霾发生期间，华北各地相关部门利用新闻、网络、微信、微博、告示牌等多种途径向社会发布雾霾信息，传播雾霾形成的原因及其危害，告知如何减少和避免雾霾的影响。

（3）及时采取控制措施

雾霾发生后，公路、铁路、民航、海运等交通管理部门根据雾霾污染程度，分别采取了相依管制措施，减少雾霾天气造成重大人员和财产损失，比如高速公路采取了关闭措施，机场采取了推迟、取消航班甚至备降等措施。

（4）对运载工具进行检修

雾霾发生时不仅降低了空气的能见度，同时空气中还伴有大量细微颗粒物，这对交通信号、电力传输等要求较大。为此，相关交通运营部门加强了对交通基础设施、配套设施等的检测和维护，及时发现问题，避免交通事故出现。

（5）对员工实施教育培训

为强化员工对雾霾信息及雾霾引发事故的认识，有关交通管理部门和运营企业，在此期间开展了雾霾应对的教育培训，提高员工应对雾霾和处置突发事故的能力。

（四）华北地区应对雾霾事件的经验教训

通过华北地区2013年雾霾交通灾害原因的分析及其存在的问题，为减小和避免类似雾霾灾害的发生，提出以下经验教训：

（1）优化能源结构

发展清洁的替代能源，推动我国能源结构的调整优化，对大气污染防治具有至关重要的作用。发展清洁"绿色"能源，加快能源替代的进程，优化能源结构已刻不容缓。解决雾霾需要加速能源结构调整，需要通过发展清洁能源实现能源结构多元化，结合市场和行政手段加速能源结构以及整个社会产业结构的调整。

（2）火电行业脱硝改造

尽快完善电厂脱硝电价等鼓励政策、加强监管，尽快推进燃煤电厂的脱硝改造。同时，还需进一步推进工业锅炉的关停与脱硫、脱硝改造。鉴于分散式工业煤炉依然占据中国煤炭消耗的一半以上，其污染排放水平较低、效率不高，所以应立即推进对工业燃煤小锅炉的脱硫、脱硝改造；在经济发达地区，应积极推进工业锅炉的清洁能源替换。

（3）提高机动车用油品质，加强机动车净化技术

在严格控制机动车数量过快增长的同时，提高机动车用油品质是迅速改善大气质量的当务之急和有效捷径。

（4）完善应急机制

监督城市制定空气污染应急预案，并将应急方案从纸面文字变为执行机制。主要包括：发布环境空气质量信息；建立健全极端气象条件下大气污染预警体系，连续出现重污染天气时，及时启动应急机制，采取重点排放源限产限排、建筑工地停止土方作业、机动车限行等应急措施；加强多部门应急联动机制。完善智能感知城市气象观测系统，构建多部门监测预警信息平台，实现数据实时共享，突发灾害性天气预警实现分区、分级发布，提前预警。

（5）加强群众宣传教育

治理雾霾，需要全社会的积极参与，每个公民都要从自身做起。每个人既是环境的消费者，也是环境恶化的成本支付者。改善空气环境的最终出路，就在于公民治理。因此要加强群众宣传教育，关注空气质量，增强个人环保意识，学会正确面对雾霾大气。

附录 II

气候灾害对能源和交通的影响统计表[①]

一、北京市气候灾害及对能源和交通的影响统计表

时间	地点	灾种	灾害特征	能源行业影响	交通行业影响
1981	北京市	干旱	年降水量比常年减少35%	电厂停机,减少发电量5.4亿kW·h	
1950.8.1—3	大兴	暴雨洪涝	最大降水强度为每小时56.6 mm		京津铁路护路堤被冲断,被迫停车一天
1952.7.21	门头沟、房山、西郊、昌平、怀柔	暴雨洪涝		煤矿采空区塌陷72处,冲走原煤1 300 t,煤窑全部停产	
1959.7月下旬—8月中旬	朝阳区	暴雨洪涝	总降水量758 mm		街道积水,交通中断
1963.8.4—8	北京市	暴雨洪涝	时间长、强度大、分布不均		市内交通瘫痪,京广、京包、京承、丰沙等铁路干线及一些单位专用线累计中断通车2 109 h,桥、涵、路基被冲毁82座
1969.8.10	密云县	暴雨洪涝			京承铁路桥墩倾斜,两侧路基冲断,致使354次列车机车和行李车倾斜翻倒
1972.7.27	北京市	暴雨洪涝	时间短,强度大		怀柔县14个乡交通中断,密云县水堡子公路和京承铁路被冲毁
1973.8.13—14	丰台区	暴雨洪涝	日雨量111.9 mm		友谊宾馆附近公路积水0.7 m深,公共交通一度中断
1974.7.23、7.25	北京市	暴雨洪涝		冲倒电线杆770余根	冲毁公路131 km
1976.7.24	密云县	暴雨洪涝	日雨量358.0 mm		潮河辛庄大桥被冲断
1979.7.17—23	北京大部分地区	暴雨洪涝		多处电线杆下沉	多处公路下沉、积水,影响交通29处

---

① 资料来源:《中国气象灾害大典》,对格式和部分文字错误进行了修改。

时间	地点	灾种	灾害特征	能源行业影响	交通行业影响
1984.8.8—9	北京大部分地区	暴雨洪涝			铁路路基下沉,造成断道停车,京东、京包、京秦铁路断道近 17 h,长途汽车 122 条线路停运
1985.7.28	昌平县	暴雨洪涝	日雨量 200.8 mm		毁坏公路 11.6 km
1985.8.5	平谷县	暴雨洪涝	日雨量 128.9 mm		京承铁路 118 km 处塌方堵塞路基,停运 4 h
1986.6.26	北京市	暴雨洪涝	最大雨量 185.0 mm		市内 8 条公共汽车线路受阻,69 条长途汽车线路停运,冲毁京通铁路路基 5 km,中断行车 60 h
1986.7.3	密云县	暴雨洪涝	最大雨量 101.5 mm		公路塌方,中断交通 10 h
1986.7.17—18	平谷县	暴雨洪涝	最大雨量 129.7 mm		冲毁道路 14 km
1987.5.30	门头沟	暴雨洪涝			冲毁道路 1.5 km,木桥 4 座,破坏路面 4 km
1987.7.12	平谷县	暴雨洪涝	最大雨量 152.9 mm	冲倒电线杆 12 根	冲断涵洞桥 11 座
1987.8.13	平谷县	暴雨洪涝	最大雨量 95.1 mm		城区 21 条公交线路积水
1987.8.18	门头沟	暴雨洪涝		冲走原煤 3 200 t	
1988.8.1—2	昌平县	暴雨洪涝	最大雨量 184.5 mm	冲走原煤 3.3 万 t	冲毁道路 54.3 km、桥涵 7 处
1989.7.21—22	北京市大部分地区	暴雨洪涝		冲毁高低压线路 57 km	冲毁公路 125 km
1990.7.4—7	平谷县	暴雨洪涝	最大雨量 72.5 mm	中断照明线路	
1990.8.1	北京市大部分地区	暴雨洪涝			全市 18 条公共汽车线路不同程度受阻,冲坏长辛店 6 座桥
1991.6.10	北京市大部分地区	暴雨洪涝		冲毁供电线路 100 km,电力中断	冲毁乡村公路 517 km,部分交通中断
1994.7.12—13	北京市	暴雨洪涝		10 个乡镇一度断电	冲毁乡村公路 268 km、桥涵 184 座,京承铁路沿线 10 多处山体滑坡,路基塌陷、桥梁冲毁,造成铁路运行中断 296 h
1994.8.13	北京市大部分地区	暴雨洪涝			公路塌方超过 2 万 m³,冲毁部分公路
1995.7.13—14	大兴县	暴雨洪涝	日雨量 108.0 mm		立交桥下积水,交通堵塞
1996.7.30	北京市	暴雨洪涝			市内 10 多条公交线路受阻停运,京承铁路北京段停运 4 h,首都机场受影响
1996.8.4—5	北京市	暴雨洪涝			十渡风景区交通中断 11 d
1997.7.31—8.1	密云县	暴雨洪涝	日雨量 166.2 mm		冲毁村级公路 60.7 km,冲断漫水桥 16 处

时间	地点	灾种	灾害特征	能源行业影响	交通行业影响
1998.6.30	通县		日雨量 281.4 mm		城区部分路段积水，部分立交桥积水深达 1 m，车辆受阻
1986.7.26	密云、房山、怀柔	冰雹		毁坏电杆 10 根，7 处高、低压线路被砸断	
1989.7.15	密云县	冰雹	降雹 10～15 min	毁坏高压、低压线路	
1989.8.26	密云县	冰雹		砸断电线 3 处	
1994.7.10	朝阳区	冰雹		倒电线杆 18 根	
1999.5.23	怀柔县	冰雹	雹径 15 mm		10 km 公路被冲
1983.8.15	朝阳区	雷电		引爆 10 t 汽油罐两个及 2 t 柴油罐两个，十八里店铸造厂油库起火	
1986.7.3	丰台区	雷电		南苑乡雷击损失供电 8 000 kW·h	
1991.8.15	北京市	雷电		焦化厂停产数日，减少供气 50 万 m³	
1995.9.14	朝阳区	雷电		雷电导致 36 户居民断电	
1998.4.15	顺义县	雷电		空港工业区停电，经济损失 10 万元以上	
1998.10.11	丰台区	雷电		部分高压线被雷电击断	
1999.8.17	平谷县	雷电		雷电击断 10 kW 高压配电线路，造成数家市级单位停电	
1998.8.6	北京市	高温与干热风		供电负荷陡升至 485 万 kW	
1952.12.8	北京市	低温冻害与雪灾			路面积雪发生交通事故 25 起
1955.3.5—7	北京市	低温冻害与雪灾			路面积冰严重影响城市交通和市民出行
1957.3.1—2	北京市	低温冻害与雪灾			路面积冰严重影响城市交通和市民出行
1959.2.25	北京市	低温冻害与雪灾	雪量达 29.3 mm		影响城市交通和市民出行，长途汽车停运
1959.12.10	北京市	低温冻害与雪灾			路面积冰严重影响城市交通和市民出行
1962.2.9—10	北京市	低温冻害与雪灾			路面积冰严重影响城市交通和市民出行
1962.12.24—25	北京市	低温冻害与雪灾			路面积冰严重影响城市交通和市民出行
1965.2.18	北京市	低温冻害与雪灾			路面积冰严重影响城市交通和市民出行
1966.2.20—22	北京市	低温冻害与雪灾	雪量达 18 mm		严重影响城市和郊区交通
1966.12.18—19	北京市	低温冻害与雪灾			路面积冰严重影响城市交通和市民出行

时间	地点	灾种	灾害特征	能源行业影响	交通行业影响
1972.2.18	北京市	低温冻害与雪灾			路面积冰严重影响城市交通和市民出行
1977.1.24	北京市	低温冻害与雪灾			路面积冰严重影响城市交通和市民出行
1979.1.6	北京市	低温冻害与雪灾			路面积冰严重影响城市交通和市民出行
1980.3.10	北京市	低温冻害与雪灾			路面积冰严重影响城市交通和市民出行
1986.1.4	北京市	低温冻害与雪灾		寒潮造成城区电力线路断线，供电损失 93 500 kW·h	
1987.2.16—18	北京市	低温冻害与雪灾		电线积冰导致断线，市内 5 条供电线路被烧	长途汽车线路停运 90 条，18 列铁路客车晚点，民航机场取消进出航班共 70 个
1990.3.20—21	房山县	低温冻害与雪灾	雪量 33 mm	积雪造成两处高压线断线，倒电杆 38 根，7 个村电力中断	
1991.2.26—29	北京市	低温冻害与雪灾	雪量 10~22 mm		积雪影响交通运输，70 条线路长途汽车停运，城区公共电汽车普遍晚点
1991.11.26—27	北京市	低温冻害与雪灾			路面积雪导致京津塘、京哈、京良路北京段发生交通事故数起
1993.11.4	北京市	低温冻害与雪灾			京石高速关闭，民航机场十几个航班停飞，3 天不能正常运行
1994.5.2—4	北京市北部和东北部	低温冻害与雪灾		部分高压线路压断，电力中断 20 h，经济损失 60 多万元	
1995.10.29—11.1	北京市	低温冻害与雪灾		导致多起供电线路故障	
1998.1.12—16	北京市	低温冻害与雪灾			多条高速公路关闭
1998.11.21	北京市	低温冻害与雪灾			多条高速公路及部分国道和怀丰山区公路关闭，机场关闭 5 h
2000.1.3—5	北京市	低温冻害与雪灾			京石、八达岭高速公路及部分国道关闭，首都机场取消航班 25 个，170 多个延误
2000.1.11	北京市	低温冻害与雪灾			京石、京津塘高速公路、108、109、110 国道全部封闭，首都机场 83 个航班延误
1990.2.16—19	北京市	雾与雾凇		部分高压输电线路断电，8 个枢纽变电站发生故障，对首钢、燕化等工业用电大户进行限电，对郊区进行限电	

时间	地点	灾种	灾害特征	能源行业影响	交通行业影响
1991.11.28	北京市	雾与雾凇			首都机场 50 多次航班延误
1992.8.19	北京市	雾与雾凇	视程 3 m		京津塘高速公路封闭数小时，造成经济损失 100 多万元
1992.12.6—8	北京市	雾与雾凇			1 个民航航班滞留机场，43 列铁路客运晚点，15 列客车停运
1993.11.14	北京市	雾与雾凇			京石高速公路关闭，首都机场航班不能正常运行，发生多起交通事故
1994.2.17	北京市	雾与雾凇	能见度小于 50 m		首都机场关闭 30 多 h，经济损失 200 多万元，许多公路相继停运
1994.11.17—20	北京市	雾与雾凇	能见度小于 50 m		京津塘及京石高速公路关闭，首都机场延误航班 127 个，取消航班 21 个，30 多架飞机不能返航
1996.10.11	北京市	雾与雾凇			京津塘高速公路发生交通事故，堵车 4 h，堵车路程 10 km
1996.11.3	北京市	雾与雾凇			首都机场 47 架进港航班和全部出港航班受到影响
1997.12.17	北京市	雾与雾凇	能见度小于 100 m		京津塘高速公路关闭 8 h，取消部分航班，110 架飞机无法进出首都机场
1997.12.18	北京市	雾与雾凇			110 次航班延误
1998.10.30	北京市	雾与雾凇			机场高速公路、京津塘高速公路关闭，造成三环路行车不畅
1999.1.4	北京市	雾与雾凇	能见度 20 m 左右		京津塘高速和京石高速关闭，80 个航班延误
1999.3.12	北京市	雾与雾凇	能见度 400 m		10 架航班延误，八达岭高速公路居庸关以北路段封闭 4 个多小时
1999.3.13	北京市	雾与雾凇			怀丰公路关闭，三环路部分出口出现拥堵
1999.11.21—23	北京市	雾与雾凇			封闭除机场高速外的所有高速，进京列车晚点
2000.3.15	北京市	雾与雾凇	能见度小于 200 m		进出航班无一正常起降
2000.8.24	北京市	雾与雾凇	能见度小于 20 m		高速公路封闭，发生交通事故
2000.9.23	北京市	雾与雾凇	能见度小于 100 m		58 架航班受到影响不能正常起降
1961.7.24	房山县	大风与沙尘暴		部分电线刮断	
1964.6.10—11	平谷县	大风与沙尘暴		刮倒电线杆 4 根	
1965.5.19	延庆县	大风与沙尘暴	12 级大风	两根高压电线杆和两根低压电线杆被刮倒	
1965.7.6	延庆县	大风与沙尘暴	8 级大风	两根电线杆被刮倒	
1966.8.9	延庆县	大风与沙尘暴	8 级大风	刮倒电线杆 5 根	

时间	地点	灾种	灾害特征	能源行业影响	交通行业影响
1969.8.29	西郊	大风与沙尘暴		部分电线杆被刮倒	
1972.7.18—19	大部分地区	大风与沙尘暴	12 级大风	刮倒部分电线，造成停电	
1973.8.2	怀柔县	大风与沙尘暴	9~11 级大风	10 条高压线中断	
1975.7.13	怀柔县	大风与沙尘暴		供电线路中断 2 h	
1976.6.29	怀柔县	大风与沙尘暴	8 级以上大风	部分电线杆刮倒	
1977.8.14—15	平谷县	大风与沙尘暴	8~9 级大风	全县通电线路几乎被破坏	
1978.6.8—9	平谷县	大风与沙尘暴	12 级大风	刮断高压线 8 条	
1978.6.29—30	房山县	大风与沙尘暴	8~11 级大风	刮坏高低压线路 42 km，倒杆 400 多根，5 个乡停电	
1978.7.7—9	大兴县	大风与沙尘暴	9~10 级大风	高压线断了十几处	
1982.7.4	丰台县	大风与沙尘暴	8 级以上大风		树木刮倒，车辆不能通行
1982.7.14	朝阳区	大风与沙尘暴	8 级大风	刮倒部分电线杆	
1982.7.15	通县	大风与沙尘暴	8 级以上大风	高压线刮倒 5 根	
1983.6.5	北京市	大风与沙尘暴	8 级大风	300 处供电线路被刮坏，17 条 1 万 V 高压线停电	
1984.8.6	平谷县	大风与沙尘暴	8~12 级大风	供电线路刮断 12 处	
1984.8.6	大兴县	大风与沙尘暴	8~12 级大风	损坏电线杆 2 645 根	
1985.6.9	怀柔县	大风与沙尘暴	8 级大风	刮断部分高低压线	
1985.7.26	北京市	大风与沙尘暴	8 级以上大风	供电线路多处中断	
1985.8.6	顺义县、密云县	大风与沙尘暴	7~8 级大风		公路两旁倒树影响交通 3 d
1985.8.20	石景山	大风与沙尘暴	8~9 级大风	刮断高压线路，造成停电 48 h	
1986.1.3—4	北京市	大风与沙尘暴	最大 10~11 级大风	输电线路断电、掉闸	
1986.7.11	密云县	大风与沙尘暴	8 级以上大风	刮倒高低压电线杆 288 根，毁坏部分电力线路	京承、京平、京兴三条干线交通中断

时间	地点	灾种	灾害特征	能源行业影响	交通行业影响
1986.7.23	北京市	大风与沙尘暴	8级以上大风	毁坏供电线路十多处	
1986.7.26	顺义县	大风与沙尘暴	8级大风	毁坏供电线路十多处	
1987.7.1	通县、大兴县	大风与沙尘暴	7~8级大风	刮倒电线杆69根,断线14处	
1987.12.21	北京市	大风与沙尘暴	8~9级大风	刮断电线杆,造成停电	
1988.1.21—23	北京市	大风与沙尘暴	8级以上大风	刮断电线、电线杆	
1989.5.23	北京市	大风与沙尘暴	8级以上大风	郊区供电线路发生事故	
1989.6.4	密云县	大风与沙尘暴	8级大风	部分电线杆被刮倒	
1989.7.15	密云县	大风与沙尘暴	8级以上大风	刮倒高压线杆6根	
1990.7.14	朝阳区	大风与沙尘暴	8~9级大风	刮断高压线1 500 m,造成停电	交通中断
1990.7.14	平谷县	大风与沙尘暴	最大风速22.0 m/s	刮倒电线杆400多根,供电中断几十小时	交通中断几十小时
1990.7.16	通县	大风与沙尘暴	最大10级大风	刮倒电线杆43根,造成和站村停电3 d	
1990.8.20	北京市	大风与沙尘暴	8级大风	刮断高低压线路6处	
1991.6.29	密云县	大风与沙尘暴	8级大风	刮倒电线杆11根,刮断低压线路300 m	
1991.7.1	大兴县	大风与沙尘暴	最大9级大风	刮断低压线杆363根,损坏线路43 km	
1991.7.9	顺义县	大风与沙尘暴	瞬时风力9~10级	刮断高压线杆301根	
1991.7.11	大兴县	大风与沙尘暴	8级大风	刮倒部分供电线杆,损坏线路21 km	
1991.8.8	房山县	大风与沙尘暴	7~8级大风	刮断高压线100 m、低压线1 460 m,刮倒电线杆35根	
1991.8.18	北京市	大风与沙尘暴	瞬时最大风力9级	刮断低压线1 000 m	
1994.2.8	北京市	大风与沙尘暴	8级以上大风	毁坏一些高压线,损失近4 000元	
1994.6.26	平谷县	大风与沙尘暴	最大阵风达10级以上	供电线路中断达16 h	
1995.1.8—9	北京市大部分地区	大风与沙尘暴	8级大风	石景山部分地区高压线刮断,造成长时间、大范围停电	

时间	地点	灾种	灾害特征	能源行业影响	交通行业影响
1996.6.10	平谷县	大风与沙尘暴	8级以上大风	电线杆倒折59根	
1997.7.22	房山区	大风与沙尘暴		蔡庄高、低压线全部刮坏	蔡庄交通中断
1997.7.30	通县	大风与沙尘暴	10级以上大风	刮毁多米高低压线,许多企事业单位停电,经济损失226万元	
1998.7.9	北京大部分地区	大风与沙尘暴	平均最大风速13.0 m/s	市区30多处居民楼、院户外线路被刮断	
1999.7.15	怀柔县	大风与沙尘暴		部分电线被刮断	
1999.7.19	怀柔县	大风与沙尘暴		不少高压电线被刮断	
2000.4.4—6	北京大部分地区	大风与沙尘暴	平均最大风速17.1 m/s,最低能见度300~400 m		延误航班60架,返航6架次,取消4架次,地面交通受到影响,交通事故增加20%~30%
1969.7.1—8.10	云蒙山区	泥石流	降雨量540.0~790.0 mm		路基被冲垮,桥涵被冲断
1972.7.27	怀柔县	泥石流	日降雨量400 mm		冲毁公路303 km、桥梁20多座
1989.7.21—22	密云县	泥石流		冲毁高低压线81 km	冲毁公路170.8 km、桥梁39座
1991.6.6—11	北京市	泥石流		冲毁供电线路124 km	冲毁公路517 km、桥梁65座

二、天津市气候灾害及对能源和交通的影响统计表

时间	地点	灾种	灾害特征	能源行业影响	交通行业影响
1975.7.29—30	塘沽区	暴雨洪涝	降雨340.2 mm		全区交通中断、102路公共汽车停车7天
1977.7.26—27	塘沽区	暴雨洪涝	降雨200 mm	全区损失电力设备20台	
1977.8.2—3	天津市区	暴雨洪涝	降雨215.5 mm		73条交通干线积水62条,汽车、电车基本停驶
1978.7.25	蓟县	暴雨洪涝	降雨353.5 mm	折断电杆6根,35个公社停电	毁坏干线公路96 km,桥涵6座
1984.8.9—10	全市	暴雨洪涝	降雨均在100 mm以上	东郊发电厂有3个发电机组停转12 h,少发电180万kW·h,直接经济损失达23万元	全市无轨电车停运7 h,公共汽车的1/3线路停运近4.5 h
1986.6.27	全市	暴雨洪涝	12 h降水量143 mm		市区交通受阻
1987.8.26	塘沽区	暴雨洪涝	总降水量177.2 mm	大港油田24条高压线路故障,36口油井停产,原油减产1 732 t,天然气减产15万 m³,南郊区32条线路先后断电	全区大部分交通中断

时间	地点	灾种	灾害特征	能源行业影响	交通行业影响
1988.7.21	塘沽区	暴雨洪涝	日降水量 168.2 mm		普遍积水，交通中断
1990.6.27	蓟县及周边	暴雨洪涝	降水量 140～170 mm	部分电杆被刮倒	交通一度中断
1991.7.27—28	静海县	暴雨洪涝	降水量 120.4 mm	少量输电杆被毁坏，两处线路被中断	公路积水
1992.7.23—24	天津市区	暴雨洪涝	积水 46 片，最深处达 50～100 mm		行人车辆受堵
1994.7.12	蓟县	暴雨洪涝		供电线路遭到损坏	部分桥涵和公路遭到损坏
1995.7.25	天津市区	暴雨洪涝	降雨 118.2 mm	电力局设备损失约 16 万余元，汉沽化工厂损失 4 万余元	
1996.8	蓟县	暴雨洪涝	月降水 404.2 mm	毁坏电力线路 12 km	283 座桥、闸、涵被毁坏
1998.4.22	天津市区	暴雨洪涝	降雨 106.8 mm	多条高压供电线出现故障，大批低压线停电	市区大面积积水，交通受到很大影响
2000.8.11	全市	暴雨洪涝	雨大且急		多处路基被冲毁，一列客运和货运列车在武清县和汉沽站区滞留 5 h
1959.7.14	塘沽区	大风	7 min 短时大风	刮倒 3 棵高压线杆	
1961.4.5	北郊区	大风	8～9 级大风	吹倒南北向的电线杆	
1965.7.7	北郊区	大风	伴有冰雹和暴雨	3 根电线杆被吹倒	
1966.7.2	塘沽区	大风	风速为 37.2 m/s	刮倒 1 011 根电线杆，折断电线杆 77 根	
1969.8.28—29	天津市区	龙卷风	风力猛烈，持续时间短	损坏 61 条高、低压线路，刮倒及刮坏 400 根电杆和 11 座 3.5 万 V 和 11 万 V 高压电杆，84 家大型企业与重要用户停电	车站停电，25 路公交车（内有 20 余人）被刮倒
1971.4	宝坻县	大风		刮倒 10 多根水泥电杆	
1972.7.27	蓟县	大风	7～8 级东北风，阵风达 9 级	吹倒电杆，刮断电线	
1972.12	西郊区	大风	风速达 40 m/s，能见度小于 1 km		行人前进困难，甚至连人和自行车被吹到沟里
1978.8.18	南郊区	大风	风速达 30 m/s	刮倒 3 座 22 万 V 高压输电水泥杆，扭坏一座输电铁塔	
1980.6.22	武清县	大风	风速达 25 m/s 并伴有冰雹	1 041 根电线杆被折断	
1981.8.13	塘沽区	大风	瞬时风速达 36.7 m/s	吹断电线，停电，造成部分经济损失	
1983.6.27	大港区	大风	风力 6 级以上	大港区油田井架被刮倒	
1984.3.20	天津市区	大风	陆地平均风力达 7～9 级	刮坏 7 条高压线路，停电 4～5 h，193 处低压线路出现故障	
1984.8.6	汉沽区	大风	风速达 25 m/s	71 根电杆被刮倒	
1985.3.27—28	武清县	大风	7～8 级西北风	刮倒 80 根电线杆、电视杆	

时间	地点	灾种	灾害特征	能源行业影响	交通行业影响
1985.7.2	西青区大寺乡	龙卷风	伴有暴雨	近 300 根电线杆被吹倒，供电和供水中断	
1986.1.3	汉沽区	大风	最大风速 22.0 m/s	刮倒高压电杆，造成停电	
1986.1.3	塘沽区	大风	瞬时极大风速达 33.3 m/s，阵风达 11～12 级	砸断变电所 6 kV 变压输电线路，造成停电、停水、停气 2.5 h	
1987.5.22	静海县	大风		541 根电线被刮断	
1987.5.30	武清县	大风	伴有冰雹与暴雨	刮坏 371 根电线杆，刮倒损坏 2 个变压器	交通中断 10 h
1987.6.26	蓟县	大风	阵风 10 级并伴有暴雨	78 根电杆被刮倒、折断，18 条供电线路断电 10～20 min	津蓟列车停车 30 min
1987.7.1	蓟县	龙卷风		刮断 16 根电杆，刮倒 34 根电杆	
1987.7.2	宝坻县	大风		刮断 7 根高压电杆和 23 根低压电杆，3 390 m 电线报废	
1987.7.21	塘沽区	大风	风力 10 级	10 根电线杆被吹倒，28 根高压电线杆上的瓷棒被刮碎，供电中断	
1987.8.18—19	天津市区	大风		34 条配电线、5 条路灯线，5 条 35kV 高压线路断电	
1987.8.26	大港区	龙卷风	伴有暴雨	大港区油田的 24 条高压电线故障，36 口油井、汽井停产，影响原油产量 1 732 t 和天然气产量 15 万 m³	
1987.11.25	大港区	大风	最大风速 19.3 m/s	23 条供电线路发生 35 起停电故障，386 口油井先后停产，对原油和天然气的生产造成严重影响	
1988.4.20	蓟县	大风	风级 8 级以上	供电线路遭到一定破坏	
1989.6.26	大港区	大风	瞬时风速 25 m/s	刮断 50 根电杆	
1989.7.16	静海县	大风	阵风 10 级	刮倒 30 多根电杆	
1989.7.19—20	蓟县	大风	阵风 9 级	刮坏 46 根电杆	
1990.6.21	大港区	大风	最大风力 10 级	刮断电杆 5 根，电源中断 24 h	
1989.6.27	蓟县	大风	平均风力 7～8 级，阵风 10 级	刮倒部分电杆	交通一度中断
1989.7.5	宝坻县	龙卷风		毁坏两个变压器	
1989.7.14—15	蓟县	大风	伴有冰雹	刮倒 29 根电杆	
1989.7.17	蓟县	大风	伴有暴雨	刮倒 7 根电杆	
1991.7.21	静海县	龙卷风	经过处宽约 100 m，长约 7.5 km	折断电杆 60 根，线路损失 3 290 m	

时间	地点	灾种	灾害特征	能源行业影响	交通行业影响
1991.8.10	天津市区	大风	伴有雷雨	20 条 10 kV 高压电路故障，造成短时停电	
1991.8.19	宁河县	大风		击毁 1 台变压器	
1991.9.1	静海县	大风	风力达 11 级以上	通信、输电杆倒伏 104 根，线路中断 31 处，变压器损坏两台	
1992.6.3	天津市区及周围	大风	风速 14～17 m/s	33 条 10 kV 高压线路断路	
1992.7.21	天津市	龙卷风	风力达 10 级以上	武清县 22 根输电线折断，部分高压线杆被刮倒,50 万 V 的"房北线"和 4 座铁塔倒伏，全线停止运行，致使全市缺电量增加 40 万 kV/d	
1995.1.8	天津市区	大风		刮断 18 条高压供电线路	
1995.3.6	天津市区	大风		8 条高压线路和 104 条低压线路发生故障	
1996.7.22—23	蓟县	大风	7～8 级大风	折断电杆 112 根，损坏电力线路 1 700 m 和 1 条 10 kV 高压线，供电中断 48 h	
1996.7.22—23	宝坻县	大风	7～8 级大风	损坏电力线路 10 250 m	
1997.1.13	天津市区	大风		58 条高压和低压线路发生断路和短路故障	
1997.3.29	津城	大风		16 号和 23 号高压线路短路，大面积停电	
1997.7.28	天津市	大风		8 条高压线路和 149 条低压线路断电	
1997.7.30	天津市	大风		先后有 29 条高压和 363 条低压线路发生故障	
1998.1.3	天津市	大风		144 条高压和低压线路发生断路和短路	
1998.8.3	蓟县	大风	风力 7～8 级	刮倒 226 根电线杆，损坏 3 台变压器	
1998.8.14	汉沽区	大风	风力 8～9 级，阵风 10 级	损坏两台农用变压器，经济损失 480 万元	
1998.8.18	蓟县	大风		中断供电线路 11 620 m	
1999.8.19—22	蓟县	大风		损坏供电线路 11 620 m	
1999.10.29	天津市	大风		10 余处低压接户线断线，多处高压线掉闸	
2000.3.27—28	河北区	大风	瞬时最大风速 20 m/s	压倒电线	
1966.7.2	塘沽区	冰雹	直径一般 5 cm	毁坏 179 t 煤；高压线路破瓶 329 个，倒杆 1 011 根，断杆 77 根，断线 98 处	

时间	地点	灾种	灾害特征	能源行业影响	交通行业影响
1980.6.22	武清县	冰雹	最大如鸡蛋	折断 1 041 根电线杆	
1987.7.4	汉沽区	冰雹		输电线路受到严重破坏	
1989.6.26	大港区	冰雹	持续时间最长 9 min	刮断 50 根电杆	
1990.6.21	大港区	冰雹	个大如枣，密度为每 100 粒/m²	电杆断 5 根，中断电源 24 h	
1992.7.21	武清县	冰雹		折断 22 根输电线	
1998.6.16	天津市区	冰雹	直径一般在 20～30 mm	10 条高压线路和 137 条低压线路先后故障	
1998.8.18	蓟县	冰雹		中断供电线路 11 620 m	
1999.7.17	宝坻县	冰雹	最大直径 20 mm，密度为 500 粒/m²	损坏低压、通信线路 2 000 m	
1997.6—8	天津市	酷热		低压电网故障频发，仅 7 月 12 日低压电网出现 223 次故障	
1999.7	天津市	酷热	平均气温较常年偏高 3.5～4.5℃	用电量骤增，日用电量比上一年同期增加 15%	
1986.10.7	汉沽区	雷电		化工厂 10 kV 高压线遭雷击，造成停电停产，造成 28 万元以上的损失	
1990.8.29	天津市	雷电		10 kV 高压电力架空线杆上的避雷器遭击爆炸，高压线路短路跳闸	
1991.7.28	静海县	雷电		发电机受损	
1992.8.29	铁路南仓区	雷电		10 kV 高压电力架空线杆上的避雷器遭击爆炸，高压线路过流跳闸	
1990.11	汉沽区	大雾			8 次大雾造成交通不便
1994.12.7、12.29、12.30	天津机场	大雾			14 个航班被取消，大批航班延误起飞
1996.12.12—15	天津市	大雾			国内航班取消，回港航班改降，郊县公路和高速公路连续发生交通事故，造成 5 死 2 伤
1997.11.16	天津市	大雾			18 个航班受阻，46 列车晚点，海上航船出现两次险情
1997.12.16	天津市	大雾			飞回天津的 7 个航班改降，从天津启航的多个航班被迫取消
1998.10.30	天津市	大雾	能见度市区 10～15 m，郊县 5～6 m		7 个国内和 3 个国际航班不能正常起飞，多趟列车晚点，京津塘高速公路临时封闭
1998.12.21	天津市区及大部分区县	大雾	能见度 50 m 左右		16 个航班被延误，1 000 余名旅客滞留在机场，京津塘高速公路全线封闭

时间	地点	灾种	灾害特征	能源行业影响	交通行业影响
1999.2.15	天津机场	大雾			7 个航班延误
1999.11.20	天津市区及大部分区县	大雾	区县能见度最低仅 5 m 左右		滨海国际机场航班延误或停飞,京津塘高速公路全线封闭
2000.10.6	天津市	大雾	能见度最低仅 7~8 m		津保和京沪高速公路天津段封路,8 架出港航班延误 30 min,10 架外航进港航班延误进港 2 h
2000.11.28	天津市	大雾	能见度市区 50 m,区县最低 5 m,最高 30 m		5 条高速公路全线关闭,滨海国际机场 7 个航班起飞延误,4 个进港航班延误降落,机场暂时关闭,天津港实施封港令
2000.12.1	天津市	大雾	能见度市区 800 m,静海县仅为 30 m		津保、津福两条高速公路暂时关闭
2000.12.13	天津市大部分地区	大雾	能见度一般在 100 m 以下		部分高速公路暂时关闭,天津机场暂时关闭,所有航班延迟
2000.12.28	天津部分地区	大雾	能见度 100 m 以下,最低只有 20 m		天津机场暂时关闭,津福、京津高速公路暂时关闭
1990.1.28	天津大部分地区	雪灾			给交通带来不便
1998.11.21	天津	雪灾			京津塘高速公路封闭
2000.1.4—5	天津	雪灾	普降中雪		京津塘高速公路暂时封闭,滨海国际机场暂时关闭
1992.9.1	天津市沿海	风暴潮	潮位达 5.98 m,东北风 8~9 级,阵风 11 级	大港油田的 69 眼油井被海水浸泡,其中 31 眼停产	天津新港的码头和客运站被淹,津岐一段约 2 km 的公路被淹
1993.11.16	天津沿海	风暴潮	最高潮位 5.21 m		新港客运码头和航道局管线队部分堤坝上水,新港船闸漏水
1994.8.14—16	塘沽沿海	风暴潮	最高潮位 5.0 m		塘沽和汉沽部分码头漫水
1951.1.9	大沽航道	海冰	冰厚 0.3 m		全港封冻
1969.2	塘沽港	海冰	海面冰厚 30~40 cm	"海一井"石油平台桩柱被割断,摧毁"海二井'石油平台	58 艘客货轮被海冰夹住,随波移动
1985.2	天津海上	海冰	冰厚约 25 cm		影响小船航行

三、河北省气候灾害及对能源和交通的影响统计表

时间	地点	灾种	灾害特征	能源行业影响	交通行业影响
1965	全省	干旱	受灾面积 235.27 万 hm², 成灾面积 119.3 万 hm²	全省 16 座大型水库中有 6 座空库, 水电站不能继续发电, 石家庄、天津用电水困难	中南部和张家口地区的各主要河道水量大减, 永定河干涸, 桑干河在阳原境内只有半个流量, 子牙河、大清河、南运河河北境内无水
1968	全省	干旱	受灾面积 68.3 万 hm², 成灾 35.5 万 hm²		沧州几条主要河流干涸, 地面水枯竭
1971.8—1972.7	全省	干旱	春季平均雨量 25 mm, 无雨日持续天数超过 50 天	平泉县 10 多处发电站停止发电, 15 处水库干涸 10 处	
1985	石家庄	干旱	降水量较往年偏少 20%~50%, 冬旱严重		井陉县投入机动车 30 辆, 小拉车 300 多辆, 平均每天 7 000 多人外出解决饮水困难
1986	全省	干旱	夏季降水少	到 8 月底, 大中型水库蓄水 37.75 亿 m³, 省内管辖调度水库蓄水仅 15.7 亿 m³	邢台地区 21 条河道全部断流
1987	河北省中南部及张家口地区	干旱	伏旱重于秋旱, 秋旱甚于春旱	为确保农业抗旱用电, 仅石家庄每天为抗旱让电 1.8 万 kW·h	水库无水, 河水断流
1989	河北省北部地区张家口及承德	干旱	张北县全年降水 114.6 mm, 沽源县全年降水 151.0 mm		三大河系河北断流
1990.7—8	邯郸	干旱	10 cm 土壤水含量只有 6.5%~7.9%, 严重的地块只有 3.5%		成安县地区漳河、滏阳河无水, 卫河断流
1992	全省	干旱	全省平均年降水量 406 mm, 比常年少 133 mm	省辖 17 座水库蓄水 13.31 亿 m³, 比上年同期少 12.38 亿 m³	有的河流干涸断流
1993	全省	干旱	持续时间长, 受灾面积大, 干旱程度高	全省 17 座大型水库仅蓄水 10 亿 m³, 是近年来最少的一年	平原黑龙港地区有的人往返几十里拉水、运水
1994	全省	干旱	因旱受灾面积 146.4 万 hm², 占全省受灾面积的 44.6%	大中型水库蓄水 12 亿 m³。石家庄市 98 座小型水库、520 座塘坝干涸无水, 4.2 万眼机井抽不上水	村民被迫到数十里外拉水饮用

时间	地点	灾种	灾害特征	能源行业影响	交通行业影响
1995	全省中南部	干旱	1—4 月全省平均降雨 8.8 mm	中南部小型水库和塘坝干涸，赞皇县两座中型水库均在死水位以下，63 座小型水库和 97 座塘坝全部干涸	
1997	全省	干旱	全省范围的特大干旱	张家口 30 座水库干涸；唐县 28 座小型水库中 24 座干涸或接近干涸，103 座塘坝干涸，195 处扬水站多数闲置	张北县有 4 个较大的涌泉断流，沽源县有 8 条河流断流
1998	全省中南部大部分地区	干旱	降水严重偏少，气温偏高	全省大中型水库较往年蓄水少 1/3	
1949.7—8	唐山	暴雨洪涝	降雨量为历年同期值的两倍左右	发电站、制钢厂、德胜磁厂水深约 0.5 m，两个耐火砖窑及库房工房均被水冲毁	洪水进入市区，铁路以南尽成泽国
1953.8.9	沧县	暴雨洪涝	沧县捷地一次降雨 210 mm		津浦路停车 6 h
1954.9	中部地区	暴雨洪涝	连续降雨引发洪涝	冲毁水利工程 9 307 处	被毁公路 3 450 余 km，桥梁 88 座，涵洞 51 道
1956.7.29—8.6	石家庄、保定地区	暴雨洪涝	受台风影响，京广铁路两侧降雨 200～400 mm	损坏水利工程 77 808 处	京广铁路多处被冲毁
1957.6.8	邯郸	暴雨洪涝	大雨，沁河水暴涨		洪水淹没邯郸学步桥桥面
1959.8	全省	暴雨洪涝	受灾土地 91.3 万 hm²，灾民 450 万人	全省冲毁小水库 412 座，中型水库 11 座，一些渠道、池闸受损	京山、京广、集（宁）二（连浩特）铁路因灾一度停车，一些地区公路桥梁冲断，电话线路被毁
1960.7.28—29	邯郸	暴雨洪涝	连降大暴雨 36 h，降雨量达 136 mm	冲毁小型水利工程 213 处	京广铁路中断 296 h
1961	全省	暴雨洪涝	因水受灾面积 83.7 万 hm²	损坏水利工程 117 处	
1962.7.24—26	承德南部及唐山	暴雨洪涝	雨量 200～300 mm		京山铁路被冲毁，青龙县交通、通信全部中断
1963.8	全省	暴雨洪涝	特重洪涝灾年	邯郸、邢台、石家庄、保定四市 88% 的工业一度停产，有些矿井被淹	京广、石德、石太等铁路多处被冲毁，京广线中断 28 天，石德线中断 46 天，津浦线中断 10 天，石太线中断 12 天，6 条地方铁路共 282 km 路基被毁 800 余处，全部停止通车。冲坏桥梁 32 座，县以上公路 6 700 多 km，74 县市交通中断
1971.7—8	海兴县	暴雨洪涝	雨量 600～700 mm		通往高湾、辛集、天津、丁村的四条公路均被淹没，交通断绝
1977.7.25—28	邯郸	暴雨洪涝	平均降水 280 mm 以上		冲毁桥梁 254 座
1977.6—8	沧州	暴雨洪涝	雨量 684 mm		冲毁桥、闸、涵 3 780 座

时间	地点	灾种	灾害特征	能源行业影响	交通行业影响
1984.8.10	秦皇岛	暴雨洪涝	最大雨量500 mm，风力达7~8级	冲倒电线杆600多根	冲毁桥梁4座
1984.8.9—11	衡水	暴雨洪涝	雨量300 mm以上	冲毁电线杆20多根	冲毁桥梁23座、水闸7处、涵洞21处
1984.8.9—11	唐山	暴雨洪涝	暴雨		冲毁公路40多km，大桥4座，其中有迁安至芦龙公路段内的18孔桥1座
1985.7.22 1985.7.24	武强县、安平县、饶阳县	暴雨洪涝	武强县、安平县、饶阳县当日降水量分别是223 mm、313 mm、222 mm		全省损坏路面142万m²，路基28万多m³，塌方17万多m³，中断桥梁涵洞1 km
1986.5.31	平泉3乡16村	暴雨洪涝	山洪		冲毁公路6 200 m
1986.6.18	滦平县	暴雨洪涝	降雨35 min引发山洪		冲毁公路5 km、河坝185道、石桥1座
1986.7.21	承德地区	暴雨洪涝	受灾面积6.2万hm²		冲毁乡、村公路105 km，冲毁桥梁5处、吊桥11处
1987.8.21	保定	暴雨洪涝	大雨		保定至阜平线五丈湾段方1.1万m³，国道106线冀线段在21 km长的路段内，被暴雨冲成宽1 m、深1 m的长槽。抢修估计耗资800万元
1987.8.26—27	全省大部	暴雨洪涝	大暴雨并伴有大风，局部地区洪涝		冲毁桥涵洞56座
1987.8.26	衡水	暴雨洪涝	特大暴雨，持续时间6 h，雨量超过200 mm	电池厂受损失获保险公司赔偿4.8万元	市区6条主要街道积水
1988.8	保定地区	暴雨洪涝	降雨量150~200 mm，局部超过400 mm	刮倒电线杆366根	冲毁公路40 km，桥梁1座
1988.8	石家庄西部	暴雨洪涝	降雨量160 mm		冲毁省级干线正（定）南（营）公路灵寿段
1989.7.15	丰宁、围场、隆化	暴雨洪涝	暴雨成灾		洪水冲毁桥梁1座、公路55 km
1989.7.16—23	全省大部	暴雨洪涝	降水量200 mm以上	部分交通、通信、水利、电力设施遭到严重破坏	
1989.7.16—17	邯郸地区	暴雨洪涝	降水量200 mm以上，伴有7级以上大风	刮断电线杆2 040根	冲毁公路46处，长1.7万m
1989.7.21—22	广宗县	暴雨洪涝	降水量480 mm	损坏机井72眼、电线1 700 m、变压器4台	
1989.7.21—22	沧州市	暴雨洪涝	暴雨致街道水深20~30 cm		交通一度中断

时间	地点	灾种	灾害特征	能源行业影响	交通行业影响
1989.7.21—22	完县	暴雨洪涝	降水量 563 mm	县城与外界交通、通信、电力中断，破坏变电站 5 座、变压器 273 台、高低压电力线路 480 km	
1990.5.29	行唐县	暴雨洪涝	3 h 降雨 117 mm，风力 7～9 级		冲毁道路 22.5 km
1990.7.5	承德地区	暴雨洪涝	雨量每小时 75 mm		冲毁堤坝 5 万 km、公路 160 km
1990.7.15—17	承德地区	暴雨洪涝	连降暴雨		冲毁河坝 300 km、乡村公路 400 km、桥涵 14 座
1991.5.30—31	丰宁、宣化	暴雨洪涝	暴雨致山洪		大坝、引水工程、公路、桥梁等遭到严重破坏
1991.6.7—10	承德地区	暴雨洪涝	平均降水量 118 mm		冲毁县级以上公路 376 km、护村坝 500 km、桥梁 82 座，沙通铁路因路基冲毁停运 72h
1991.7.17	衡水地区	暴雨洪涝	降水量 180 mm	电力设施遭到严重破坏	
1991.7.28	黄骅市	暴雨洪涝	大到暴雨		冲毁公路 17.5 km
1992.7.23—25	阜城、丰南、东光、崇礼	暴雨洪涝	大暴雨袭击	损坏电线杆 646 根，毁坏 16 座变电站；冲毁饮水井 5 眼，部分电力通信设施被毁	毁坏 310 座桥涵和公路多处
1992.8.3—4	丰宁、迁安、丰润、滦平	暴雨洪涝	洪峰最大流量 1 000 m³/s	倒折电杆 234 根	冲毁护坝 40 多 km、引水坝 21 道、砖坯 50 万块、桥涵 9 座、吊桥 5 个、机井 23 眼、渠道 32 条、闸 5 座
1993.7.3—7	唐山市迁安县	暴雨洪涝	3 次遭受暴雨袭击，最大降水量 218 mm		冲毁水库 2 座、桥涵 15 座
1993.7.18	阜平县	暴雨洪涝	遭大暴雨袭击		冲毁公路 5 km
1993.8.4—5	邯郸、邢台	暴雨洪涝	局部有冰雹，持续时间 17 h，最大降水量 389 mm		冲毁桥梁 6 座
1994.7.5	丰润、迁西、迁安、遵化、唐海	暴雨洪涝	最大风力 9～10 级	刮倒折断电线杆 141 根	
1994.7.7	唐县	暴雨洪涝	半小时降雨 170 mm		冲毁公路 37.5 km、铁路 200 m、桥涵 16 座
1994.7.11—13	承德	暴雨洪涝	受 6 号台风的影响，暴雨集中，强度大	供电系统沿河线杆和跨河线路多处被毁，造成输电、通信长时间断路	市区老公路桥 7 号墩桩基下沉 1.5 m，桥面断裂坍塌；市区通往外地的公路全部断交；京承、锦城、京通、承隆 4 条铁路坍塌 21 处，2 000 多名旅客滞留

时间	地点	灾种	灾害特征	能源行业影响	交通行业影响
1994.7.11—13	廊坊	暴雨洪涝	最大降雨量412 mm	倒折电杆 1 030 根	
1994.7.13	青龙县	暴雨洪涝	连续暴雨 10 余 h，局部大风		公路 89 处中断，冲毁桥涵 41 座
1994.7.13	唐山	暴雨洪涝		损坏机电泵站 81 座，部分交通电力设施中断	
1994.8.5—6	唐山	暴雨洪涝	降水量 270 mm	60 多家工矿企业进水，造成停产和半停产，经济损失达 3 亿多元	
1994.8.12—13	廊坊	暴雨洪涝	受前段连续降雨影响，且降雨量集中	损坏高低压线 1.5 万 km、机井 1.8 万眼	冲毁柏油路面 60 多 km，通信线 1.1 万 km，损坏桥涵闸 300 余处
1995.7.12—14	无极县	暴雨洪涝	降水量 366 mm	损坏砖窑 15 座、砖坯 500 万块，冲走水泥 6 万 kg	
1995.7.28—8.3	承德	暴雨洪涝	平均降雨量160 mm		京承铁路被迫中断 4 h
1995.7.28—8.3	唐山	暴雨洪涝	局部降水量400 mm	折倒电杆 2 047 根、通信线杆 1 470 根，两座电站被冲毁	15 条公路中断
1995.7.28—8.3	迁西	暴雨洪涝	5 h 降雨 248 mm	两条供电线路中断	9 条公路中断
1995.7.28—8.3	保定涞水	暴雨洪涝	降水量 202 mm		冲毁公路 210 km
1996.6.18	石家庄	暴雨洪涝	市区雨量达 70多 mm		34 处积水，路面塌陷严重
1996.7.20—29	兴隆县	暴雨洪涝	最大降水量400 mm	3 个乡的电力中断	冲毁乡镇公路 451 km、桥涵 158 座，40 多个村交通中断，国省干线公路冲毁 4 处，两处中断，新建承唐公路承栗段多处塌方
1996.8.2—4	井陉县	暴雨洪涝		3 000 多 m 高压线折断，全县停电 10 几个小时	境内的公路铁路全部断交
1996.8.2—4	邯郸武安、涉县	暴雨洪涝	最大降雨量360 mm		县内交通全部中断
1996.8.4—5	全省	暴雨洪涝	受 8 号台风外围云团影响，造成暴雨，时间短、强度大、径流急	水利设施损失严重；损坏大型水库 1 座、中型水库 5 座、小型水库 114 座、堤防 1 607 km、护岸 1 500 处、水闸 1 373 座、渠道 1 370 km、渡槽 164 座、桥涵 2 832 座、机电井 7.8 万眼、机电泵站 803 座、小水电站 33 座；南电网 11 台发电机相继停运，4 个 110 kV 变电站停电，35 kV 线路倒杆 159 根，21 条 75 km 线路受损，21 座 kV 变电站停电，10 kV 线路倒杆 2 307 根，配电变压器损失 1 502 台	107 国道、石太高速公路等 15 条国道、76 条省道、100 多条县道一度断交，冲毁桥梁 395 座、涵洞 2 746 个，冲毁路基、路面 6 250 万 m²，护坡 11 万 m²。局部冲毁地方铁路 3 条，石太、邯长铁路一度中断

时间	地点	灾种	灾害特征	能源行业影响	交通行业影响
1996.8.9—10	廊坊、秦皇岛的部分县市	暴雨洪涝	平均降雨量80 mm，前期雨量大、土壤饱和、地面积水		冲毁桥涵 19 座，县级公路两处
1997.6.25	邯郸武安、永年	暴雨洪涝	风力 8～10 级，平均降雨量 100 mm，局部达 130 mm		冲毁桥涵 28 座，围墙 1.8 万 m，道路 2 800 m，渠道 15 000 m
1997.6.25	邢台临城县	暴雨洪涝	降水量 84 mm	部分电力、通信设施损坏	毁坏道路 19 km
1997.6.25	石家庄赞皇县	暴雨洪涝	100 mm 以上，伴有冰雹		冲毁道路两条
1997.7.3	涞源县	暴雨洪涝	1 h 降雨量 84 mm	倒折电杆 0.1 万根	冲毁护村堤坝 1 300 m，乡村公路 23 km，大小桥梁 3 座
1997.7.31—9.1	承德、石家庄、邢台部分地区	暴雨洪涝		部分桥涵及电力设施遭到破坏	冲毁乡村公路 596.8 km，灌渠、护村堤坝 148.7 km
1998.7.5	承德地区	暴雨洪涝	平均降雨 122.5 mm		虎丰公路及通往承德的 212 线被洪水冲断
1998.7.13	唐山市	暴雨洪涝	降水量 200～300 mm	倒折电杆、线杆 30 根	冲毁道路 1 000 km、桥梁 31 座
1998.8.4	承德隆化县	暴雨洪涝	3 h 降雨量 76 mm		冲毁道路 110.5 km
1999.8.22	石家庄	暴雨洪涝	2 h 降雨量 70 mm		全市 19 座地道桥中有 14 座因积水中断交通
2000.7.3—7	邢台、邯郸	暴雨洪涝	降水量大于 200 mm	损坏输电线路 190 km	公路中断 280 余处，冲毁公路路基 983 m，冲毁桥梁、涵洞及各种水利设施多处
1959.8.28	邯郸市	大风	大风 8 级，部分地区 9～10 级，有冰雹	邯郸钢铁厂输电线路被刮断，高炉停产 18 h 30 min	
1966.7.2	吴桥县	大风	10～12 级大风，伴有冰雹	损坏电力高压线 25 km	
1968.6.6	邯郸市	大风	8 级大风	国棉四厂输电线路被风刮断造成短路，引发大火	
1975.6.5—7.14	沧州地区	大风	6～8 级大风	刮倒电杆 709 根	
1975.6.9	吴桥	大风	10 级大风	刮倒电杆 80 根，毁水井 64 眼	
1975.6.27	东光县	大风	狂风加冰雹	刮倒水泥电杆 200 根	
1977.7.24	任丘、河间、献县	大风	10 级左右大风并伴有冰雹	刮倒电杆 1 552 根	

时间	地点	灾种	灾害特征	能源行业影响	交通行业影响
1978.7.9	任丘县	大风	12级大风，风速41 m/s，历时40 min，伴有大暴雨及冰雹	农电设施损失严重，高压线路倒杆断线51处，折断电杆96根，断线58处，长28 km，刮断陶瓷横担255条，低压线路折断电杆303根，刮倒188根，断线23处，长43 km，造成全县长时间停电。任丘油田刮倒井架7座，损坏设备9台，刮坏帐篷、板房605栋，房屋掀顶413间	
1979	全省	大风	风雹灾害	刮倒电杆1 082根	
1980.6.13	玉田县	大风	飑线大风	能抗11级风的22万V高压输电铁塔被拦腰折断	
1982.7.31	晋县	大风	龙卷风	电杆被折断	
1983.6.27	沧州	大风	飑线大风	沧州石油仓库5 000 m³油管被吹瘪	
	涿县	大风	风雹灾害	刮倒高低线杆966根	
1985.6.2	昌黎县	大风	最大风速31 m/s	208根低压电杆刮倒	
1985.7—8	保定地区	大风	先后出现6次风雹灾害	因大风倒树砸断10~35 kV高压线路154条次，更换导线5 t，线杆10根，因灾更换变压器5台，更换各种高压线路设备200多套件	京广铁路保定至石家庄站沿线有120棵大树倒卧轨下，京广铁路北京至石家庄段停运
1986.7.14	滦县	大风	飑线大风，持续7 min	刮倒电杆63根	
1986.7.26	黄骅县	大风	龙卷风伴有冰雹，风力8~10级	刮倒电杆118根，刮掉动力线1 200 m，通信线2.47万 m	
1987.8.24	景县、武邑县等	大风	特大风雹，风力10~11级	刮倒折电杆800多根	
1987.8.26	威县、清河县	大风	黑色圆柱式龙卷风	折倒电杆82根，损坏机井房7座、变压器1台	
1988.9.3	沧州地区	大风	暴风雨冰雹袭击	折倒电杆392根、电线1.9万多m	
1989.7.17	临西县	大风	龙卷风	刮倒电杆250多根	
1990.8	沧州地区	大风	风力10级，风速35~40 m/s，阵风12级	黄骅港区输电、供水、通信全部中断，3 000 t级码头的导堤抛石船和地质钻探平台沉入海中，水塔施工用的30 m吊车腰斩，千吨级码头的两台螺旋卸车机刮倒	
1991.7	邢台沙河	大风	瞬时风速37 m/s	超过了电力输电线路设计的最大瞬时风速36 m/s，将7级22万V铁塔吹倒，造成100多万元的经济损失，下游地区停电4天	

时间	地点	灾种	灾害特征	能源行业影响	交通行业影响
1991.7.22	保定地区	大风	最大风力 12 级，雨量不大	折倒电力、通信线杆 8 367 根	铁路定兴段停运 6 h
1992.7.23	涿州市	大风	龙卷风伴有冰雹	刮断电线杆 56 根，损坏线路 27 370 m	
1993.7.2	张北县	大风	龙卷风所经路程 50 km，宽 5～15 km	折断电杆 1 640 根	
1993.7.2	坝上察北牧场	大风	特大龙卷风	电线杆折断 28 根	
1994.7.21	石家庄	大风	瞬时风速 23 m/s	全市 24 条 10 kV 配电线路被砸断，30 条电信电缆断裂，郊县刮倒电杆 1 000 余根，栾城许营变电站因风造成短路，停电 6 h	
1996.5.7	玉田县	大风	龙卷风风力 7～8 级，阵风 11 级以上	刮倒高压电线杆 293 根，损坏线路 17 580 m，刮倒电话线杆 46 根，损坏线路 2 100 m	
1996.5.26	武安市	大风	龙卷风	刮倒电杆 40 余根	
1998.8.3	石家庄地区	大风	特大暴风雨，风力 8～10 级	损坏电力 36 处	
1998.8.3	保定地区	大风	风力 5～7 级，阵风 9 级以上，降雨 40 mm	折倒电杆 91 根	
1965.7.3	石家庄、保定地区	冰雹		毁电线杆 2 000 根	
1983.6.27	涿县	冰雹		12 根水泥低压电杆全部被刮倒（断）	
1985.7.2	保定市	冰雹	最大直径 70 mm，平均重 14 g	保定市区停水停电	京广铁路中断 1.5 h
1989.6.26	秦皇岛	冰雹	8～10 级大风和冰雹	刮倒电杆 185 根，损坏船只 6 艘	
1989.7.1	涉县	冰雹	积雹厚度 10～15 cm		冲毁公路 2 万 m
1989.7.13	定州市	冰雹	龙卷风 8～10 级，冰雹大似红枣	折倒电线杆 22 根	
1990.6.21—22	全省	冰雹	特大风雹	全省 6 112 根电杆被连根拔起或者拦腰折断，沧州市两个 22 万 V 变电站、4 座 11 万 V 电站断电，10 kV 输电线有 24 条跳闸，70 多台电器被毁，全市停电长达 11 h	石家庄部分地区冲毁公路 100 km。行唐县冲毁桥梁 14 座

时间	地点	灾种	灾害特征	能源行业影响	交通行业影响
1991.4. 23—24	全省	冰雹	雹粒直径 2～ 4.5 cm，最大雹粒重 2 000 多 g，密度 700～1 200 粒/m²，平均时间 15～20 min，平地积雹 4～6 cm	刮断电杆 2 315 根	
1991.6.8	张家口地区	冰雹	雹粒大的如馒头，一般如核桃，大量似花生米、玉米粒	刮倒高低压电杆 616 根，毁坏输电线路 50 km、变压器 62 台，沙河市 64 家企业停电 40 h	
1991.7.9	廊坊地区	冰雹	降雹 20～30 min，直径 1～15 cm	部分砖瓦建材企业损失严重，直接经济损失 3 000 万元	大树被连根拔起或拦腰折断，6 辆过往车辆被砸在公路上
1991.7.27	吴桥、东光	冰雹	风雹，风力 10 级	刮断电杆 60 根	
1992.5.15	省中部地区	冰雹	最大直径 10cm	部分乡村的电力、通信设备遭到严重破坏，直接经济损失 2.3 亿元	
1992.6. 21—23	全省	冰雹	雹大如核桃，持续 5～30 min，伴有 6～10 级大风和阵雨	部分电力、通信设施遭到破坏	
1992.7. 31—8.3	全省大部	冰雹	雹大如鸭蛋，7～9 级大风，局部暴雨	部分电力、交通、通信设施遭严重破坏，经济损失 13 785 万元	
1993.5—6	全省大部	冰雹		刮倒电杆 870 根	
1993.7. 8—9	,南宫市	冰雹		大风折倒电杆 1 619 根	
1993.7.17	柏乡、隆尧、巨鹿、任县	冰雹	严重风雹	折断电杆 2 085 根	
1993.7.27	威县、临城、邢台、广宗	冰雹	风力 7～10 级，持续降雹 15 min，平地积雹 4 cm 以上	折倒电杆 16 根	
1994.6.26	邢台	冰雹	最大风力 11 级，冰雹最大直径 8 cm	刮倒折断电杆 1 100 根	
1995.6. 22—24	沧州、衡水、邢台	冰雹	特大风雹	刮倒折断高低压线杆 461 根、通信线杆 825 根，造成 67 个村停水停电、912 个乡村企业停工停产	
1997.7.6	保定	冰雹	风 9 级，降雹 20 min	刮倒电杆 294 根，损坏线路 6 000 多 m	

时间	地点	灾种	灾害特征	能源行业影响	交通行业影响
1997.9.9	保定	冰雹	雹径 2～3 cm，最大 5 cm	部分电力、交通设施被破坏，经济损失 1.53 亿元，唐县刮断电杆 18 根，损坏变压器 1 台，定州刮倒电杆 82 根，损坏线路 4 000 多 m，15 个行政村停电 20 余 h	
1998.4.22	邯郸	冰雹	地面积雹厚度 2～5 cm，最大 15 cm	部分电力设备损坏	
1998.6.9	唐山	冰雹	最大雹径 5 cm 以上	折倒电杆 90 多根，2 300 多米电线被刮断	
1998.6.21	廊坊、保定、衡水、邢台、邯郸	冰雹	冰雹直径 2 cm，最大 5 cm	毁坏变压器 198 台，刮倒电杆 4 303 根	
1998.7.17	保定地区	冰雹	最大直径 25 cm	折倒电杆 307 根	冲毁乡间道路 32.5 km
1998.7.20	邢台地区	冰雹	冰雹直径 1～2 cm，密度 150～200 粒/m²	电杆倒折 263 根	冲毁乡间公路 5.6 km
1998.7.20	邯郸地区	冰雹	降雹持续 30 min，雹径 10～20 mm，最大雹径 50 mm	折倒电线杆 596 根	
1998.7.18—20	邯郸地区	冰雹	降雹持续 30 min，雹粒一般 5～20 mm，最大 50 mm，积雹厚度 8 cm	电力、通信、乡村道路受损严重	
1998.8.30	吴桥县	冰雹	风力 8～10 级，冰雹直径 2～6 cm，持续时间 15～30 min，地面积雹厚度 5～10 cm	340 根电杆折断	
1998.9.3	昌黎县	冰雹	风力 7～8 级，冰雹直径 0.8～2 cm，持续 20 min	折断电杆 24 根	
1997.7	全省	高温	全省 96 个站点中有 79 个平均最高气温创历史纪录	石家庄市电业局从北京急调 20 万 kW·h 的电力指标；全省灌溉用电负荷达 130 万 kW，用柴油 3.06 亿 kg	
1979.2.4	张家口	低温	平地最大积雪 50 cm，平均 17 cm		积雪覆盖，交通受阻
1992.4.6	沽源县	低温	冻雨、大风	电力、通信设施损失严重，直接经济损失 31.1 万元	

时间	地点	灾种	灾害特征	能源行业影响	交通行业影响
1994.5.2—4	承德、张家口	低温	积雪 40~70 cm，最大风力 8~9 级	交通、通信、电力中断；刮倒电杆 1 773 根	
1994.5.2	迁安县	低温	风力 8~9 级，气温骤降至 7.5℃	600 m 低压线路被折断	
1997.10.1—3	围场县	低温	气温骤降，地面结冰	电力、通信线路凝结冰雪 8~12 cm；部分交通、电力、通信设施遭破坏，全县范围停电造成 110 家工业企业停产，经济损失 9 496 万元	
2000.1.11—12	石家庄、邢台、保定	低温	降雪 10~14 mm		河北省内各大高速公路除京沈线外全部封闭；石家庄有 48 趟过路车晚点，延误最长的达 23 h；石家庄机场去上海、广州方向的两班出港航班延误
1958.7.21	秦皇岛	风暴潮	受 5812 号台风影响		京山铁路山海关到留守营段 11 处被冲毁
1964.4.5—6	秦皇岛	风暴潮	风暴潮高潮位达 4.77 m		海浪淘空外交部休养所环海路基 3 处
1965.11.7	沧州	风暴潮	渤海 8 级东北风，形成海啸		贯穿南北的交通和通往黄骅县城的公路被切断
1972.7.21	昌黎县	风暴潮		折断高压线 462 根，电话线杆 1 571 根	
1979.2.21	海兴县	风暴潮	海啸	冲毁涵洞、水闸各 1 座	冲毁 1 座桥
1987.8.26	唐山、秦皇岛	风暴潮			交通、电信中断
1992.9.1	沧州黄骅	风暴潮	9216 号强热带风暴	部分电力、水利设施被毁，直接经济损失 1.2 亿元	
1997.8.20	唐山、秦皇岛	风暴潮	9711 号台风	电力、通信设施受损	铁路、公路遭到严重破坏
1979.7.28	青龙县南部	泥石流	泥石流 19 400 处	冲毁水电站两处	冲毁县级公路 50 km，区乡道路 300 km
1979.7.28	迁安县	泥石流	泥石流 3 000 多处	毁水利设施 250 处	
1986	保定地区	泥石流	泥石流 2 000 多处		毁公路 1 011 km、桥涵 26 座、谷坊坝 210 km、填沟 165 km
1995.7.28—8.3	宽城县	泥石流、滑坡	泥石流 7 316 处	电力设施被冲毁	公路被冲毁
1995.7.28	迁西县	泥石流	泥石流 152 处	两条供电线路中断，160 个企业停产	9 条公路断交
1996.8.3—4	元氏县	泥石流		价值 46 万元的选矿厂被冲毁	
1999.8.14	平山县	泥石流			冲毁涵洞 1 座

四、山西省气候灾害及对能源和交通的影响统计资料表

时间	地点	灾种	灾害特征	能源行业影响	交通行业影响
1950.5.24	静乐县	冰雹	雹大如杏		毁坏铁路多处
1961.6.26	侯马市	冰雹			侯马铁路部分路段被损坏，迫使火车停运 5 h
1962.5.26—27	柳林县	冰雹	每次降雹 40 多 min		毁坏 1 座公路大桥、5 座木桥、19 孔窑洞
1962.5.26—7.14	榆次及周边县、市	冰雹		冲走 50 t 煤炭	
1962.7.4	浑源县	冰雹	直径 5 cm，时长 20 min		同浑公路蔡村段淤积冰雹，致使公路停车 3 天
1962.8.12	灵石县	冰雹		冲走 130 t 煤炭	
1963.6.27	襄汾县	冰雹	雹粒大如核桃，小似杏核		迫使火车停开 30 min
1963.9.13	大同市	冰雹	地面积雹 6 cm	电杆电线被打断	
1964.6	岚县岚城	冰雹	平均直径 5～6 cm		交通中断
1964.7.3	祁县	冰雹	大如鸡蛋，小如核桃	毁坏 1 台变压器	
1966.7.26—8.26	晋中专区	冰雹		损坏各类电杆 2 300 根	摧毁桥梁、渠道、堰坝等工程 3 525 件
1970.7.11	平遥县	冰雹			毁坏公路 8 处
1970.6.28	古交区	冰雹	一般近似核桃	损坏 150 t 焦炭	
1971.6.7	芮城县	冰雹	大如拳头	高压线被打断，损坏许多电杆	
1971.6.7	永济县	冰雹	雹如杏核	损坏电杆 820 根	
1973.6.13	清徐县	冰雹		毁坏电杆 32 根	
1974.7.16—18	芮城县	冰雹	直径 8～25 mm	折毁电杆 446 根	
1976.7.12	永和县	冰雹	最大直径 8 mm		干线公路被冲毁 2.5 km
1976.7.12—13	安泽县	冰雹			毁坏部分桥梁
1976.7.26	陵川县	冰雹		毁坏电杆 9 根	塌桥 1 座
1976.9.26	安泽县	冰雹	大如拳头，小似杏核		冲毁桥梁 3 座、公路 3 条
1977.5.27—6.26	灵石县	冰雹		冲走部分矿石	
1977.5.27、5.29	寿阳县	冰雹			冲毁 4 座桥涵
1977.8.11	榆次市	冰雹		毁坏电杆 21 根	
1977.8.20	新绛县	冰雹		损坏 25 根电杆	
1977.8	运城及周围县区	冰雹		冲毁 1 处小型发电站	冲毁桥涵 24 处、渠道 2 300 m 和简易公路 15 km
1979.6.19—29	运城	冰雹	大如核桃、鸡蛋	损坏电杆 559 根	

时间	地点	灾种	灾害特征	能源行业影响	交通行业影响
1979.6.28	夏县和绛县	冰雹		损坏电杆和断线	
1979.6.29	乡宁县	冰雹	雹大如核桃	冲走煤炭 350 t	
1979.7.18—21	平陆及周边县区	冰雹	大如鸡蛋		发生断路
1979.7.21	寿阳县	冰雹			部分公路、涵洞被毁坏
1979.7.23	大宁县	冰雹			冲坏道路 20 处，冲毁石桥两座
1979.7.23	祁县	冰雹		毁坏电杆 377 根	
1980.7.17	霍县	冰雹			20 余处道路被损坏
1981.6.30	灵石县	冰雹		厂矿遭到严重损失，冲走 2 500 t 煤炭	冲毁桥涵 26 座，铁路遭到严重损失
1981.7.24	应县	冰雹		冲走 11 根电杆	冲毁 200 m 公路，冲垮小型便桥 1 座
1981.7—8	灵丘县	冰雹			冲毁多处乡村道路
1982.6.8—25	安泽县	冰雹			冲毁桥涵 10 座，冰雹覆盖、交通断绝
1982.6.8—25	沁水县	冰雹		冲毁电杆	冲毁公路桥涵
1982.6.15	偏关县	冰雹	一般如蚕豆		冲毁国防公路 1 km
1982.7.3	新绛县	冰雹	最大直径 50 mm	刮倒电杆 16 根	
1982.7.3	汾西县	冰雹	最大直径 40 mm，平均重 9 g		冲断道路 10 处
1983.7.24	新绛县	冰雹		折断 40 多根电杆	
1983.7.26、7.28	祁县	冰雹			冲坏桥涵 17 处、道路 6 km
1983.8.4	太谷县	冰雹			县社公路被冲断
1983.8.21	左云县	冰雹		冲走煤车 32 辆	
1983.8.23—31	古交区	冰雹		冲走原煤和焦炭 1.25 万余 t	冲断 94 km 公路
1984.5.26	襄垣县	冰雹			冲毁公路 7 000 m
1984.7.3	榆次市	冰雹		冲走原煤 4 300 t	
1984.7.3	榆社县	冰雹	最大直径 15 mm	毁坏 39 根电杆	
1984.8.22	大同市	冰雹			毁坏 5 000 m 渠道、60 m 公路，损失 1.4 万元
1984.8.24	稷山县	冰雹	大如鸡蛋，小如杏核		部分道路被冲毁
14985.5.11	岢岚县	冰雹	最大直径 5 cm		冲坏道路、桥梁 6 处
1985.6.6—19	祁县	冰雹			冲坏道路 12 km
1985.6.15—17	平遥县	冰雹		毁坏 42 根供电线路电杆	
1985.6.15	潞城县	冰雹		冲走煤炭 30 t	毁坏道路 15 条
1985.6.15	汾西县	冰雹	雹粒密集，块大如拳头	部分高压线被毁坏	

时间	地点	灾种	灾害特征	能源行业影响	交通行业影响
1985.7.26	阳城县	冰雹	大冰雹直径10 cm，小如杏	35 根电杆受损，3 条总长101.83 km 的 10 kV 输电线路受损，141 户工农业单位断电停产	
1985.7.26	安泽县	冰雹	大如拳头，小如核桃	损坏电杆 147 根	冲毁 8 座桥涵、公路 65 km，中断公路 6 处
1985.8.1	平定县	冰雹			冲毁道路 43 km
1985.8.2	应县	冰雹	最大直径 5 mm	损坏 1 根电杆	
1986.5.18	长治市	冰雹		冲走 1 200 余 t 铁矿	冲毁公路 78 处、桥涵 19 处
1985.5.28	霍县	冰雹	最大直径 7 cm，最小 3 cm		冲毁两座桥、吃水管道 800 m
1985.6.21—22	阳泉市	冰雹	最大雹粒重 1.25 kg	打断电线，冲走 1207 t 煤炭	
1985.6.22—23	平顺县	冰雹	最大直径 4.5 cm	高压电线被打断	
1985.6.22	安泽县	冰雹	最大如核桃	损坏不少电杆	冲毁公路 4 km、桥涵 4 座
1985.6.23—24	太谷县	冰雹		382 根电杆被损，损坏低压线路 70 km	冲坏道路 5.5 km
1985.7.18	阳泉市	冰雹	最大直径 25 mm 左右	毁坏 4 座煤窑	
1985.7.23	广灵县	冰雹		损坏 15 根电杆	
1985.8.3	太原市	冰雹			冲毁乡村公路 5 km
1985.8.5	晋城市	冰雹	块大如拳，最大雹块重 2 kg	很多电杆、高压线路被摧毁，冲断电源，淹没矿井，冲走部分积存煤炭、电机	很多公路被冲毁
1987.5.21	平定县	冰雹			毁坏 9.71 km 公路
1987.6.4	代县	冰雹	雹粒直径 1～2 cm		毁坏公路 320 m
1987.6.29	祁县	冰雹		损坏电杆 21 根	冲毁县乡公路 66 km
1987.6.30	屯留县	冰雹			毁 75 个桥涵，毁路 65 km
1987.7.2	襄垣县	冰雹		毁坏 12 根电杆	
1987.7.6	长治市	冰雹		冲走 4 500 t 煤炭	毁坏部分公路和桥涵
1987.7.6	长子县	冰雹		毁坏部分电杆，冲断电线，冲走 1.3 万 t 煤炭	冲断冲毁桥梁两座、渠道 200 m
1987.7.15	长治市	冰雹	大至碗口，小至核桃，最大雹重 0.75 kg	损坏不少电杆	冲毁一些桥和桥涵
1987.8.18	广灵县	冰雹		损坏电信设施 11 处	冲坏公路 13 km、桥梁两座
1987.8.18	保德县	冰雹	直径 3.5 cm	煤矿、输电线路损失严重	公路损失惨重
1987.8.23	古县城	冰雹	最大雹径 25 mm	毁坏变压器 1 台，停电 2～20 个 h	

时间	地点	灾种	灾害特征	能源行业影响	交通行业影响
1987.9.1	陵川县	冰雹	大如鸡蛋,小如杏核		公路受到一定程度的损坏
1988.6.24	平陆县	冰雹	大如核桃,小如卫生球		冲毁道路 15 km
1988.7.25	沁水县	冰雹		冲毁电杆 20 根	冲毁公路 500 余 m
1988.9.6	垣曲县	冰雹	大如鸡蛋,小如杏核	刮倒 65 根电杆、电线 1.3 万 m	
1988.9.15	长子县	冰雹			毁坏公路 2 130 m
1989.6.5	古交市	冰雹	最大直径 2~3 cm		毁坏乡村公路 11 处
1989.6.30—7.2	山西省大部分地区	冰雹		一些煤炭被冲毁	部分道路被冲毁
1989.6.30	长治市	冰雹	雹大如鸡蛋,小如杏仁	砸断高压线 1 处	
1989.6.30	平陆县	冰雹			毁坏道路 33 条
1989.7.1	离石县	冰雹			冲毁道路 5 km
1989.7.2	五台县	冰雹	最大直径 2 cm		冲毁公路 2 km
1989.7.19	阳高县	冰雹	直径 2~3 cm,最大 4 cm		冲毁道路 8 条,共 1 300 m
1990.4.20	左权县	冰雹		毁坏电杆 7 根	冲坏公路 25 处,冲垮石桥 5 座
1990.5.9	武乡县	冰雹		毁坏电杆 94 根、电线 5 100 m	毁路 8 条 40 km
1990.6.5—10	山西省大部分县(市)	冰雹			毁坏公路 142.5 km、桥梁两座、桥涵 131 处
1990.6.11—13	平遥县	冰雹		损坏电杆 120 根	
1990.6.11—14	高平、陵川等部分县	冰雹		电力设施受到一定程度损坏	
1990.6.13	浮山县	冰雹	大如核桃		30 km 公路被毁坏
1990.6.27	蒲县	冰雹	大如核桃		毁坏桥梁 1 座
1990.7.10	广灵县	冰雹			冲毁乡村道路 8 条,25 km
1990.8.9	偏关县	冰雹			冲毁公路 100 km
1990.8.9	岢岚县	冰雹	平均直径 2 cm,最大 3.5 cm		冲毁乡村公路 17 km
1991.6.5	汾西、霍州等 31 个县(市)	冰雹	平均直径 2 cm,最大 7 cm		冲毁公路 142.5 km、桥梁两座
1991.6.5	长治市	冰雹	大如拳头,小如核桃	冲走储煤 8 760 t,毁坏部分电杆和线路	毁坏部分道路
1991.6.7	汾西县	冰雹	最大直径 30 mm,最大重 12 g	11 条供电线路受到严重损坏,冲走 3 万余 t 焦煤	中断两条公路干线,不能通车

时间	地点	灾种	灾害特征	能源行业影响	交通行业影响
1991.6.7	蒲县	冰雹			毁坏桥梁 3 座
1991.6.18	大同县	冰雹			冲毁乡间道路 9 条
1991.7.3	平顺、黎城等 21 个县（市）	冰雹			毁坏乡村公路 20 余 km
1991.7.4	阳城县	冰雹	最大直径 10 cm	中断电源，淹没煤矿井两个，冲淤两座炼铁炉	公路被冲毁
1991.7.12	长治市	冰雹	最大直径 7 cm	断电线 10 余处	
1991.7.13	天镇县	冰雹			冲毁公路 5 km
1992.6.21	河曲县	冰雹	直径 3～5 cm	损坏 120 根电杆	
1992.6.22—23	昔阳县	冰雹			毁坏桥梁 5 座
1992.6.23	霍州市	冰雹		毁坏 7 根电杆	
1992.7.7	岢岚县	冰雹			街道积水，毁坏道路 60 km
1992.7.28	运城市	冰雹		倒 106 根电杆，断高压线路 2 100 m	
1992.8.6	广灵县	冰雹		毁坏电杆 13 根	毁坏 4 条公路 9 000 m
1992.8.13—14	晋城市	冰雹	直径约 4 cm	毁电杆 608 根	毁坏道路 1.146 万 m、渠道 182 条和部分桥梁
1992.8.16	左云县	冰雹			毁坏道路 45 km
1993.4.30	晋城市	冰雹	最大直径 20 cm	毁坏炼铁炉 58 座，折断 170 余根电线杆	冲毁道路 173 条
1993.7.3	昔阳县	冰雹		部分煤矿被淹	
1993.7.3	和顺县	冰雹			冲毁公路 5 000 m
1993.7.7、29	岢岚县	冰雹			冲毁公路 60 km
1993.7.8—10	长治市	冰雹		冲断、冲走电杆 4 580 根	冲毁公路 322 km、桥梁 54 座
1993.7.9	蒲县	冰雹	最大直径 70 mm	中断 2 km 高压线	中断 5 条乡村公路，损坏路石
1993.7.9	永和县	冰雹			冲毁部分道路
1993.7.10	浮山县	冰雹			中断 1 条响水河至二峰山的公路
1993.7.16	榆社县	冰雹		毁坏电杆 12 根	
1993.7.25	长治市	冰雹		损害电力线路 400 m、电杆 25 根	冲毁 4 座桥梁
1993.7.29	岢岚县	冰雹			道路积水，冲毁道路 4 000 km
1993.8.9	灵丘县	冰雹			毁坏乡村公路 15.5 km
1994.6.12	左权县	冰雹	最大直径 50 mm	毁坏电杆 120 根	县乡公路、桥涵受到严重损坏
1994.6.23	垣曲县	冰雹	最大如鸡蛋	摧毁电杆 16 根、电线 3 500 m	
1994.7.23	平定县	冰雹		高压线停电	
1994.8.3—5	代县	冰雹		输电线路被损坏	部分公路被损坏
1994.8.6	隰县	冰雹			毁坏公路 21 km
1995.6.7	昔阳县	冰雹		损坏高低压电杆 83 根、线路 3.58 万 m	
1995.6.9	寿阳县	冰雹			毁坏公路桥涵两座
1995.7.5	高平市	冰雹			道路被毁 2 000 m

时间	地点	灾种	灾害特征	能源行业影响	交通行业影响
1995.7.17	乡宁县	冰雹		冲毁电力线 30 处，冲走煤 1.4 万 t、焦炭 2 020 t、焦窝 4 个	冲毁公路 9 000 m
1996.5.26	灵丘县	冰雹	直径 1.5～3 cm		冲毁乡村公路 1.5 万 m
1996.5.26	平定县	冰雹			冲毁公路 970 m
1996.6.26	黎城县、屯留县	冰雹		损坏部分电杆	
1996.7.5	平遥县	冰雹		损坏电杆 10 根	
1996.7.5—16	晋中全区	冰雹			石太铁路停运 1 h
1996.7.5	灵石县	冰雹			损坏多处道路、公路和桥涵
1996.7.7	长治县	冰雹		冲走煤炭 950 t	
1996.7.12—13	祁县	冰雹			冲毁道路 1 000 m
1996.7.12	沁源县	冰雹		冲毁原煤 1 850 t	冲毁公路 11 km
1996.7.12	蒲县	冰雹			冲毁冲断 4 条乡村道路共 45 km
1996.7.12	万荣县	冰雹	直径 2～3 cm，最大 10 cm	3 条线路 70 余根电力通信电杆被毁	
1996.7.12	临猗县	冰雹	大如鸡蛋，小似玉米粒	损坏电杆 162 根	
1996.7.19	长子县	冰雹			冲毁道路 5 000 m
1998.5.19	平定县	冰雹	平均直径 2 cm，最大直径 7 cm		田间道路不同程度受损
1998.6.29	应县	冰雹	最大直径 6 cm		冲毁乡村公路 30 km
1998.6.29	娄烦县	冰雹	最大如桃子	冲毁存矿场，冲走精矿物 100 t	
1998.6.30	宁武县	冰雹	最大直径 2 cm		冲毁乡村公路 12 km
1998.7.18	陵川县	冰雹			冲毁公路 600 m
1999.5.22	灵丘县	冰雹	雹径 1 cm		冲毁公路 5 km
1999.7.19	稷山县	冰雹		损坏电杆 180 根	损坏道路 3 处
1999.8.2	黎城县	冰雹	直径 4～4.5 cm	损坏电杆 30 根、低压线路 4 000 m	冲坏田间道路 1.5 万 m
1999.8.2	壶关县	冰雹		损坏高压线 1 000 余 m、电杆 7 根	
1999.8.2	沁县	冰雹		损坏高压电杆 32 根	
1999.8.22	平遥县	冰雹	最大直径 20 mm	1 000 余 m 高压线路被损坏	
1999.8.31	芮城县	冰雹		毁坏供电线路 8 000 m	
2000.8.29	永济市	冰雹	大如核桃	电线杆和线路被严重损坏	
2000.6—9	阳曲县	冰雹			冲毁道路 40 km
1950.6.29	大同市	暴雨洪涝		冲毁部分煤炭，许多厂矿损失严重	口白至永定庄段铁路毁约 250 m，冲断公路 500 多 m

时间	地点	灾种	灾害特征	能源行业影响	交通行业影响
1952.7.9	怀仁县	暴雨洪涝			北同蒲铁路中断 7 天
1953.8.23—9.3	灵石县	暴雨洪涝			南蒲铁路冲断 270 m，公路损坏严重
1953.8.15—9.3	山西大部分地区	暴雨洪涝	降雨 100 mm 以上		多次冲毁南同蒲铁路，交通中断
1956.6.25	阳泉市	暴雨洪涝		煤窑停产数日	
1956.8.1—4	平顺县	暴雨洪涝			塌路 4 010 m，毁桥 4 座
1956.7 月中旬—8 月初	晋中东部	暴雨洪涝	平均降雨量 212 mm		冲坏公路 311 km
1956.8.4、8	襄汾县	暴雨洪涝			冲毁乡路 10 处、铁路桥梁 1 座
1957.7	芮城	暴雨洪涝			冲毁公路桥两座
1959.7.3—5	阳泉	暴雨洪涝		12 座煤窑被淹	
1959.8.20	灵石县	暴雨洪涝			冲垮横跨汾河 336 m 大石桥 1 座
1959.8.24	阳泉	暴雨洪涝			冲毁部分木桥，造成桃河南北交通中断 4 天
1961.6.26	闻喜县	暴雨洪涝	日降雨量 82 mm		礼古铁路被冲断 10 m 多
1962.7.14	榆次城	暴雨洪涝	降雨量 154.3 mm		鸣李车站被水包围，有 1 km 铁路过水，停车 15 h
1962.7.15—16	榆社县	暴雨洪涝	降雨量 110 mm	县燃料批发部被淹，冲走煤炭 40 t	
1962.7.15	寿阳县	暴雨洪涝	日降雨量 119.1 mm	电力设施遭到严重破坏	交通设施受到严重破坏
1962.7.15	晋东南地区	暴雨洪涝	降雨量 100 mm 以上	多数厂矿被淹，43 眼动力机井被冲坏	
1962.7.24—25	霍县	暴雨洪涝	降雨量 100 mm 左右	损失厂矿电杆 48 根、煤炭 411 t、焦煤 200 t	公路、铁路等遭到破坏
1962.8.11	阳泉市	暴雨洪涝	降雨量 73.7 mm	晋东化工厂、阜山煤矿被淹	白羊墅—南庄煤矿铁路路基被冲毁 3 段，停车 3 天
1963.6.15	古交	暴雨洪涝	降水量 103 mm		冲毁道路 290 处
1963.8.2	昔阳县	暴雨洪涝	降雨量 501.3 mm		4 条公路及社队道路、大部分桥涵被毁，交通中断
1963.8.3—5	和顺县	暴雨洪涝	降雨量 373 mm	绝大部分供电设施被毁，7 个煤窑被淹，冲走煤炭 3 180 t	大部分公路、桥涵被破坏
1963.8.1—9	左权县	暴雨洪涝	降雨量 233.3 mm		近 80%的交通设施被冲坏
1963.8.2—9	阳泉市	暴雨洪涝	降雨量 332 mm	部分厂矿停产，煤窑被淹	冲断部分公路，部分交通中断
1966.7.24	霍县	暴雨洪涝	降水量最大 72 mm		大石桥受损，切断太风公路，交通受阻

时间	地点	灾种	灾害特征	能源行业影响	交通行业影响
1966.7.30	晋城县	暴雨洪涝		冲走煤 2 500 多 t	
1966.7.30	夏县	暴雨洪涝			仪门铁路桥被毁,造成货车坠桥
1966.7 月下旬	吉县	暴雨洪涝	一次降水 60 mm		冲垮公路、桥梁 4 处
1966.8.1	交城县	暴雨洪涝	降雨 60 mm		冲毁大桥 12 座
1966.8.23	阳泉市	暴雨洪涝	日降雨量 261.5 mm	发电厂被淹,冲走一些煤炭	街道被淹,石太公路中断 18 天
1966.8.30	运城县	暴雨洪涝			社级公路被冲断 30 余处
1967.8—9	岚县	暴雨洪涝			公路交通中断
1969.7.25	平遥县	暴雨洪涝			洪水至平沁公路被阻挡,积水 36 cm
1969.7.26	交城县	暴雨洪涝			冲毁公路 201.5 km、桥 109 座
1969.7.27	太原市	暴雨洪涝			太汾公路多处被冲塌,街上积水很深
1970.5.23	怀仁县	暴雨洪涝			冲毁左沙公路路基千余米
1970.8.10	霍县	暴雨洪涝	1 h 降雨 84.4 mm	冲走原煤 6 200 t、焦炭 400 t	冲毁冲断部分桥梁、公路和铁路,交通中断,客车停运 1 天
1971.6.21—24	陵川县	暴雨洪涝		倒塌煤矿坑口两个,冲走原煤 2 200 t	冲毁干线公路 3 处、断桥 1 孔
1971.6.22	平顺县	暴雨洪涝			百里滩公路全部被冲毁
1971.6.28	翼城	暴雨洪涝	降雨量 84.4 mm		毁坏大小桥梁 19 座
1971.6.28	运城区	暴雨洪涝	降雨量 100 mm 以上		冲毁冲断部分公路、铁路
1971.7.6	介休县	暴雨洪涝	降雨量 78.7 mm		冲毁桥梁 2 两座
1971.7.31	太原市古交区	暴雨洪涝	降雨量 76 mm	冲走原煤 1 300 t、焦炭 400 余 t	冲毁部分桥梁、公路
1971.8.4	介休县	暴雨洪涝			冲断铁路
1972.6.28	绛县	暴雨洪涝	降雨量达 110 mm	冲走煤 31.975 万 kg	
1972.7.5—7	运城市	暴雨洪涝	降雨量 112 mm,部分超过 200 mm	冲走 4 台电机,淹没煤窑	闻喜、垣曲和风陵渡铁路出现水漫和塌坑
1973.5.27	襄垣县	暴雨洪涝		冲走电杆 70 余根	冲毁桥涵 8 座
1973.6.25—27	应县	暴雨洪涝			冲断公路 200 m
1973.6.25、6.30	原平县	暴雨洪涝		冲走煤和焦炭 1 000 t	
1974.7.12	寿阳县	暴雨洪涝	降雨量 70 mm		冲毁桥梁 3 座、公路 13 km
1974.7.16	晋城县	暴雨洪涝		损坏很多电站	损坏很多桥梁
1974.7.25	阳高、天镇县	暴雨洪涝	降雨量 68 mm	冲走冲毁煤炭 5 万 kg、高压线杆 13 根	京包线太平堡段铁路中断 2 h
1974.8.8	晋城	暴雨洪涝		冲毁机电井 49 眼、机电站 24 处	冲毁路桥 13 处

时间	地点	灾种	灾害特征	能源行业影响	交通行业影响
1975.7.20—21	临汾地区	暴雨洪涝		冲走一些原煤、焦炭，石城电站被淹、水电停供	冲毁部分桥梁、公路，交通受阻
1975.8.3	阳高县	暴雨洪涝			冲毁公路桥 67 座
1975.8.5—6	原平县	暴雨洪涝			冲毁公路 36 km
1975.8.5—8	平顺县	暴雨洪涝	降雨 600 多 mm	冲毁部分电站、电杆、水电工程	
1975.8.12	天镇、阳高县	暴雨洪涝			冲断天镇县公路 32 处，阳高县公路上大卡车不能行驶
1976.7.24	武乡县	暴雨洪涝	降雨 150 mm		交通阻塞
1976.8.20	芮城	暴雨洪涝	降雨量 150 mm		冲断公路桥两处、桥 10 处、道路 120 余处
1976.8.20	沁县	暴雨洪涝	降雨量 116 mm	冲倒很多电杆	冲垮桥梁 12 处
1976.8.20	襄垣县	暴雨洪涝	降雨量 90 mm	冲毁小型电站 1 座	
1976.8.21	潞城县、平顺县	暴雨洪涝		淹没小型电站 8 处，冲倒高压线路电杆 30 根，侯壁电站进水、被迫停电	交通中断
1977.5.27—29	阳泉市	暴雨洪涝	降雨量 94.5 mm	部分矿进水，停产 3～8 h	石太铁路中断 3 h
1977.5.29	运城地区	暴雨洪涝		部分小型机电站被淹，毁坏很多电杆	冲断几处公路
1977.7.4	陵川县	暴雨洪涝		柴油被冲走，电线杆被冲毁	冲毁公路 40 余 km
1977.7.4—5	运城地区	暴雨洪涝	降雨量 100 mm 以上		冲毁部分铁路、铁路路基和重要桥梁
1977.7.5—6	和顺县	暴雨洪涝	降雨量 120 mm		冲毁石、木桥 5 座
1977.7.6	孝义县	暴雨洪涝	日降水量 119 mm	冲毁煤炭、焦炭	
1977.7.6	隰县及周边县区	暴雨洪涝			交通中断
1977.7.29	运城地区	暴雨洪涝	降雨总量 644 mm	损坏 20 台变压器、一些电线和电杆	冲毁部分桥涵、公路桥，南同蒲铁路数处共 3 000 m 被冲断，火车迫停 42 h
1977.7.30	榆社县	暴雨洪涝	降雨量达 259.4 mm		公路损坏严重，冲毁桥 5 座
1977.8.1—2	河曲、保德县	暴雨洪涝		部分输电线路被冲坏，桥头煤矿、厂矿受到损失	部分公路被冲坏
1977.8.5—7	平遥县	暴雨洪涝	最大降雨量 358.3 mm		冲毁冲断桥梁 42 处、铁路桥 3 处、铁路路基 816 m，造成南同蒲铁路中断 10 天

时间	地点	灾种	灾害特征	能源行业影响	交通行业影响
1977.8.27—28	夏县	暴雨洪涝			1.5 km简易公路被冲坏,冲垮23座桥梁
1977.8.28	新绛县	暴雨洪涝	降雨量100 mm	城关煤建、石油进水	
1978.6.26、28	原平县	暴雨洪涝			冲坏社队公路2.65万m、北同蒲铁路200 m
1978.6.30	陵川县	暴雨洪涝		损坏10 kV电力线电杆70余根	
1978.7.9	阳城、陵川、沁水县	暴雨洪涝	降雨量103 mm	冲走一些煤炭,损坏各种机电设备共257部	冲毁公路55 km
1978.7.22	运城地区	暴雨洪涝		电站受到一定损失	桥梁道路受到一定损失
1979.6.29	原平县	暴雨洪涝		冲毁炼焦煤窑两座、炭场1座,冲走一些焦炭、煤炭和块煤	
1979.7.30	垣曲县	暴雨洪涝	降雨量达201.2 mm	冲倒很多电杆,损坏机电设备价值4.4万元	冲垮部分公路
1979.8.11	偏关县	暴雨洪涝			县社大路大部分被冲毁不能通车
1980.6.28	潞城县	暴雨洪涝	降水量53.3 mm	折断很多输电线杆,造成县级33个单位停电	
1980.7	屯留县	暴雨洪涝			冲毁公路桥两座
1980.8.13	阳曲县	暴雨洪涝			冲坏道路10 km
1981.7.1	阳高县	暴雨洪涝			冲毁道路和桥坝10处
1981.7.18	榆社县	暴雨洪涝			冲断道路5 840 m,冲坏路基3 500 m
1981.8.15	永和县	暴雨洪涝	降雨量230 mm		冲坏道路10余处,10个公社与县交通中断
1982.5.29	浑源县	暴雨洪涝			冲毁道路34 km
1982.7.24	浑源县	暴雨洪涝	降水量40 mm		中断交通40多天
1982.7.27	晋中地区	暴雨洪涝		冲倒高压电杆26根,冲走煤炭1.513万t	冲断公路143 km
1982.7.27	潞城县	暴雨洪涝			冲毁道路154处、小桥两座
1982.7.28	左权县	暴雨洪涝		破坏一些供电线路	冲断公路48处共6.4万m
1982.7.28	和顺县	暴雨洪涝	降雨量350 mm		冲毁公路17段共1.6万m
1982.7.30—8.3	沁水县	暴雨洪涝	降雨量达405.3 mm	全城的输电线路中断	全城的交通中断
1982.7.29—8.3	阳城县	暴雨洪涝	降雨量327.9 mm	发电厂进水,3.5万V输电线路被冲断,全城停电	冲毁大桥11处
1982.7.31—8.4	黎城县	暴雨洪涝	降雨量400~500 mm		冲坏一些桥梁和公路
1982.7.29—8.4	运城地区	暴雨洪涝	平均雨量209.2 mm	冲毁一些电机	冲毁部分公路、桥梁,南同蒲铁路永济段的路基被毁迫使列车停车

时间	地点	灾种	灾害特征	能源行业影响	交通行业影响
1982.8.1	临汾市	暴雨洪涝	降雨量 150 mm		冲毁桥梁 36 座
1982.7.30—8.4	阳泉市	暴雨洪涝	降雨量 120.6 mm	冲走一些煤炭	冲毁很多公路
1982.8.9	新绛县	暴雨洪涝		冲走变压器 1 台	
1982.8.15	榆次旱山	暴雨洪涝	降雨量约 80 mm		冲毁交通桥 5 座
1983.5.11	盂县	暴雨洪涝		冲走煤炭 1.26 万 t、电机 5 台、电杆 31 根	
1983.5.11—14	和顺县	暴雨洪涝		冲倒电杆 120 根	
1983.5.12	榆社县	暴雨洪涝		冲走 10 t 煤	
1983.5.12、5.14	襄垣县	暴雨洪涝	降雨量 70 mm		冲毁桥 5 座、桥涵 15 处
1983.7.26	浑源县	暴雨洪涝		冲倒高压电杆 3 根	
1983.7.28	阳曲县	暴雨洪涝	降雨量 54.2 mm	冲毁煤矿风箱等设备，冲走煤炭 100 余 t	15 km 公路被冲毁
1983.7.28—30	阳泉市郊	暴雨洪涝	降雨量 117.5 mm	冲走煤炭 2 950 t	
1983.7.28—31	万荣县	暴雨洪涝	降雨量 180 mm		冲坏桥梁 6 处，南同蒲铁路史店至运城间的路基下沉，塌坑 5 处
1983.8.3—5	灵丘县	暴雨洪涝			冲毁县乡公路 9.5 km、桥涵 3 座
1983.8.18	闻喜县	暴雨洪涝			礼垣铁路塌方两处
1983.8.18、8.25	五台县	暴雨洪涝			沿河公路被冲毁，交通中断
1983.9.6	阳城县	暴雨洪涝	最大降雨量 170 mm	冲走电杆 182 根，损坏线路 20.5 km、变压器两台	冲毁县乡公路 78 km、桥梁 1 座
1984.5.10—11	吕梁地区	暴雨洪涝		损失一些电动机、柴油机	冲毁冲断部分公路
1984.6.4	灵石县	暴雨洪涝		冲走原煤 8 600 t、焦炭 2 600 t	
84.6.5—6	垣曲县	暴雨洪涝	降雨量 70~90 mm		冲断大小道路 200 余条
4.6.5	夏县	暴雨洪涝		毁坏电杆 281 根	
1984.6.5—6	平陆县	暴雨洪涝	降雨量 73.1 mm		南同蒲铁路安邑水头间铁路塌坑下沉，火车停车 1 h 20 min
1984.7.2	河曲县	暴雨洪涝	降雨量 150 mm	冲断电杆 160 根，毁电机 10 台	冲断社队公路 2 205 m
1984.7.17	襄汾县	暴雨洪涝	降雨量 136.2 mm		南同蒲襄汾火车站路基下沉，两条铁路不能通行，一段时间不能错车
1984.7.22	交城县	暴雨洪涝			冲坏道路 1.3 万 m、桥梁 8 座
1984.7.23	交城县葫芦川	暴雨洪涝	降雨量 55 mm		冲毁桥 6 座、公路 21 km

时间	地点	灾种	灾害特征	能源行业影响	交通行业影响
1984.9.17	阳城县	暴雨洪涝			冲毁桥梁10处
1985.5.2	长治市	暴雨洪涝	降雨量50～70 mm	冲倒电杆17根	
185.5.2	静乐县	暴雨洪涝	降雨量80～100 mm	一些电杆倒杆	部分公路多处塌方
1985.5.11	静乐、汾西、乡宁等大部分县	暴雨洪涝		水漫变电站，冲走大量煤炭、焦炭	冲毁冲断许多公路、桥梁，交通中断
1985.5.27	阳曲县	暴雨洪涝		冲倒电杆40余根	冲坏公路14 km
1985.6.15	沁县	暴雨洪涝	降雨量70 mm	冲毁水泥电杆30余根	
1985.6.18	阳泉市郊区	暴雨洪涝		冲走煤炭1 320 t	冲毁桥涵两处
1985.6.27	盂县	暴雨洪涝	降水量70 mm	冲走原煤5 770 t，冲倒电杆45根	
1985.7.19	大同市	暴雨洪涝		全市16条线路受损，停电5 h，煤管局停产11 h，冲走一些煤炭	多处道路被冲坏，铁路交通受到严重影响
1985.7.23	长治市	暴雨洪涝			冲毁冲断一些道路、桥梁
1985.7.23	运城市	暴雨洪涝		冲走一些煤炭，毁坏北郊、安邑两处高压电力设施	水漫铁路，造成停车
1985.7.28	阳泉市	暴雨洪涝	降雨量140.6 mm		冲毁公路105处、桥涵6处
1985.7.28	运城地区	暴雨洪涝	降雨量均超过100 mm		冲毁桥梁14座，南同蒲铁路雷家坡附近塌坑
1985.7.31	山阴县	暴雨洪涝		冲走煤150 t	冲毁公路5 km
1985.8.11	祁州地区	暴雨洪涝	降雨量65 mm		冲坏公路16.5 km
1985.8.16	运城地区	暴雨洪涝	暴雨中心降雨量122.9～150.0 mm	3个小煤窑塌陷，损失510万元	冲毁很多条公路，很多座桥
1985.8	保德县	暴雨洪涝		两个国营和20个乡镇煤矿破坏严重	500 km公路被严重破坏
1986.6.22	盂县	暴雨洪涝		损失煤炭1 207 t	
1986.7.3、7.6、7.7、7.10	灵丘县	暴雨洪涝	累计降雨量108.8 mm		冲坏道路30处1.115万 m
1986.7.3	右玉县	暴雨洪涝	降雨量60 mm		冲坏公路8 200 m
1986.7.19	古交市	暴雨洪涝			冲坏公路2.75 km
1986.7.24	左权县	暴雨洪涝			冲毁桥梁8座
1986.8.4	阳曲县	暴雨洪涝			冲坏5条道路
1987.5.23	平定县	暴雨洪涝	降雨量44 mm	淹两座煤窑，经济损失140万元	
1987.5.30	灵丘县	暴雨洪涝			冲毁道路5 km

时间	地点	灾种	灾害特征	能源行业影响	交通行业影响
1987.6.5	阳城县、沁水县	暴雨洪涝		冲毁高压线路两条、低压线路 8 条,冲倒很多电杆,冲走一些煤	冲毁冲断部分公路
1987.6.16—18	灵丘县	暴雨洪涝			乡村道路破坏严重
1987.6.17	广灵县	暴雨洪涝		电信设备受到严重毁坏	公路桥梁受到严重损坏
1987.6.30	古交区	暴雨洪涝	降雨量 61 mm	冲塌乡办东沟煤矿窑口	冲毁公路 3 633 m
1987.7.1	盂县	暴雨洪涝	降雨量 63 mm		冲毁公路 9 处长 2 100 m
1987.7.14	太原市北郊区	暴雨洪涝			冲断乡村级公路 12 处
1987.7.16	陵川县	暴雨洪涝			冲坏交通道路 50 多 km
1987.7.26	中阳县	暴雨洪涝	降雨量 91.2 mm		冲坏公路 25 处
1987.8.1	和顺县	暴雨洪涝	降雨量 52.5 mm		冲毁县、乡村公路 25 km、公路桥涵 10 座
1987.8.1	侯马市	暴雨洪涝	降雨量 65.6 mm	毁坏很多电杆	
1987.8.1—3	绛县	暴雨洪涝		毁坏 59 根电杆	
1987.8.2	平陆县	暴雨洪涝			冲坏道路 92 条
1987.8.4	潞城县	暴雨洪涝			乡镇公路 400 m 被毁坏
1987.8.13	灵丘县	暴雨洪涝		毁坏高压线电杆 6 根	淤没村公路 29 km,冲毁京原公路 160 m
1987.8.31	古交区	暴雨洪涝		冲走很多原煤和焦炭	
1987.9.1	浮山县	暴雨洪涝		冲倒电杆 147 根	冲毁公路 187 km
1988.6.21—24	雁北地区	暴雨洪涝		1 座油库被淹,冲走油 30 t、煤 3 000 t	冲毁道路 150 m
1988.6.24	广灵县	暴雨洪涝	降雨量 40 mm		冲毁乡村公路 13.8 km,经济损失 15.8 万元
1988.6.24	山阴县	暴雨洪涝		3 眼矿井和石油公司输油管道被淹	同太铁路 10 多处股道被淹,10 多处公路被冲坏
1988.6.25、6.26、6.27、7.6	寿阳县	暴雨洪涝	4 次降雨均超过 45 mm		冲毁道路 20 km
1988.6.27—8.10	灵石县	暴雨洪涝	总降雨量 440 mm		冲毁公路 13 处、桥梁 7 座
1988.7.4—5、8.13—14	乡宁县	暴雨洪涝			冲坏城乡公路 240 km,5 个乡镇中断交通
1988.7.7、7.15、7.18	吕梁地区	暴雨洪涝	平均降雨量 150 mm		冲毁公路 5 000 m、桥涵 63 座
1988.7.12	大同市	暴雨洪涝			口泉便民桥被毁,其他桥梁损坏,火车停运
1988.7.13	昔阳县	暴雨洪涝			冲坏公路 5 000 m
1988.7.13	平顺县	暴雨洪涝		冲倒电杆 3 根	
1988.7.15	交口县	暴雨洪涝		冲毁供电线路 5 km	县城道路积水
1988.7.15	阳城县	暴雨洪涝	降水量 100 mm	冲倒电杆 143 根,淤没石山水电站,造成停电	冲毁道路 22 km、村庄道路 75 km

时间	地点	灾种	灾害特征	能源行业影响	交通行业影响
1988.7.15、7.19 和 8.4	永济县				冲毁道路 24 条,其中太风公路首阳段被冲断
1988.7.18	左权、和顺县	暴雨洪涝	降雨量 100 mm	供电线路中断,造成停电	9 个乡镇交通中断
1988.7.18	盂县、平定县	暴雨洪涝		冲走一些原煤	冲毁部分公路
1988.7.18	屯留县	暴雨洪涝	降雨量 113 mm		冲坏冲毁公路 188 处、公路桥梁 1 座
1988.7.20	太谷、灵石等县	暴雨洪涝		冲倒 100 余根电杆,一些乡镇供电中断	一些道路、桥梁被淹,一些乡镇交通中断
1988.7.23	安泽县	暴雨洪涝	日降雨量 90 mm	电力线被冲断	一些桥梁、桥涵被冲毁
1988.7	吕梁地区	暴雨洪涝	平均降雨量 244.8 mm		冲毁公路 1 379 km、桥梁 127 座
1988.7	兴县	暴雨洪涝	降雨量 322.7 mm	冲毁部分煤矿附属设备,冲走一些煤,冲毁 10 kV 输电线路 4 处	矿山路冲断 10 余处,冲毁很多桥梁涵洞和路基
1988.7 月初—中旬	交城县	暴雨洪涝			冲毁桥梁 55 座,山区道路阻塞不能通车
1988.7.23、8.3	孝义县	暴雨洪涝			冲毁道路 926 km
1988.7	方山县	暴雨洪涝	降雨量 357 mm	冲走一些电力电线,许多企业停电	冲毁很多路、公路桥梁和公路防护工程
1988.5—7	岢岚县	暴雨洪涝	总降雨量 367.3 mm		冲毁各级公路 23 处 397 km
1988.8.3—4	浑源县	暴雨洪涝		冲倒冲坏高压电杆 10 根	冲毁公路 3.9 万 m
1988.8.4	运城地区	暴雨洪涝			临猗县南朝村道路中断,新绛县附近铁路水漫下沉两处
1988.8.4	泽州县	暴雨洪涝	降雨量 152 mm		冲毁很多桥梁,交通中断
1988.8.5	阳城县	暴雨洪涝		冲倒、损坏各种线杆 724 根,淹没机电设备 15 台	冲毁公路 50 处
1988.8.5	永和县	暴雨洪涝	降雨量 53 mm		冲毁桥梁 9 处、县内 3 条干线和 10 条县乡公路中断
1988.8.6	隰县	暴雨洪涝	县中部降雨量 159 mm	冲毁低压线路 530 m	冲毁一些公路
1988.8.6	灵石县	暴雨洪涝	降雨量 90 mm	3 条供电线路被损坏,冲走很多原煤、焦炭和精煤	冲垮桥梁 15 座、公路 24 条,县境内公路和铁路被迫停运
1988.8.9	灵丘县	暴雨洪涝	降雨量 159 mm		冲毁县乡公路 1 150 m、乡村公路 20 km,县、乡公路交通中断 10 天
1988.8.9—10	平顺县	暴雨洪涝	降雨量 90 mm	损失电杆 1 000 根	冲毁乡村公路 340 km
1988.6.19—8 月中旬初	武乡县	暴雨洪涝	平均降雨量 390 mm	冲倒电杆 43 根,毁坏电线 5 000 余 m,冲走煤炭 410 t	冲毁乡村公路 52 处、桥梁涵洞 115 座

时间	地点	灾种	灾害特征	能源行业影响	交通行业影响
1988.8.12—14	沁源县	暴雨洪涝	最大降雨量159 mm	90座煤窑进水，冲倒电杆579根	毁坏公路51 km、桥梁140座
1988.8.13—14	安泽县及周边	暴雨洪涝		冲倒电杆210根	冲毁公路75 km
1988.8.14—15	浑源县	暴雨洪涝	降雨量60多mm	损坏煤窑两座	冲毁公路7.93万m、桥涵8座
1988.8月中旬后	沁源县	暴雨洪涝		冲走电杆70根、电线3 000 m、煤炭7 000 t、90座乡村小煤窑进水停产	冲毁乡村公路1.2万m，11个乡镇交通中断
1988.8.1—23	垣曲县	暴雨洪涝	连降暴雨，平均降雨量203.6 mm		县内主要公路干线多处被冲断
1988.6—8月中旬	大同市城区和口泉区	暴雨洪涝			冲垮7座桥梁，城区街道积水阻车
1989.7.7、7.18、7.19	广灵县	暴雨洪涝			冲毁道路4条4 100 km
1989.7.8	高平县	暴雨洪涝		冲毁电杆15根	
1989.7.13	平定县	暴雨洪涝		神水山村附近高压线被毁断	
1989.7.16	平定县	暴雨洪涝	降雨量50~60 mm		冲毁道路300多米
1989.7.16	榆社县	暴雨洪涝	降雨量100 mm以上	冲走煤炭550 t	冲断路基4处42 m，损失路面20 km
1989.7.16	长治市	暴雨洪涝		冲倒很多电杆，冲走一些煤	冲断很多公路和桥
1989.7.16	阳城县	暴雨洪涝	降雨量124 mm	冲毁高低压电线2 480 m、电杆305根	冲毁乡村公路74 km
1989.7.19	曲沃、翼城县	暴雨洪涝	降雨量137 mm	曲沃8条供电干线中断	辛安3条大路被冲断
1989.7.21	盂县	暴雨洪涝		冲走煤700多t	冲毁道路214处约323.4 km、桥梁3座
1989.7.22—23	吕梁地区	暴雨洪涝		冲毁各种电杆1 474根、炼焦炉28座，冲走电力线3.5 t、煤炭1 500 t、焦炭5 600 t	冲毁很多公路、桥梁
1989.7.22	原平县	暴雨洪涝	降雨量42.6 mm		冲毁路面3 000 m、桥梁2座
1989.7.23	夏县、运城、新绛县	暴雨洪涝			冲毁冲断部分公路，南同蒲和侯西两铁路运城段水漫、下沉、塌坑10余处
1989.8.16	沁县	暴雨洪涝		冲倒电杆300多根，损坏一些高压线	冲毁公路10 km、桥梁9座

时间	地点	灾种	灾害特征	能源行业影响	交通行业影响
1990.6.6—7	襄垣县	暴雨洪涝			冲毁桥 1 座,冲断乡村公路 8处
1990.6.13	昔阳县	暴雨洪涝	降雨量 90 mm	损坏 177 根电杆	冲毁公路 15 km
1990.6.13	长子县	暴雨洪涝		全县停电	
1990.6.23	平顺县	暴雨洪涝	平均降雨量250 mm	冲倒电杆 65 根	冲毁公路 42 km
1990.7.2	平鲁县	暴雨洪涝	降水量 40 mm		冲毁一些道路
1990.7.10	阳泉市郊区	暴雨洪涝	降雨量114.7 mm		冲毁公路 20 km,石太铁路停运5.5 h,经济损失 1 000 多万元
1990.7.11	吕梁地区	暴雨洪涝		损坏干线 150 km,冲毁机焦炉 3 两座,造成 32个企业停产	冲毁乡村公路 437 km
1990.7.11	霍州市	暴雨洪涝			冲坏公路 8 条、桥梁 9 座
1990.7.18	襄垣县	暴雨洪涝			毁路 15 km
1990.8.11—12	武乡县	暴雨洪涝		冲倒电杆 3 根,毁坏电线 300 m	冲毁道路 300 m
1990.8.26	垣曲县	暴雨洪涝	降雨量 200 多mm		冲毁道路 15 km、桥梁 5 座
1991.6.7—10	代县、神池县	暴雨洪涝			冲毁一些乡村道路、公路
1991.6.9	交城县	暴雨洪涝		冲毁电杆 9 根	3 条县乡公路、30 余条乡村公路受到损坏,断路 38 处,冲毁一些路基和公路塌方
1991.6.16	永济县	暴雨洪涝		毁坏电力电杆 48 根	
1991.7.11	阳泉市郊区	暴雨洪涝	降雨量 120 mm		冲毁公路 20 km,石太铁路停运 5.h h
1991.7.17	阳高县	暴雨洪涝		冲毁高压线 1 600 m	冲毁道路 3 020 m
1991.7.18	平陆县老城乡	暴雨洪涝		冲毁高压电杆 30 根	冲毁村级主干道路 40 多 km
1991.7.26	广灵县	暴雨洪涝			冲毁乡村道路 6.67 万 m
1991.7.27—28	大同县	暴雨洪涝	降雨量 100 mm	冲倒电杆 10 根	冲毁乡村两级公路、道路51.5 km
1991.7.27—28	广灵县	暴雨洪涝	降雨量 90.3 mm	冲坏变压器 1 台	冲毁乡村道路 167 条 1.089 2万 m
1991.7.27	山阴县	暴雨洪涝		冲走砖瓦厂煤 1 200 t、柴油 7 t	路基下沉中断交通 2 h,4 列客车、25 列货车晚点,经济损失35 万元
1991.7.27	永和县	暴雨洪涝	降雨量 91 mm	破坏输电通信线路 0.8万余 m,造成经济损失1 271 万元	冲毁公路 80 余处约 106 km
1991.7.29	阳高县	暴雨洪涝	降雨量 50 mm		冲毁道路 500 m
1992.6.10	大同县	暴雨洪涝			冲毁乡村道路 5 条 9 km

时间	地点	灾种	灾害特征	能源行业影响	交通行业影响
1992.7.9—13	阳高县	暴雨洪涝	降雨量 100 mm		冲毁一些道路
1992.7.10	平陆县	暴雨洪涝			冲毁道路 1 000 余 m、土桥 3 座
1992.7 月中旬	岢岚县	暴雨洪涝	连续 5 天暴雨		冲毁县乡公路 2 000 m、乡村公路 2.5 万 m
1992.7.23	保德县	暴雨洪涝		冲走原煤 1.5 t，冲断高压电杆 40 根，倾斜 30 根，断线 36 处 10 个乡镇停电	冲毁 144 km 县级干线公路和 527 km 乡村公路
1992.7.23	沁县	暴雨洪涝	降雨量 125.4 mm	冲毁电杆 6 171 根，损坏变压器 3 个	毁坏公路 130 处 1.1 万 m
1992.8.2、8.11	泽州县	暴雨洪涝			冲垮乡村公路 1.4 万 m
1992.8.3	安泽县	暴雨洪涝			冲毁公路 10 km
1992.8.11	武乡县	暴雨洪涝		冲走电杆 36 根，毁坏变压器 1 台，冲走原煤 1.21 万 t，焦炭 600 t，损坏焦厂、焦化厂生产设施	
1992.8.11—14	泽州县	暴雨洪涝		冲淹煤炭 2.5 万 t，经济损失 251 万元	冲毁道路 18 处
1992.8.21	宁武县	暴雨洪涝		冲毁电杆 96 根、煤 1.73 万 t、电线 3 500 m，倒塌煤矿副井 1 座	冲毁公路桥 1 座
1992.8.31	洪洞县	暴雨洪涝		三交河某煤矿坑口进水	交通中断
1992.8.31—9.1	运城地区	暴雨洪涝	降雨量都在 100 mm 以上		道路、桥梁破坏惨重
1993.4.30	高平、沁水等县、市	暴雨洪涝		冲毁原煤 2 万 t，绛县城关变电站失压，铝厂断线掉闸使铝电减 1 万负荷	冲毁公路 50 km
1993.6.23	潞城县	暴雨洪涝		冲倒高低压电杆 15 根	冲毁道路 13 条
1993.7.8—11	潞城、黎城、沁县、襄垣和壶关	暴雨洪涝		冲倒电杆 4 580 根	冲坏公路 322 km
1993.7.29	阳泉市	暴雨洪涝		冲走民用煤 45 t	冲毁乡村公路 32 km
1993.7.31、8.1	高平市	暴雨洪涝		冲走煤炭 400 多 t，毁坏一些输电线路，电路中断	
1993.8.3—5	山西中南部	暴雨洪涝	降雨量超过 100 mm	损坏输电线路 236 km	铁路断道 13 处、站线中断行车 2 200 h，冲毁公路 1 520 km，中断 279 条次
1993.8.4	灵石县	暴雨洪涝	降雨量 131.6 mm	矿井巷道淤沙停产，冲走一些煤、焦炭，供电线路被严重破坏	灵石段铁路和公路被冲坏，中断交通，县乡公路受损停止通行

时间	地点	灾种	灾害特征	能源行业影响	交通行业影响
1993.8.4	长治市	暴雨洪涝	降雨量 86～137 mm	潞城县多处电力被中断	冲毁冲断部分道路、桥梁
1993.8.4	隰县、汾西县、霍州市、临汾县及周边县区	暴雨洪涝		冲毁电力设施，淹没电站机房，一些高低压线路中断，淹没一些煤矿，冲走很多煤、焦炭等	冲毁大部分公路，交通受阻
1993.8.5	泽州县	暴雨洪涝		电站进水，经济损失 40 余万元	
1994.5.23—24	灵丘县下关乡	暴雨洪涝			冲毁乡村公路 25 km
1994.6.12	左权县	暴雨洪涝			太邢公路和方阳公路路基损坏严重，1 两座桥梁被毁
1994.6.21—7.6	岢岚县	暴雨洪涝	半月降雨量 151.5 mm	损坏变压器 1 台、高压杆 7 根，15 个乡镇断电	冲毁国道 460 m、公路 29 处 18 万 m，13 个乡镇不能通车
1994.6.23	朔州市朔城区	暴雨洪涝	降雨量 129 mm		冲毁部分过境、朔蔚公路、北同蒲铁路路基 30 m、铁路桥 1 座，北同蒲铁路中断 52 h
1994.6.23	宁武县	暴雨洪涝	降雨量 100 mm	冲毁电杆、煤矿	冲毁桥梁
1994.6.29	盂县	暴雨洪涝		损坏 5 台变压器，淹没煤矿坑口两个	冲毁公路 60 km
1994.6	忻州市	暴雨洪涝	降雨量 235 mm		10 km 乡村公路被冲毁
1994.7.6	平遥县	暴雨洪涝		冲坏电杆 5 根	冲坏道路 3 730 m
1994.7.7	河曲县	暴雨洪涝	降雨量 100 mm		县乡公路、黄河码头受到严重破坏
1994.7.7—8	临汾市	暴雨洪涝	降雨量 70.5 mm	损失变压器两台、电机 8 台、电杆 122 根、线路 3 000 余 m	冲坏道路 43 条共 2 000 m
1994.7.14	盂县	暴雨洪涝		供电中断 40 多 h	公路积水，中断交通 3 个多 h
1994.7.15	平定县	暴雨洪涝		两个煤矿坑口进水，高压输电线被打断，供电中断 30 余 h	1 座村级桥梁被冲垮 300 多 m
1994.8.5	榆次、太谷、祁县、平遥、介休、灵石等县	暴雨洪涝		部分电力设施遭到破坏，一些电杆、线路受损，局部停电	冲毁部分道路，岭底、寨上交通中断
1994.8.5	蒲县	暴雨洪涝		冲毁一些焦厂、煤矿，冲走一些高压线、变压器和煤	冲坏县乡公路 4 处近 7 km、公路涵洞 4 座
1994.8.6	运城、芮城县	暴雨洪涝			冲毁道路 10 km、桥 7 座
1995.6.28	万荣县	暴雨洪涝	降雨量 80 mm		冲毁环乡公路 15 km

时间	地点	灾种	灾害特征	能源行业影响	交通行业影响
1995.6.30	平定县	暴雨洪涝			冲毁公路 6 km、田间道路 30 条
1995.7.17	泽州县	暴雨洪涝		冲倒电杆 78 根，损坏电线 86 处，冲走煤炭 1.9 万余 t	冲毁村庄田间道路 470 余 km、桥梁涵洞 88 座
1995.7.17	夏县	暴雨洪涝	降雨量 79.7 mm		冲毁一些公路、桥梁、铁路，列车停运 6 h
1995.7.23	沁水县	暴雨洪涝	降雨量 100 mm 以上	武安电站进水，煤矿倒塌	冲毁公路 100 m，街道积水
1995.7.28	保德县	暴雨洪涝	降雨量 176.1 mm	淹没一些加油站、工矿企业，冲走煤、焦 31 万 t，电力严重受灾	县城主要街道 3 800 m 被冲坏，交通受灾严重
1995.8.1—2	古县局	暴雨洪涝	降雨量超过 100 mm		冲断公路 3 处
1995.8.5—6	交城县	暴雨洪涝	降雨量 100.7 mm	冲毁供电线路 10 次 4 条	冲毁公路桥 10 座
1995.8.5—6	榆次市	暴雨洪涝	降雨量 90 mm		6 座立交桥被淹
1995.8.5	寿阳县	暴雨洪涝	降雨量 150 mm		冲毁桥涵 140 处，铁路东湾线有 4.2 km 被冲坏或阻塞，307 国道、榆盂公路塌陷 23 km
1995.8.5—6	盂县	暴雨洪涝	降雨量 145.6 mm	10 万 t 原煤被冲走	
1995.8.11	黎城、潞城市	暴雨洪涝		冲走电线杆 16 根	冲毁道路 1.284 万 m
1995.8.15	兴县	暴雨洪涝			县乡公路中断 26 处
1995.8.31—9.9	岢岚县	暴雨洪涝	10 天降雨 231 mm	10 个乡镇断电	4 条干线公路全部中断，乡村公路严重水毁
1995.8.31—9.3	五台县	暴雨洪涝	降雨量 139.5 mm		公路交通中断
1995.8.31—9.9	原平县	暴雨洪涝	降雨量 167.4 mm	煤矿、电力共损失 240 万元	公路损失 120 万元
1995.8.31—9.9	宁武县	暴雨洪涝	平均降雨量 150 mm	煤矿井进水被迫停产，37 座矿井被淹，冲走存煤 7.28 万 t，电力中断	冲毁道路 944.3 km、桥涵 29 座，公路交通中断
1996.5.26	河曲县	暴雨洪涝		电力受损严重	交通受损严重
1996.6.16	芮城县	暴雨洪涝			冲毁道路 16 条、土桥 14 座
1996.6.19	浑源县	暴雨洪涝	降雨量 120 mm		冲毁乡村道路 2 100 m，经济损失 95.8 万元
1996.7.14	介休市	暴雨洪涝	降雨量 135 mm	冲走煤炭 1 万 t、原煤 3 万 t，经济损失 1 750 万元	
1996.7.15—20	交城县	暴雨洪涝		4 个乡镇供电中断	毁坏公路 2.65 万 m，桥梁涵洞 22 座

时间	地点	灾种	灾害特征	能源行业影响	交通行业影响
1996.7.18	武乡县	暴雨洪涝			冲毁公路 500 m
1996.7.23	兴县	暴雨洪涝		全县停电	交通中断
1996.7.24	武乡县	暴雨洪涝		损坏电杆 8 根	冲毁公路 53 km、桥涵 11 个
1996.7.25—8.5	陵川县	暴雨洪涝	降雨量 400 mm 以上		陵辉公路被冲断，经济损失 2 亿元
1996.7.25—8.5	泽州县	暴雨洪涝		冲倒电杆 35 根	冲毁公路 520 余 km、桥涵 50 座
1996.7.25—8.5	高平县	暴雨洪涝		煤炭损失 1 000 余 t	冲毁道路 1 万余 m
1996.7.26	平陆县	暴雨洪涝		毁坏电杆 80 余根、煤矿 1 座	冲毁桥梁涵洞 7 座、道路 25 条 165 km
1996.7.30	平遥县	暴雨洪涝		冲毁焦炭 75 t	冲毁桥 3 座
1996.7.31—8.5	太原市	暴雨洪涝	平均降雨量 90.1 mm	冲走电力线 3 030 m、电杆 36 根，多数乡镇供电中断，冲走大量原煤、焦炭等	冲毁大量公路、桥梁，多数交通中断
1996.7.31	乡宁县、翼城县、安泽县、曲沃县、侯马市	暴雨洪涝		冲坏部分高压线、电杆、输电线路	冲毁很多公路、桥涵
1996.7.31	垣曲县	暴雨洪涝		冲坏供电线路 15 km、水电站 4 座	冲坏公路 23 km、桥梁 12 座
1996.7.31	绛县	暴雨洪涝		毁坏电力线路 58.35 km	冲毁道路 53 处、桥涵 18 座
1996.8.1—2	忻州市	暴雨洪涝	降雨量 140.5 mm		干线公路冲毁 19 处 98 km
1996.8.2—5	壶关县	暴雨洪涝	降雨量 119.1 mm	电力设施受损很大，八一铁矿、桥上水电站冲走大型设备 50 台，经济损失 802 万元	交通设施受损严重
1996.8.3—5	宁武县	暴雨洪涝		冲走存煤 28 万 t	8 个煤矿公路被冲垮，冲毁公路 3 km
1996.8.3—5	阳泉市	暴雨洪涝	普遍降雨量 150 mm	247 个工矿企业停产，64 个半停产，23 条供电线路供电 40 h，损坏线路 74 km，520 根线杆受损	87 条县、乡公路中断，冲断很多公路桥涵、路基，石太铁路中断 1 h
1996.8.3—4	昔阳县	暴雨洪涝		77 个煤矿井被淹没，17 个乡镇停电	16 个乡镇交通瘫痪
1996.8.3—4	左权县	暴雨洪涝	降雨量 150～200 mm	电力设施损失巨大	交通设施遭严重破坏
1996.8.3—4	寿阳县	暴雨洪涝	降雨量 150 mm		冲毁公路 57 km、公路桥涵 15 处
1996.8.3—5	和顺县	暴雨洪涝		6 个乡镇停电，65 座煤矿停产	冲毁大小桥梁 70 座

时间	地点	灾种	灾害特征	能源行业影响	交通行业影响
1996.8.4—5、8.9—10	原平市	暴雨洪涝		6座煤矿被淹,冲走原煤2 100 t,石豹沟煤矿因水淹停产	市乡公路 7 条 105 km 遭严重破坏,冲毁桥梁 25 座
1996.8.4	榆社县	暴雨洪涝	降雨量 70 mm	供电线路损失严重	
1996.8.4	黎城县	暴雨洪涝		冲倒电杆921根,1.643 9万户断电	冲毁县乡公路 8 条 13.1 km、路面 56.5 km,冲毁乡村公路 21 条 70 km
1996.8.4	永济市	暴雨洪涝		冲毁电线、电路设施500多米	冲毁道路 4 km、大型桥涵 3 座
1996.8.8—15	新绛、河津县	暴雨洪涝		冲毁很多电杆、变压器、供电线路	冲毁部分公路、国道
1996.9.17	洪洞县	暴雨洪涝		几座中型焦化厂被冲毁,经济损失 2 000 余万元	
1997.5.6	汾西县	暴雨洪涝			冲毁公路 15 处共 30 km
1997.6.24	灵丘县	暴雨洪涝		冲倒电杆 76 根	冲毁乡村公路 10.5 km、桥 1 座
1997.6.25	寿阳县	暴雨洪涝		电力设施损坏严重	冲毁公路 135 km,公路设施损坏严重
1997.7—8	文水县	暴雨洪涝	降雨量 316.6 mm	工矿受到严重损失	公路、交通受到严重损失
1998.4.23	运城市	暴雨洪涝			冲毁公路 4 处
1998.5.20	高平市	暴雨洪涝	降雨量60多 mm	冲倒电杆 70 根	冲毁公路 3 500 m
1998.7.6—12	沁水县	暴雨洪涝	降雨量150～190 mm	部分电站停电,多数煤矿铁矿停电停产	冲毁县、乡公路 50 余 km
1998.7.7	新绛县	暴雨洪涝	降雨量 150 mm		冲坏道路 12 余条共 20 km
1998.7.8—12	长治市各县区	暴雨洪涝	平均降雨量 145 mm		冲毁道路 31 处 11.374 万 m,损坏桥梁 755 座
1998.7.8—10	黎城县	暴雨洪涝	降雨量 154.7 mm		冲毁道路 10 万 m,309 国道冲坏,交通堵塞
1998.7.8	安泽县	暴雨洪涝			损坏乡村道路 7 000 m,塌方 20 处共 2 400 m
1998.7.8	襄汾县	暴雨洪涝	降雨量 81.8 mm	冲毁部分焦厂,停工停产,经济损失 3 000 万元以上	
1998.7.8	翼城县	暴雨洪涝	降雨量 74.8 mm	电杆被冲倒	部分村庄道路被冲毁
1998.7.11—13	榆次市	暴雨洪涝			部分路桥被冲断
1998.7.12—13	兴县	暴雨洪涝	降雨量 104 mm	淹没煤矿井 6 座	20 个乡镇交通中断
1998.7.12	阳城县	暴雨洪涝			冲毁公路 23 km、桥涵 340 m
1998.7.19	高平县	暴雨洪涝		冲倒很多线杆,部分村输电中断	
1998.8.4	泽州县	暴雨洪涝		毁坏变压器 1 台	冲毁公路 6 条 25 km

时间	地点	灾种	灾害特征	能源行业影响	交通行业影响
1998.8.21	泽州、陵川、沁水县	暴雨洪涝	降雨量 80～110 mm	冲毁小型电站两座	冲毁部分道路
1998.8.30	左权县	暴雨洪涝		冲走原煤 2 000 t	冲毁公路 28 km、桥涵 3 座
1998	忻州市	暴雨洪涝		38 村断电	冲毁干线公路 33 km，54 村断路
1999.7.4、7.11	永和县	暴雨洪涝			冲毁道路，交通运输损失严重
1999.7.11	原平市	暴雨洪涝	降雨量 58.1 mm		出现断路
1999.7.11	垣曲县	暴雨洪涝	降雨量 175.5 mm	10 kV 线路倒杆断线 19 处，19 个自然村中断供电，损坏加油站 1 个	毁坏道路 14 km、桥梁 5 座
1999.7.12—14	静乐县	暴雨洪涝		冲毁煤矿 1 座	
1999.7.18	芮城县	暴雨洪涝		毁坏电杆 16 根	
1999.8.13—15	盂县	暴雨洪涝		冲毁低压线 1.381 万 m	冲断公路 41 km、乡村公路 12 条 120 km
1998.8.14—15、8.17—18	平定县	暴雨洪涝	降雨量 200 多 mm		冲毁道路 21 km
1999.8.18—19	寿阳县	暴雨洪涝			乡村道路、桥涵损失很大
1999.8.25	沁水县	暴雨洪涝		冲毁很多电力线路	冲毁公路 205 km，桥涵两座
2000.7.3—9	左权县	暴雨洪涝	降雨量 300 mm		11 座大桥引桥被冲断
2000.7.3—6	和顺县	暴雨洪涝	降雨量 312 mm		冲毁乡村公路 69.6 km、桥梁 4 座
2000.7.3—8	昔阳县	暴雨洪涝			冲坏公路 82 km、桥梁 7 座
2000.7.5	介休市义棠镇	暴雨洪涝	40 min 降雨量 60 mm	全镇电力中断	公路、铁路被冲断，大运公路中断 28 h，南同蒲铁路及孝柳铁路分别停运 8 h 和 6 h
2000.7.10	高平市	暴雨洪涝		损坏电杆 80 根	
2000.7.14	沁水县	暴雨洪涝			冲毁公路 7.5 km
2000.7.17—20	屯留县	暴雨洪涝		毁坏电杆 4 根、断线 800 m	冲毁道路 35 km
2000.7.17	泽州县	暴雨洪涝		10 kV 供电线路被冲断 1 km	道路被冲毁 3 km
2000.7.17	阳城县	暴雨洪涝			冲毁道路 211 km
2000.7.22	昔阳县	暴雨洪涝		淹没煤炭矿井 8 个，冲走原煤 3.2 万 t	冲毁道路 28.9 km
2000.7.22	平定县	暴雨洪涝	降雨量 106 mm		冲毁道路 2 500 m，207 国道交通中断
2000.7.22	阳城县	暴雨洪涝			冲毁公路 35 km
2000.7.22	沁水县	暴雨洪涝	降雨量 136 mm		冲毁公路 10 km
2000.8.7	兴县	暴雨洪涝			冲毁公路 65 km
2000.8.13	河津市	暴雨洪涝			铁路断通 30 min，55 m 铁轨悬空断通 8 h 5 min
1953.8.24—26	大同市	连阴雨		胡家窑煤矿暂时停产	

时间	地点	灾种	灾害特征	能源行业影响	交通行业影响
1954.6—8	灵丘县	连阴雨			冲毁公路桥两座
1954.8	霍县	连阴雨			损坏矿用小铁路 30 余 m，火车停运 1 天
1963.5.19—25	平遥县	连阴雨		倒电杆 58 根	损坏桥梁两座
1964.9.1—17	晋中全区	连阴雨	总降雨量 120～220 mm		毁坏道路
1967.8.19	方山县	连阴雨	降雨 10 余天		冲毁公路 2 000 m
1975.7	洪洞县	连阴雨	降雨 21 天		水涌入县城，影响交通
1984.7.4—8	夏县	连阴雨			南同蒲铁路闻喜至孙常间塌坑 3 处
1984.9	运城地区	连阴雨	降雨量 120～260 mm		南同蒲铁路闻喜至兴南、礼垣铁路烟庄至横岭关的路基下沉
1985.8.31—9.9	忻州地区、朔州市、大同市等地区	连阴雨	总降雨量 100～200 mm	部分电力设施遭到破坏	部分公路遭到破坏
1985.9.4—17	大宁县	连阴雨	降雨量 158.1 mm		县乡公路 14 处塌方，昕义大桥 31 桥塌陷裂缝
1985.9.7—18	山西省	连阴雨		古交基建的重点工程停电，损失 500 万元，100 多个新办煤矿 500 多万 t 煤运不出去	山西铝厂的地下管道部分管网漏方，对交通影响很大
1985.9.7—16	晋中地区	连阴雨	平均降雨量 155 mm		冲毁公路 514 km
1985.9.7—18	灵石县	连阴雨	总降雨量 174.5 mm		损坏油路路基 80 多处，山区公路多处损坏，交通中断
1985.9.7—18	武乡县	连阴雨	降雨量 149～160 mm		断毁公路 138 km、桥涵 31 处
1985.9.8—18	运城地区	连阴雨	降雨量 110～160 mm	山西铝厂停工 10 天	冲毁道路 32.5 km，经济损失 555.66 万元。南同蒲铁路和礼垣铁路支线下沉
1985.9 月上、中旬	襄汾县	连阴雨	降雨量 122.5 mm		冲毁公路 13 处，部分交通中断
1985.9 月上、中旬	隰县	连阴雨		电杆倾倒 5 根，部分供电中断	县城毁路 220 m，隰县至临汾公路 4 天无法通车
1985.9	孝义县	连阴雨	降雨量 234 mm		铁路部门损失 20 余万元
1985.10.11—19	运城地区	连阴雨	降雨量 89.5 mm		南同蒲铁路侯马至蒲州间塌坑、下沉
1988.6.5—11	运城市	连阴雨			南同蒲铁路沿线运城附近出现水浸、下沉两处

时间	地点	灾种	灾害特征	能源行业影响	交通行业影响
1988.7月上、中旬	蒲县	连阴雨			冲毁县乡公路50多km
1988.7月上、中旬	古县	连阴雨			公路遭到严重破坏，塌方231处1 391 m³
1988.7月上、中旬	襄汾县	连阴雨		电杆倾倒折断26根	冲垮桥梁5座、道路21处
1988.7月	太原市	连阴雨		冲走电杆71根	冲毁桥梁10座、公路及乡村道路230.4 km
1988.8.4—6	中阳县	连阴雨	降雨量168.8 mm		公路中断
1988.7—9	灵丘县	连阴雨	降雨量407.1 mm		冲毁县、乡村公路36 km
1990.春季	平鲁区	连阴雨		平朔露天煤矿停铲294 h	运输公司停止运输
1995.8.31—9.9	怀仁县	连阴雨	降雨量133.0 mm		冲毁公路32 km
1995.8月下旬—9月上旬	太原市	连阴雨			交通中断
1996.8月上旬	文水县	连阴雨		9个厂矿进水，损失6 000多万元	冲毁公路43处、桥梁26处
1952.9.11	和顺县	大风			交通中断
19957.4.9	汾阳县	大风		吹断电线杆	
1960.9.12	汾阳县	大风		刮倒电线杆	
1964.6.11—13	临汾县	大风	8级以上大风	电杆被吹倒	
1964.8.5	汾阳县	大风		刮倒高压电线杆285根	
1966.5.1	天镇县	大风	8级以上大风	刮断1.004 8万根电杆	
1970.4.12	吉县	大风	8级以上大风	电线杆折损5%	
1972.4.16—17	运城县	大风	8级左右大风	5个公社高压线被刮断	
1972.10.3	阳高县	大风	7~8级大风	刮断电杆200多根	
1973.5.23	运城县	大风	6~7级大风	解州公社有的电杆被刮倒	
1973.6.13	清徐县	大风		刮倒电杆32根	
1973.8.26	新绛县	大风	10级以上大风	刮倒一些电杆	
1973.8.26	万荣县	大风		刮断3根电线杆	
1974.4.27	山阴县	大风	最大风速31 m/s	刮倒电杆	
1974.4.27	芮城	大风	8级大风	刮倒电杆200余根，其中15根高压电杆	
1974.7.14	平定县	大风		刮倒电杆120根	
1974.8.14	汾西县	大风		个别电杆被刮倒	
1977.5.26	运城县	大风		很多电杆被刮倒	
1978.7.9	绛县	大风	8~9级大风	10余根高压电杆被刮倒，电源中断	

时间	地点	灾种	灾害特征	能源行业影响	交通行业影响
1979.4.12	新绛县	大风		泽掌公社14个村的电杆被刮倒	
1979.6.11	运城县	大风	10级左右大风	一些低压电杆被刮倒	
1979.6.27—29	晋城县	大风		刮断电线杆100余根、电力线10余条	
1979.7.18	新绛县	大风		刮倒塔式高压线数根	
1979.7.18	新绛县	大风		刮倒电杆870余根	
1981.4.24	平陆县	大风		35 kV电线与山崖相碰,掉闸断电	
1981.4月下旬	运城县	大风	6~8级大风	很多电杆被刮倒	
1982.3.1—4	夏县	大风	5~6级大风	很多电力线杆被刮倒	
1982.5.2、5.5	河津县	大风	最大风速28 m/s	15条高压输电线路先后刮断	
1982.5.2、5.3、5.5	芮城	大风	最大10级大风	部分电线被刮断	
1983.7.2	运城地区	大风	8~9级大风	刮断很多电杆,古三200 kV线路5基塔倒,造成停电	
1983.8.25	平陆县	大风	10级以上大风	4.6万 m电线被刮断	
1983.8.26	阳曲县	大风			铁路中断20多 min
1984.4.16	运城地区	大风	7~9级大风	有些高压线路掉闸断电	南同蒲铁路和李元支线大风倒树,影响火车通行
1984.4.30—5.1	运城市、夏县	大风	8级大风	电杆刮倒,照明中断	
1984.4.30—5.1	运城市	大风		很多电杆被刮倒,照明中断	铁路堵塞,火车停车1 h
1984.5.11	临汾地区	大风	10级左右大风	损坏电杆56根	
1984.5.12	霍县	大风		刮倒很多电杆,部分社队供电中断	
1984.6.3	太原、长治	大风	瞬时风速20 m/s	山西化肥厂停电损失严重	
1984.8.21	永济县	大风	最大风力8级	变电站断电4天	
1984.11.30	太原市古交区	大风	瞬时风速27 m/s以上	高压线路多处短路停电,西曲煤矿30 m高的煤仓支架被刮倒	
1985.6.22	闻喜县	大风	8级大风		损坏的树木横在铁路沿线,迫使客运火车停车10 min
1985.7.8	忻州地区	大风	8~10级大风	一些电杆、高压线被刮倒刮断	蒋村火车站五股道被淹
1985.8.2	平陆县	大风		刮断高低压电杆120根,损坏电线1.3万 m	
1985.8.2	清徐县	大风	瞬时风速32 m/s	13条主干输电线路被刮断停电	
1986.6.22	太谷县	大风		刮倒电杆22根,5个乡停电1天	交通一度中断

时间	地点	灾种	灾害特征	能源行业影响	交通行业影响
1986.7.22	侯马市	大风	10 级以上大风	电力线路中断被迫停电	
1987.5.15	长治市	大风	9～10 级大风	毁坏电杆 1 179 根、变压器两台，主干线停电 24 h，分支线停电 2～4 天	
1987.5.21	长治市	大风		城区停电 24 h，刮断 8 根电杆，吹断一些高压线	
1987.8.1	沁源县	大风	风速 18 m/s	刮倒电杆 19 根	
1988.7.18—24	高平县	大风		刮断电线 1 750 m	
1988.9.6	垣曲县	大风	7 级以上大风	刮断电杆 65 根、电线 1.294 万 m	
1989.4.9	运城市	大风	8～9 级大风	1 300 m 电线被刮断，30 根电杆被刮倒	
1989.4.15	长子县	大风		刮倒电杆导致停电 3 天	
1989.4.23	夏县	大风	9 级以上大风	刮断电杆 112 根、电线 10 处	
1989.7.20	洪洞县	大风	瞬时风力 9～10 级	输电通信线路中断，损失很大	
1989.8.24	阳泉市	大风	最大风力 12 级	全市停电	石太铁路中断运行 2.5 h
1990.4.6	新绛县	大风	9 级大风	110 kV 高压线路多处断电	
1990.5.9	夏县	大风		部分电杆被刮倒	
1990.8.11	平陆县	大风		15 条 10 kV 高压线断线 153 处，断杆 25 基	
1990.8.20	天镇县	大风	8～9 级大风	输电线路中断几处	
1991.7.9	垣曲县	大风	瞬时风力 8 级	17 个乡镇供电中断	
1993.7.31	平定县	大风		中断供电两天	公路两边刮倒 40 余株树，影响交通
1994.7.23	芮城	大风		刮倒电杆 11 根	
1995.6.30	昔阳县	大风		刮倒电杆 8 根	
1996.6.26	临汾市	大风	9 级大风	16 条供电线路中断，停止供电 10 h	
1996.8.10	芮城县	大风	8 级以上大风	刮断高压线杆 10 余根	
1997.5.29	垣曲县	大风		王茅镇北河村高压线路发生故障	
1998.4.19	阳泉市	大风		阳泉电网娘、马线停电 14 h	
1998.7.19	阳城、高平等县	大风	8 级以上大风	刮断电杆 30 根	
1998.7.23	阳泉市	大风		电网弓宁线跳线摆动，停电 24 h 10min	

时间	地点	灾种	灾害特征	能源行业影响	交通行业影响
1999.6.20	临猗县	大风		刮倒电杆 80 根	
1999.7.27	运城地区	大风	8～10 级大风	刮倒刮断很多高低压线、电杆	
2000.3.27	祁县	大风	瞬时最大风速 22 m/s	损坏电杆 1 149 根、高压线路 4.341 万 m	
2000.3.31—4.1	永济市	大风	9～10 级大风	很多电杆、电线被刮断	火车停运 16 min
2000.7.22	万荣县	大风	8～9 级大风	损坏一些高压线路	
2000.7.22	闻喜县	大风	瞬时风速 21 m/s	5 根电杆被刮倒	
2000.7.29	临县	大风		3 处电力设施遭到破坏	
1988.4.11—12	太原市	龙卷风	最大风速 17 m/s 左右	古交区电力局电力故障，损失 17 万元	
1988.4.16—22	古交区	龙卷风	风速 17～20 m/s	古交区电力局停电，经济损失 80 万元	
1979.8.8	运城地区	雷电	17 min 落雷 14 次	导线断电	
1979.7.24	芮城	雷电		永大输电线中山段断电 17 min	
1982.4.22	运城地区	雷电		大禹渡电站断电，三家庄站掉闸断电	
1983.8.31	芮城、平陆	雷电		断电 3 天	
1984.8.12	朔县	雷电		神头电厂故障停机损失 14 万元	
1986.4.24	运城地区	雷电		永大线烧伤 3 处，少供电 0.9 kW·h	
1986.6.22	新绛县	雷电		三家庄电站遭雷击	
1987.4.20	闻喜县	雷电		输电线路断电，少送电 1.067 万 kW·h	
1987.8.11	芮城	雷电		导线断电，少送电 3 620 kW·h	
1987.8.23	古县	雷电		停电 2～20 h	
1989.8.3	平陆县	雷电		曹川县输电遭雷击，造成停电	
1990.7.2	垣曲县	雷电		王茅、英言 35 kV 输电线路断电，少送电 0.13 万 kW·h	
1996.5.26	阳泉市	雷电		主电网多处跳闸停电	
1996.6.13	阳泉	雷电		停电 5 h 多	
1996.6.18	阳泉	雷电		停电 1 h 26 min	
1996.8.3	陵川县	雷电		7 个乡镇停电	
1997.7.29	阳泉市	雷电		河白线路中的地线断线	

时间	地点	灾种	灾害特征	能源行业影响	交通行业影响
1998.4.23	汾阳市	雷电		击毁变压器 1 台	
1998.4.23	平陆县	雷电		一些电力线路断电，损失 17 台变压器	
1998.6.7	阳泉市	雷电		停电 6 h 36min	
1998.6.27	壶关县	雷电		东岭、黄山邮电 70 余户电力不通，损失 6.072 万元	
2000.6.15	阳城县	雷电		35 kV 高压输电线路被击断	
2000.6.16	临汾市	雷电		老东关 42 号院门前的电线被击断	
2000.6.21	晋城市	雷电		大宁煤矿因雷击发生矿井瓦斯爆炸	
2000.7.14、7.17	洪洞县	雷电		击毁电业局变压器、供电线路，造成部分地区停电	
2000.7.22	平陆县	雷电		供电线路中断，经济损失 10 万元	
1953.4.5	垣曲县	雪灾			积雪 1 m，交通阻塞
1966 年年初	洪洞县	雪灾			路面积雪，交通运输不方便
1971 年冬	洪洞县	雪灾	降雪量 23 mm		交通运输困难重重
1979.2.21—23	怀仁县	雪灾			积雪 23 厘米，公路交通中断
1979.3.18	运城地区	雪灾		输电线路断电 16 h，少送电 49.18 万 kW·h，经济损失 10.8 万元	
1984.12.8—16	吉县	雪灾			干线公路交通阻塞 10 日不通
1984.12.8—16	临汾市	雪灾		压断不少输电线路	影响和造成交通事故
1985.1	太原古交区	雪灾			山区交通受阻，停运 13 天
1986.3.28—29	应县	雪灾		电力线路部分中断，对外减少供电 3 万 kW·h	交通中断
1987.3.21	吉县	雪灾	降雪量 16.9 mm		骨干交通线中断停车 3～4 天，县乡公路中断通车 10 天左右
1987.10.30—31	山西省	雪灾	降雪量 20 mm 以上	不少地方雪压断了电线，造成停电	公路交通中断数日
1987.10.30—11.1	祁州市、岢岚县等	雪灾	最小降雪量 13.8 mm	压断输电线路，祁州市停电 24 h，部分 48 h	部分街道交通阻塞
1987.10.30—31	岚县	雪灾	降雪量 32.4 mm		交通中断
1987.10.30—31	方山县	雪灾	平均积雪厚度 31 cm	供电中断	交通受阻
1987.10.31—11.1	交城县	雪灾	降雪量 29.5 mm	供电部门断电 40 余起，辛南变电站烧坏电容器 24 台	交通事故增 14 起

时间	地点	灾种	灾害特征	能源行业影响	交通行业影响
1987.10.31—11.2	平遥县	雪灾	积雪 26 cm		给交通带来不便
1987.11.26—29	运城县	雪灾			交通运输受阻，时有事故发生
1988.11.26	隰县	雪灾		供电线路结冰停电	公路路面成冰层，交通中断
1989.1.4—12	吉县	雪灾			公路结冰，吉临干线公路停发客运 10 余日，各乡镇公路月余不能通车，损失很大
1990.3.20	怀仁县	雪灾	降雪量 48.7 mm	线路中断，电力受损	
1990.3.30	山阴县	雪灾		8 个乡镇输电线路被压断，输电困难	拉煤车受阻停运
1990.3.22—25	黎城县	雪灾		倒电杆 20 多根，乡村电路中断	
1990.3.25—27	乡宁县	雪灾		部分电杆被压断，经济损失 35 万元	
1993.11.7—11.16—19	汾西县	雪灾			大雪封山，交通受阻
1994.4.8—9	长治市	雪灾	平均降雪量 55 mm	电力线路覆冰，造成断线、断杆，经济损失 330 多万元	
1994.11.13—15	霍州市	雪灾			交通受阻
1994.11.13—16	长治市	雪灾	降雪量 33.2～54.4 mm		208 国道和榆黄公路积雪封路
1998.3.8—10	平陆县	雪灾	降雪量 22.6 mm	35 kV 常乐线停电，农网主干线倒杆 176 基，用户支线、低压线等设施损坏无数，经济损失 300 万元以上	
2000.1.11	阳泉市	雪灾	积雪 19 cm		积雪难消，给公路交通和市内交通造成困难
2000.1 月中旬初	洪洞县	雪灾	降雪量 12.4 mm	七八个改造中的送电农网杆断线折，损失严重	给交通运输造成困难
1986.11.23	忻州地区	雾凇雨凇		输电线路中断，造成 6 个地区、4 个市限电，神原线中断 227 h 43 min，神新线中断 72 h 37 min	
1987.2.15—18	绛县	雾凇雨凇		大家沟至西阁间 35 kV 输电导线覆冰，造成停电	
1987.6.5	原平县	雾凇雨凇		压断 1 根高压线，电线断头 7 处	

时间	地点	灾种	灾害特征	能源行业影响	交通行业影响
1990.3.21	黎城	雾凇雨凇		倒杆 8 根，断线多处	
1990.3.25—26	运城地区	雾凇雨凇		多数电杆倒杆，电线断线，经济损失 530 788.85 万元	
1990.11.29	永济市	雾凇雨凇		高压线覆冰，造成断电	
1993 年年初	平顺县	雾凇雨凇		倒折高低压输电电杆 4 000 根，损坏线路 5 万 m	
1993.11.8—9	壶关县	雾凇雨凇		折断水泥电线杆 1 086 根	
1994.11.13	陵川县	雾凇雨凇		倒杆 53 根，一些线路断线，停电两天	
1998.2.20	平陆县	雾凇雨凇		倒杆 376 基，断线 43 km，线路经济损失 28.5 万元	
1978 年春季	保德县	冰凌		毁坏小煤矿 3 处	毁坏公路 18 km
1982 年 1 月中下旬	河曲县	冰凌		部分煤矿被淹	
198911.18	河曲县	冰凌			两处 55 m 干线公路下沉
1996.1 月下旬	运城地区	冰凌		毁坏变压器 30 台，50 km 高压线路被浸泡	
1992 年雨季	灵山县	泥石流			大石堵在公路中央，严重阻塞交通

五、内蒙古气候灾害及对能源和交通的影响统计资料表

时间	地点	灾种	灾害特征	能源行业影响	交通行业影响
1949.6—8	赤峰市	水灾			交通中断
1952.7 月下旬	呼和浩特市	水灾			京包铁路卓资山处被冲坏
1954.盛夏	东部地区	水灾			白城至阿尔山铁路被冲毁 63 m，40 天未通车
1958.7.25—26、8.6—8	巴彦淖尔市	水灾	降水比常年多 1 倍以上		冲毁部分公路、铁路和桥梁
1958.8.6—8	包头市	水灾	降雨量 104.4 mm	包钢、包煤等工矿企业停产	昆都仑大桥北冲毁，铁路中断，京包、包石公路被冲断，经济损失约 2 000 多万元
1959.7.19	察哈尔右翼后旗	水灾			冲毁铁路路基，集二线停运 5 天
1959.7.27	呼和浩特市	水灾	降雨量 210.1 mm		铁路北冲断，冲毁桥涵 11 座
1962	黄河凌	水灾			冲毁铁路，停运 12 h

时间	地点	灾种	灾害特征	能源行业影响	交通行业影响
1964.8.25—29	兴安盟阿尔山、索伦	水灾			冲毁4座森林铁路桥，交通中断
1967.5.20	包头市	水灾			冲毁京包铁路10多处，火车、汽车停驶两天
1980.6.8	通辽市	水灾		库伦旗河子公社的电杆被冲倒	
1981.7	巴彦淖尔市	水灾		冲毁高压线路15 km、变压器11台	
1983.8.22	锡林郭勒盟太仆寺旗	水灾	降雨总量300 mm，降雨强度70 mm/h以上		冲断公路4处，冲毁桥梁两座
1985.7.13—17	赤峰市	水灾	降雨量137 mm	阿鲁科尔沁旗天山镇镇内积水，造成停电，经济损失1 733.6万元	
1985.8.23—26	乌兰察布市	水灾	降雨量普遍100 mm以上	卡布其煤矿两口矿井进水，损失严重，许多电线、电杆被冲毁	冲毁淹没公路、桥梁损失近100万，公路交通中断，卡布其一带铁路路基被冲11处，铁路交通中断24 h
1988.5.26—31	呼伦贝尔市	水灾	日降雨105.6 mm		冲毁阿荣旗公路上百处、桥涵30余座
1988.7.16—18、21—22	呼伦贝尔市	水灾	普遍降雨量120 mm以上		冲毁公路6.5万延长米、桥涵224座
1988.8.6—8	呼伦贝尔市	水灾	普遍降雨量100 mm以上	拉布达林镇电厂停电	吉文镇铁路冲坏350 m，迫使部分列车停运数天，冲毁很多公路，额尔古纳市因水灾交通中断25天
1989.8.16—18、21—23	鄂尔多斯市	水灾	雨急量大	冲毁煤窑70多座	
1989.8月初	贺兰山	水灾			冲毁一些公路、铁路，经济损失120万元
1990.3.20—27	内蒙古西部	水灾	雨雪总量20～80 mm		黏土公路大部分翻浆，中断运输10余天
1990.6.29—30	通辽市南部	水灾	降雨量达128 mm		冲毁公路200多 km
1990.7.14	兴安盟	水灾			白阿铁路冲断27处，中断行车3天，乌—索铁路30处被冲坏，中断行车5天，通霍铁路受到威胁，乌兰浩特市民航机场停飞近7个月，111国道被切断
1991.7.21—22	鄂尔多斯市乌审旗	水灾	降暴雨134 mm和150 mm		包神铁路有3处被冲毁，线路中断
1991.6—7	呼伦贝尔市	水灾	降水总量350～510 mm		冲毁国家级、省级公路9条，冲毁桥梁44座
1992.7.25—8.3	呼和浩特	水灾	5次降雨总量240 mm		冲毁呼和浩特到集宁铁路路基6处，损失严重

时间	地点	灾种	灾害特征	能源行业影响	交通行业影响
1993.7	兴安盟	水灾	月降水量 350～390 mm		冲毁公路数十千米、桥梁 7 座
1994.6.26	通辽市	水灾	降雨量普遍 200～300 mm	冲毁部分供电线路	冲毁部分公路、铁路
1997.8.13—14	杭锦镇	水灾	12 h 降雨量 125 mm		公路被冲断
1998.7 月下旬 —8 月上旬	通辽市	水灾			冲毁公路、铁路桥涵 163 座
2000.8.11—12	林西县	水灾	降雨量 124.3 mm		一些道路和桥梁被破坏
2000.8.11—12	多伦县	水灾	降雨量 154.7 mm		冲毁部分道路和桥梁
1966.3.17—18	赤峰市	风灾	平均风级 7～8 级以上，能见度 小于 100 m	吹倒一些电杆	交通受阻
1969.7.30	乌兰察布市	风灾	风力 9～12 级	刮倒高压电线杆 85 根	
1971.4.25	阿拉善右旗	风灾	风力 8 级以上	刮断电线 2 根	
1971.7.23	乌兰察布市 兴和县	风灾	风力 9～12 级	刮倒多根高压电线杆	
1974.4.23—24	乌兰察布市	风灾	瞬时风速 40 m/s		个别地段公路交通受阻
1974.4.25—29	乌兰察布市	风灾	风力 7～8 级，最大 10 级以上	部分电线杆被刮断	土木尔台到乌兰哈达的一段铁路被堵塞，乌兰花到察哈尔右翼后旗的公路有 100 多 km 被土埋，交通断绝
1977.4.22	呼和浩特市	风灾		呼包线路 322 根 110 kV 输电线杆倒杆，致使呼和浩特市大面积停电	包兰铁路因风沙埋道 74 处，停车 20 处，停运 1 000 h 以上
1979 年春季	鄂尔多斯市	风灾	风力 6～8 级	刮断电杆 5 根	
1980.4	赤峰市	风灾	局部瞬时风速 36 m/s	一些旗县高压线路刮坏，线路跳闸 49 次，断线 320 处	
1980.5.5	乌兰察布市 卓资县	风灾		刮倒高压线 3 根，刮断高压线数处	
1981.5.10—11	锡林郭勒盟	风灾	最大风速 29 m/s	电杆被刮断，电信中断	
1982.5.4—5	集二线以西	风灾	8～9 级大风，最大风力 11 级	部分高压输电线路受到破坏	
1982.5.1	鄂尔多斯市	风灾	7～8 级大风，最大 11 级		交通中断
1983.春	包头市、鄂尔多斯市	风灾		公路、铁路被沙埋，输电线路被破坏；包头高压输电铁塔被风刮倒 8 座，断电两天，抢修换杆花费 49 万元	
1985.6.7	通辽市	风灾	龙卷风	刮倒高低压电杆 15 根，电话线杆 30 根	

时间	地点	灾种	灾害特征	能源行业影响	交通行业影响
1985.6.27	赤峰市	风灾	龙卷风	刮倒水泥电杆 17 根，30 kVA 变压器被毁	
1986.3—4	赤峰市	风灾	瞬时风速 30 m/s	输电线路断杆 48 根，倒杆 171 根，58 条配电线路断线 341 处，直接经济损失 41 万元，少供电 283 万 kW·h，损失 710 万元	
1986.6.20	通辽市	风灾	阵风 9~10 级	水泥电杆被刮断，9 个村子停电，直接经济损失 75.1 万元	
1987.8.23	呼和浩特市	风灾	强暴风、雷阵雨	刮断电杆 503 根	
1988.4.11	呼伦贝尔市	风灾	沙尘暴	电杆和站房刮倒，电线破坏，停产 30 多 h	
1989.7.15	赤峰市	风灾	龙卷风	刮倒高压电杆 27 根	
1990 春	全区	风灾	沙尘暴		阿拉善盟吉—乌铁路部分路基 5 次被大风卷起的沙尘掩埋，行车受阻
1990.6.3	赤峰市	风灾	龙卷风	刮断水泥电杆两根	
1991.6.28	通辽市	风灾	8 级大风	300 余低压电线杆被大风刮断刮倒	
1993.5.5	阿拉善盟	风灾	沙尘暴，风力 9~11 级，能见度为 0		吉乌铁路被沙埋 600 多米，积沙 1 m 多厚，致使吉兰太盐场铁路停运 4 天
1994.4.6—8	额济纳旗、阿拉善旗	风灾	瞬时风力 12 级，最大风速 34 m/s	水利设施被毁	农田道路破坏
1994.8.10	巴彦淖尔市磴口县	风灾	龙卷风	电力设施损失严重	
1998.4.19	锡林郭勒盟	风灾	强沙尘暴	刮断高压电杆 22 根，给工业生产造成损失	
1998.4.19—21	呼伦贝尔市	风灾	瞬时风力 11 级	造成停电停产	
2000.4.24	呼和浩特市	风灾	沙尘暴		能见度不足 100 m，汽车需开灯行驶
1958.1.13—15	乌兰察布市、锡林郭勒市	雪灾	最低气温 −28~−42℃		暴风雪使一些地区能见小于 50 m
1963.12	呼伦贝尔市	雪灾	积雪 10 cm 以上		交通中断，部队坦克破雪运送救灾物资
1967.11 下旬	巴彦淖尔市北部	雪灾	连续降雪 50 余天，连续积雪天数 118~125 天		交通阻塞，链轨拖拉机开路后不过半天又被雪封，仅开路费需 2 万多元
1968.11 下旬	巴彦淖尔市	雪灾	连续降雪 50 多天，积雪日数 113 天		风雪使交通受阻

时间	地点	灾种	灾害特征	能源行业影响	交通行业影响
1977.10.26—30	全区	雪灾	积雪 16～33 cm，局部积雪 60～100 cm，为近 40 年罕见		严重雪灾使交通中断，通信中断
1980.11 下旬	锡林郭勒盟	雪灾	积雪 5～10 cm		公路交通阻塞
1981.5.17	乌兰察布市	雪灾	降雪量 21 mm，积雪厚 36 cm	11 个公社用电线路全部刮雪覆冰，造成严重倒杆、断线、变形，全县停电损失 52 万元	
1982.12.21—25	乌兰察布市	雪灾	降雪量 1～7.5 mm，部分地区积雪厚 15 cm，风力 7～8 级		交通堵塞，集二线铁路被迫停运 1 天多
1994.5.1—3	赤峰市	雪灾	降雪量 35～90 mm，7～9 级大风，气温骤降 10℃	毁坏高低压电杆 148 根	京包铁路在卓资山一带有 35 km 的路段因积雪中断，积雪深度 1～3 m，有关单位调动 2.5 万人，用 10 多个小时恢复京包铁路运输
1999.10.28	兴安盟阿尔山市	雪灾	暴风雪		白城市发往阿尔山市的 821 次旅客列车无法行驶，铁路平均积雪 60 cm，最深 1 m，千余乘客被困
1985.7.7	赤峰市	雹灾	降雹 25 min，最大雹径 3～4 cm，最深积雹 20～30 cm	高压输电线路多处被风刮断和损坏	
1994.7.14—16	赤峰市	雹灾		水冲断高压线路 700 多 m，冲淤机电井两眼，冲毁通信线路 2.5 km	
1995.6.21	呼伦贝尔市	雹灾	降雹 1 h，雹径 6 cm，积雹厚 24 cm	冲毁水利工程多处	冲毁桥涵 9 座，冲毁乡间公路 800 m
1985.11.7—8	全区	寒潮	大部地区降温 10～15℃		积雪导致数千汽车被困途中，自治区交通厅拨款 60 万元疏通雪阻公路
1994.1—3	赤峰市	寒潮	降温 10～14℃，局部积雪深 1 m 多		交通中断，人畜被困
1994.5.2—3	全区	寒潮	中西部降温 10～12℃，东部地区降温 8～10℃，大部地区 6 级大风		集宁以西 35 km 铁路被 20～50 cm 的厚雪覆盖，当地出动军民 2 万余人清理积雪，京包线停运 10 多个小时

时间	地点	灾种	灾害特征	能源行业影响	交通行业影响
1994.7.15 12：20	赤峰市	雷暴灾		赤峰市宝元山区市政加油站遭雷击，油罐爆炸造成火灾，炸毁油罐1个，烧毁汽油165 000 kg	
1997.3.11	乌海市	雷暴灾		乌海市合金冶炼厂浮顶煤气然罐因雷击失火，直接经济损失1万元，间接经济损失2万余元；乌海市加油站高压线因雷击起火，因消防扑救及时，未造成大的损失；乌海市电视台微波站变压器被雷击烧坏，直接经济损失1万元；乌海市摩沟煤矿因雷电击坏变压器两台，直接经济损失3万余元	
1998.4.21	锡林浩特市	雷暴灾		市石油公司三站加油机被毁	
1998.6.22	锡林郭勒盟	雷暴灾		绿通液化站电动机泵、电表遭雷击，直接经济损失1.5万元，间接损失4万元	
1998.6.23	鄂尔多斯市	雷暴灾			东胜区罕台乡邮电所遭雷击，邮电设备被毁，损失8万元
1998.6.27	锡林浩特市	雷暴灾		煤矿变压器、电动机遭雷击，直接经济损失1.5万元，间接损失10万余元	
1998.6.28	鄂尔多斯市	雷暴灾		电业局柴沟梁变电站遭电击，变压器被毁，直接经济损失3万元	
1998.6—8	鄂尔多斯市	雷暴灾		东胜区供电局3次遭雷击，击毁3台变压器，直接经济损失3万元	
1998.7.18	锡林郭勒盟	雷暴灾		风电场设备遭雷击，直接经济损失3.9万余元，间接经济损失20万余元	
1998.8.28	呼和浩特市	雷暴灾			火车站遭雷击
1999.9.16夜	呼和浩特市	雷暴灾			通辽铁路南站信号系统遭雷击，停运60 h，造成经济损失40多万元
1999.5.25	包头市	雷暴灾		包头铝业集团电解一、二分公司电解自控系统遭雷击，经济损失100万元	
1999.6.14	鄂尔多斯市	雷暴灾		煤炭公司遭雷击，击坏设备，经济损失10万元	

时间	地点	灾种	灾害特征	能源行业影响	交通行业影响
1999.6.30	赤峰市	雷暴灾			赤峰铁路机务段遭雷击，击坏计算机监控系统，直接经济损失3万元
1999.7.9	通辽市	雷暴灾			通辽铁路南站遭雷击，击坏行李信号控制系统，造成货物停运，直接经济损失60多万元
1999.7.14	通辽市	雷暴灾			科尔沁左翼中旗邮电局遭雷击，交换机损坏，直接损失0.5万元
1999.7.15、7.29	赤峰市	雷暴灾		克什克腾旗农业变电站两次遭电击，直接经济损失2万元	
1999.9.10	赤峰市	雷暴灾			红庙子公路收费站遭雷击，击坏监控系统，直接经济损失4万元